Polizei- und Feuerwehrgesetzgebung
in Nordrhein-Westfalen unter britischer Besatzung
1946-1953

ns
Europäische Hochschulschriften
Publications Universitaires Européennes
European University Studies

Reihe III
Geschichte und ihre Hilfswissenschaften

Série III   Series III
Histoire, sciences auxiliaires de l'histoire
History and Allied Studies

Bd./Vol. 863

PETER LANG
Frankfurt am Main · Berlin · Bern · Bruxelles · New York · Oxford · Wien

Thomas Stahl

Polizei- und Feuerwehrgesetzgebung in Nordrhein-Westfalen unter britischer Besatzung 1946-1953

PETER LANG
Europäischer Verlag der Wissenschaften

Die Deutsche Bibliothek - CIP-Einheitsaufnahme

Stahl, Thomas:

Polizei- und Feuerwehrgesetzgebung in Nordrhein-Westfalen unter britischer Besatzung 1946-1953 / Thomas Stahl. - Frankfurt am Main ; Berlin ; Bern ; Bruxelles ; New York ; Oxford ; Wien : Lang, 2000
    (Europäische Hochschulschriften : Reihe 3, Geschichte und ihre Hilfswissenschaften ; Bd. 863)
    Zugl.: Siegen, Univ., Diss., 1999
    ISBN 3-631-36081-9

D 467
ISSN 0531-7320
ISBN 3-631-36081-9
© Peter Lang GmbH
Europäischer Verlag der Wissenschaften
Frankfurt am Main 2000
Alle Rechte vorbehalten.

Das Werk einschließlich aller seiner Teile ist urheberrechtlich geschützt. Jede Verwertung außerhalb der engen Grenzen des Urheberrechtsgesetzes ist ohne Zustimmung des Verlages unzulässig und strafbar. Das gilt insbesondere für Vervielfältigungen, Übersetzungen, Mikroverfilmungen und die Einspeicherung und Verarbeitung in elektronischen Systemen.

*Meinen Eltern
und
meiner Großmutter
in Dankbarkeit zugeeignet*

Vorwort

Die vorliegende Untersuchung wurde im Wintersemester 1999/2000 vom Fachbereich 1 der Universität-Gesamthochschule Siegen als Dissertation angenommen.
An dieser Stelle möchte ich denjenigen danken, die mich in den letzten Jahren bei der Anfertigung meiner Dissertation unterstützt haben.
Allen voran gilt mein ganz besonderer Dank meiner verehrten Lehrerin, Frau Universitätsprof. Dr. Ingeborg Koza, die nicht nur das Thema anregte, sondern auch die Arbeit während der gesamten Entstehungszeit wohlwollend und überaus verständnisvoll förderte. Ihres geschätzten Rates und ihrer Hilfsbereitschaft durfte ich stets gewiß sein.
Herzlich danken möchte ich ferner Herrn Dr. Horst Romeyk vom Nordrhein-Westfälischen Hauptstaatsarchiv Düsseldorf für seine außerordentliche Kooperationsbereitschaft und seinen sachkundigen Rat bei der Recherche nach relevantem Aktenmaterial sowie auch Herrn Dr. Gärtner, Archiv des Landtags Nordrhein-Westfalen.
In meinen Dank eingeschlossen sei weiterhin Herr Privatdozent Dr. Lothar Kettenacker, Deutsches Historisches Institut London, für ein inspirierendes Gespräch.

Wissen/Sieg, im Oktober 1999   *Thomas Stahl*

Inhalt

Einleitung

1. Grundzüge britischer Besatzungspolitik - Ein allgemeiner Überblick ... 3
2. Ziele der Untersuchung ... 7
3. Forschungsstand und methodische Hinweise ... 9

Kapitel I:
Organisatorische Rahmenbedingungen deutscher Landesgesetzgebung unter britischer Besatzung

1. Verordnung Nr. 57 der Militärregierung:"Befugnisse der Länder in der britischen Zone" ... 13
2. Beratungsverfahren zwischen den Abteilungen der Militärregierung und den Landesministerien vor der Gesetzgebung durch den Landtag ... 20
3. Verfahren für die Einholung der Genehmigung von Gesetzen des Landtags durch den Gouverneur ... 24
4. Der Dissens um das "Certificate of the Minister of Justice" ... 30
5. Die Aufgaben des Legislation Control Officer ... 33
6. Die Rolle des Legislation Review Board ... 35
7. Exkurs: Die Befugnisse der Public Safety Officers ... 37
8. Verfahren zur Genehmigung von Verordnungen und Erlassen deutscher Behörden durch die Militärregierung ... 42
9. Vorlage von Gesetzen auf der Grundlage des Besatzungsstatuts zwecks Genehmigung ... 44

Kapitel II:
Polizeigesetzgebung in Nordrhein-Westfalen 1946-1953

1. Britische Vorstellungen von einer deutschen Nachkriegspolizeiorganisation: Planungen und erste Initialmaßnahmen 1943-1945/46 ... 52
2. Exkurs: Eigenart des britischen Polizeisystems nach dem Zweiten Weltkrieg ... 64
3. "Memorandum zur Anleitung für die Landesregierung für die Übernahme der Verantwortlichkeit für Verwaltung und Aufrechterhaltung der deutschen Polizei und Feuerwehr" ... 72
4. Polizeiübergangsverordnung vom 20. Dezember 1946 ... 76
5. Verordnung Nr. 135 der Militärregierung:"Deutsche Polizei" ... 87

6. Exkurs: Zur Frage der Gültigkeit der Verordnung Nr. 135 der Militärregierung — 101
7. Die Resolution der Innenminister der britischen Zone von Bad Meinberg und die Stellungnahme der Militärregierung — 104
8. Auf dem Weg zum vorläufigen Polizeigesetz — 120
9. Die Polizeigesetzgebung aus der Perspektive der Militärregierung — 140
10. Landespolizeigesetzgebung unter dem Besatzungsstatut 1949-1953 — 149

Kapitel III:
Nordrhein-Westfälische Feuerwehrgesetzgebung nach 1945

1. Die Situation des deutschen Feuerlöschwesens nach dem Zweiten Weltkrieg — 161
2. Konkrete Direktiven: Memorandum der Militärregierung "Wiederaufbau des deutschen Feuerlöschwesens" — 163
3. Perspektiven der C.C.G.(BE) hinsichtlich der Neuorganisation des Feuerschutzes: Fundamental principles — 166
4. Deutsche Feuerwehrgesetzgebung und britische Bewertung — 171
5. Das Landesfeuerwehrgesetz von 1948 — 177

Kapitel IV:
Schlußbetrachtung

1. Zur Qualität britisch-deutscher Interaktion im Rahmen der Landesgesetzgebung — 185
2. Ergebnisse — 194

Abkürzungsverzeichnis — 201

Quellen- und Literaturverzeichnis — 203

Personenregister — 210

Einleitung

1. Grundzüge britischer Besatzungspolitik - Ein allgemeiner Überblick

Verstehbar wird programmatische Politik in der Regel erst dann, wenn man sich mit den ihr zugrundeliegenden Intentionen vertraut gemacht hat. Gleiches gilt in besonderer Weise auch für die britische Besatzungspolitik. Erst die Kenntnis der Grundzüge und Intentionen dieser Politik kann zum Verständnis der besatzungspolitischen Weichenstellungen in bezug auf die deutsche Gesetzgebung in der britischen Zone beitragen und somit helfen, die auf den ersten Blick oftmals nicht einsichtige Haltung der Briten zu erhellen. Obwohl die Alliierten im Verlauf des Krieges auf mehreren Konferenzen die Zukunft des deutschen Staatswesens und seiner Bevölkerung erörterten, gelang es den "Großen Drei" nicht, sich auf eine gemeinsam konzipierte und verantwortete Besatzungspolitik zu verständigen, standen doch einer kooperativen Politik in der prinzipiellen Frage nach dem deutschen Schicksal sowohl ideologische als auch interessenpolitische Divergenzen der Kriegsgegner des Deutschen Reiches entgegen, die bereits frühzeitig den nahenden "Kalten Krieg" signalisierten. Nachdem Deutschland von alliierten Truppen besetzt und in Besatzungszonen aufgeteilt war, die Militärregierungen konstituiert waren und die Siegermächte am 05. Juni 1945 die Übernahme der Souveränitätsgewalt im Deutschen Reich proklamiert hatten, versuchten sie auf der vom 17. Juli bis 02. August 1945 in Potsdam stattfindenden letzten gesamtalliierten Konferenz gemeinschaftliche Richtlinien der Deutschland- und Besatzungspolitik zu formulieren. Wenngleich man dort erstmalig eben solche gemeinsam anzustrebenden Prinzipien vereinbarte, die im wesentlichen mit den Termini Denazifizierung, Demilitarisierung, Demokratisierung und Demontage, den sog. vier großen "D", beschrieben waren, versäumten es die Alliierten jedoch, ein homogenes Konzept einer Gesamtplanung zu projektieren. Somit konnte von einem qualitativ weitreichenden Durchbruch in der Besatzungspolitik keinesfalls die Rede sein. Vielmehr muß das Ergebnis der Potsdamer Konferenz als interalliierter Minimalkonsens gewertet werden, der letztlich aufgrund seiner teilweise vagen Formulierungen unterschiedliche Interpretationen zuließ, ja geradezu provozierte. Augenscheinlich waren die Vorstellungen der Alliierten, wie "die endgültige Umgestaltung des deutschen politischen Lebens auf demokratischer Grundlage" zu erreichen sei, nicht auf einen Nenner zu bringen. Der sachliche Handlungsspielraum, den die unpräzisen Konferenzbeschlüsse bedingten, bewog die Besatzungsmächte je für sich dazu, ihre spezifischen Ansichten von Demokratie nach vertrautem heimischen Muster in ihren Besatzungszonen Realität werden zu lassen.[1] D.h. die Briten begannen, ihren zur Hand-

---

[1] Hüttenberger bemerkt hierzu treffend:" Im großen und ganzen stellten also die Beschlüsse keine wirkliche Planung zur Errichtung der Demokratie dar, sondern glichen eher einem Bündel von Grundsätzen zur Beseitigung der internationalen Gefährlichkeit Deutschlands. Aufgrund dieser

lungsmaxime erhobenen charakteristisch englischen Demokratiebegriff auf ihre Zone zu übertragen[2], damit das entstandene inhaltliche Vakuum des Potsdamer Abkommens zu füllen, um letztlich entsprechend dieser alliierten Übereinkunft "eine eventuelle friedliche Mitarbeit Deutschlands am internationalen Leben ... vorzubereiten" (Abschnitt III.A.3.). Noch deutlicher gibt hierüber Ingrams Auskunft:"We were to destroy the material which Germany used to make war. We were to show the Germans that war did not pay. We were to break down the spirit which led them to war, and having thus cleared the field, were to prepare for the eventual reconstruction of German political life on a democratic basis, and for the eventual cooperation of Germany in international life."[3] Konkrete Gestalt nahmen die britischen Vorstellungen in Form einer Direktive der Control Commission for Germany (British Element) unter dem Titel "Military Government Directive on Administrative, Local and Regional Government and the Public Services, Part I: Democratisation and Decentralisation of Local and Regional Government" an, die in einer überarbeiteten Edition am 01. Februar 1946 veröffentlicht wurde.[4] Darin glorifizierte man auf britischer Seite unverhüllt und zugleich sehr selbstsicher und apodiktisch die eigene Demokratie, weil "Produkt unseres Charakters und Landes", als "die widerstandskräftigste der Welt", welche auf britischem Boden optimal gedeihe. Nichtsdestoweniger wolle man sie "exportieren" und, so hieß es dort optimistisch, "wenn sie sorgfältig gehegt und gepflegt wird, so wächst und gedeiht sie in allerlei Ländern, selbst wenn es lange dauert, bis sie sich akklimatisiert". Demokratie, verstanden als "Regierung des Volkes durch das Volk und für das Volk", so habe es die Geschichte gelehrt, sei in Deutschland nie auf fruchtbaren Boden gefallen. Nach dem Ersten Weltkrieg "überließen es die Alliierten den Deutschen, den Samen der Demokratie selbst neu auszusäen; sie wurde, wie wir wissen, schon früh in ihrem Wachstum von dem üblen Unkraut einer neuen Form deutscher Staatsautorität erstickt. Diesmal haben die Alliierten beschlossen, die Arbeit gründlicher zu besorgen; deshalb die Besetzung, deren Zwecke im Potsdamer Abkommen dargelegt sind." Was die Briten anbelangt, so waren angesichts solcher Äußerungen zumindest Zweifel an der wiederholten Versicherung der Alliierten, "that they did not want to make

---

Lücke blieb den Besatzungsmächten ein weiter Handlungsspielraum, angesichts dessen die einzelnen Militärregierungen sich freilich - wie konnte es anders sein! - an ihren eigenen historischen und gesellschaftlichen Erfahrungen und Modellen orientierten." Peter Hüttenberger, Nordrhein-Westfalen und die Entstehung seiner parlamentarischen Demokratie, Siegburg 1973, S. 43
[2] Vgl. Wolfgang Rudzio, Die Neuordnung des Kommunalwesens in der Britischen Zone, Stuttgart 1968, S. 68ff.; vgl. ebenso ders., Export englischer Demokratie? Zur Konzeption der britischen Besatzungspolitik in Deutschland, in: VfZ 17/1969, S. 219ff.; vgl. ferner Ulrich Reusch, Briten und Deutsche in der Besatzungszeit, in: Geschichte im Westen 2/1987, S. 154; vgl. noch Harold Ingrams, Building Democracy in Germany, in: The Quarterly Review 285 (1947), No. 572 (April), S. 209
[3] Ingrams, Building Democracy in Germany, S. 210
[4] Der deutsche Text dieser Direktive ist als separate Druckschrift (2. Aufl., revidiert am 01. Februar 1946) im Nordrhein-Westfälischen Hauptstaatsarchiv Düsseldorf (im folgenden: NRW HStA D) vorhanden; vgl. auch Hüttenberger, Nordrhein-Westfalen und die Entstehung seiner parlamentarischen Demokratie, S. 43ff.

Germany a mirror of themselves"⁵ angebracht. Die Politik der krisenfesten Demokratisierung, die die britische Siegermacht im Vergleich zu den anderen Westalliierten sehr zielstrebig und dauerhaft verfolgte, bedeutete für sie fürs erste Dezentralisierung der politischen Strukturen, Entwicklung kommunaler Verantwortlichkeit und self-government auf regionaler und kommunaler Ebene sowie die Integration der Bevölkerung in den politischen Entscheidungs- und Willensbildungsprozeß.⁶
Im Blick auf die alliierten Zielperspektiven kann festgestellt werden, daß jede Besatzungsmacht für sich ein mehr oder minder präzises und homogenes besatzungspolitisches Konzept besaß, das jedoch aufgrund zukünftiger Imponderabilien z.t. von der Realität überholt wurde und somit notwendigerweise modifiziert oder revidiert werden mußte⁷, was mit anderen Worten bedeutete, daß die britische Besatzungspolitik nach Potsdam nicht grundsätzlich konzeptionslos war, andererseits aber auch von keinem geschlossenen, vorprogrammierten System ausgegangen werden darf, das schon alle Maßnahmen und Umstände erkennen ließ⁸. Zweifelsohne orientierten sich die Briten, die aufgrund der Erfahrungen nach 1918 bereits frühzeitig Überlegungen bezüglich des Umgangs mit dem besiegten deutschen Gegner angestellt hatten, nach dem Kriege angesichts des akuter werdenden Ost-West Gegensatzes wieder verstärkt an ihrer traditionellen, aus Sicherheitserwägungen resultierenden, Politik des europäischen Mächtegleichgewichts, zu der das Richtziel ihrer Besatzungspolitik, ein demokratisches und jetzt nach Westen tendierendes Deutschland, in Korrelation stand.⁹ Jürgensen sieht in diesem Zusammenhang folgende drei Elemente britischer Besatzungspolitik als notwendige Vorstufen auf dem Weg zur Restitution einer Balance of Power in Europa an: Political re-education: Loslösung der Deutschen vom faschi-

---

⁵ Gerard Braunthal, The Anglo-Saxon Model of Democracy in the West German Political Consciousness after Word War II, in: Archiv für Sozialgeschichte 18/1978, S. 252
⁶ Vgl. C.C.G.(BE)-Direktive (siehe Anm. 4); vgl. auch Reusch, Briten und Deutsche in der Besatzungszeit, S. 156f.; vgl. ebenso ders., Der Verwaltungsaufbau der britischen Kontrollbehörden in London und der Militärregierung in der britischen Besatzungszone, in: Adolf M. Birke/Eva A. Mayring (Hrsg.), Britische Besatzung in Deutschland. Aktenerschließung und Forschungsfelder, London 1992, S. 35
⁷ Vgl. Kurt Jürgensen, Elemente britischer Deutschlandpolitik, in: Claus Scharf/Hans-Jürgen Schröder (Hrsg.), Die Deutschlandpolitik Großbritanniens und die britische Zone 1945-1949, Wiesbaden 1979, S. 104; vgl. ferner Ulrich Reusch, Der Verwaltungsaufbau der britischen Kontrollbehörden in London und die Militärregierung in der britischen Besatzungszone, in: Birke/Mayring, S. 38. Zur Komplexität der britischen Deutschlandplanungen im Kriege siehe u.a. die umfassende Studie von Lothar Kettenacker, Krieg zur Friedenssicherung. Die Deutschlandplanung der britischen Regierung während des Zweiten Weltkrieges, Göttingen 1989
⁸ Vgl. Falk Pingel, "Die Russen am Rhein?". Die Wende der britischen Besatzungspolitik im Frühjahr 1946, in: VfZ 30/1982, S. 102f.
⁹ Vgl. Kurt Koszyk, "Umerziehung" der Deutschen aus britischer Sicht. Konzepte und Wirklichkeit der "Re-education" in der Kriegs- und Besatzungsära, in: Aus Politik und Zeitgeschichte 29/1978, S. 3; vgl. des weiteren Jürgensen, Elemente britischer Deutschlandpolitik, S. 104; vgl. auch Rolf Steininger, Die britische Deutschlandpolitik in den Jahren 1945/46, in: Aus Politik und Zeitgeschichte 1-2/1982, S. 34, 46; vgl. ebenso Ullrich Schneider, Nach dem Sieg: Besatzungspolitik und Militärregierung 1945, in: Josef Foschepoth/Rolf Steininger (Hrsg.), Die britische Deutschland- und Besatzungspolitik, Paderborn 1985, S. 62

stisch-autoritären obrigkeitsstaatlichen Denken und Hinführung zum demokratischen Staatsgedanken durch Überzeugung und Vorbildfunktion; responsible government: Anstreben von dezentralisierten, auf demokratischen Prinzipien basierenden deutschen Ländern, die in einem bundesstaatlichen Deutschland zusammengeschlossen sind (Federation of Germany).[10] Summarisch läßt sich das britische Selbstverständnis hinsichtlich des Zwecks der Okkupation Deutschlands generell mit folgenden essentials skizzieren:"To prevent the revival of Germany as an aggressive power. To encourage her revival as a democratic and peace loving member of the comity of nations." Die daraus resultierenden fundamental principals betrafen hauptsächlich:
"(a) the maintenance of popular control over the executive at both Land and local level.
(b) the non political character of the administrative and executive public services and the police.
(c) the independence of the judiciary.
(d) the freedom of Trade Unions and other voluntary associations.
(e) the objectivity of school curricula.
(f) the freedom of religious worship.
(g) the freedom of speech, the press and of public meetings."[11]
Den demokratischen Neubeginn Deutschlands fest im Blick, richtete die britische Militäradministration ihre Besatzungspolitik an den Leitlinien security, supervision und efficacy[12] aus, die sie durch die Methode der indirect rule, einer Art Teilautonomie unter Anleitung, praktizierte.[13]

---

[10] Vgl. Jürgensen, Elemente britischer Deutschlandpolitik, S. 103
[11] HQ Mil.Gov. NRW: Duties of Military Government in Region North Rhine-Westphalia under Ordinance 57, undatiert (1947?), PRO, FO 1013/218. Siehe auch Donald C. Watt, Hauptprobleme britischer Deutschlandpolitik 1945-1949, in: Scharf/Schröder, S. 28. Hier nicht unwichtiges Zitat aus den Aufzeichnungen für die Rede des britischen Premiers Attlee im Unterhaus am 01. März 1948 über die Verteidigungspolitik:"Our aim is to protect ourselves against any further aggression by Germany and at the same time to bring her back into the Comity of nations as a united entity on a democratic basis, with democracy as western civilisation understands it." Vgl. noch Karl Teppe, Zwischen Besatzungsregiment und politischer Neuordnung (1945-1949). Verwaltung-Politik-Verfassung, in: Wilhelm Kohl (Hrsg.), Westfälische Geschichte, Bd. 2, Düsseldorf 1983, S. 285 sowie Koszyk, "Umerziehung" der Deutschen aus britischer Sicht, S. 12
[12] Vgl. Schneider, Nach dem Sieg, S. 63
[13] Vgl. Ingrams, Building Democracy in Germany, S. 213

2. Ziele der Untersuchung

Wie die Geschichte zur Genüge gelehrt hat und immer noch und wieder zeigt, hinterlassen Revolutionen und verlorene Kriege durch Zerschlagung bis dato etablierter Machtstrukturen letztlich zwangsläufig ein staatliches Chaos mit allen seinen negativen gesellschaftspolitischen und wirtschaftlichen Begleitfolgen. Die Erkenntnis darüber aber, daß ein unterdrückerisches System in sich selbst, d.h. in seiner Anlage, wesensmäßig bereits zum Scheitern verurteilt ist, somit ungewollt implizit einen Prozeß in Gang setzt, der oftmals über kurz oder lang in eben einem solchen Zusammenbruch wie ihn das nationalsozialistische Deutschland erlebt hat, endet, führt dann einerseits ebenso zwingend zu der Einsicht, daß nur ein demokratisch-gerechtes Staatsgefüge auf Dauer Bestand haben kann, und wirkt schließlich andererseits im Hinblick auf das nunmehr positive Staatsziel katalysatorartig. Auf diese historische Erfahrung hinweisend schrieb der Kölner Regierungsrat H. Höhn im April 1948, "daß in jedem Land nach einer Umwälzung aller staatlichen Verhältnisse die Polizei des Landes einer 'Reform' unterzogen wird, ganz gleich, ob sich die Umwälzung auf Grund von innerstaatlichen Ereignissen oder durch Einwirkung von außen, nach einem verlorenen Kriege, vollzogen hat"[14], und auch bei H. Schneider ist zu lesen:"Die Polizei teilt das Schicksal des Staates, dem sie dient."[15] Deutschland zu demokratisieren, das war in den Augen der Briten keine gewöhnliche Herausforderung, sondern gleichsam eine Jahrhundertaufgabe, die sie selbstbewußt und unbeirrt in Angriff nahmen und von deren Erfolg sie von vornherein überzeugt schienen, wie Ingrams ankündigte:"Napoleon had imposed administrative changes on the Germans which had lasted to this day, and we felt we had a much greater opportunity than Napoleon."[16] Daß zunächst die innere Sicherheit wiederhergestellt und im neu gegründeten Land Nordrhein-Westfalen dauerhaft gefestigt werden mußte, wenn ein demokratischer Neubeginn nach britischen Vorstellungen gelingen sollte, liegt auf der Hand, und so versteht es sich beinahe von selbst, daß gerade hierbei der Polizeiorganisation, aber mit Einschränkung auch dem Feuerschutzdienst eine zentrale demokratiefördernde oder - britischer Ansicht nach - sogar -etablierende Rolle zukam[17], zwei Institutionen, die zunächst eine gesetzlich verankerte Um- bzw. Neustrukturierung erforderten.
Zu den spezifischen Aufgaben und Anliegen des Historikers, der sein Augenmerk bevorzugterweise oftmals auf das Umfeld (gewaltsamer) historischer Umbrüche und daraus resultierender Neuanfänge richtet, zählt nicht nur der Versuch, die Hinter- und Beweggründe eines solchen geschichtlichen Prozesses kritisch zu

---

[14] Zur Umgestaltung der Polizei, in: Die Polizei, Nr. 1/2 April 1948, S. 4
[15] Hans Schneider, Die Umgestaltung des Polizeirechts in der britischen Zone. Beobachtungen zur Einführung englischer Verwaltungsinstitutionen in das deutsche Recht, in: Festschrift für Julius von Gierke zu seinem goldenen Doktorjubiläum am 25. Oktober 1948, Berlin 1950, S. 235
[16] Building Democracy in Germany, S. 210
[17] Vgl. Speech given by Mr. O'Rorke, Inspector General for the British Zone, 05. August 1948, PRO, FO 1013/379

durchleuchten, sondern v.a. auch gleichsam den beschrittenen Weg vom Alten zum Neuen nachzuvollziehen, mögliche Kontinuitäten und Diskontinuitäten offenzulegen, um schließlich einen Beitrag zum besseren Verständnis von Geschichte einerseits in ihrer Zeitbedingtheit, andererseits aber auch in ihrer Zukunftswirkung zu leisten.

Für die vorliegende Untersuchung ergeben sich nunmehr folgende konkrete Fragestellungen und Ziele:

Vorrangiges Ziel ist es, den Prozeß der Einflußnahme der britischen Besatzungsmacht auf die Gesetzgebung des Landes Nordrhein-Westfalen, dem zweifelsohne als größtem Staatsgebilde innerhalb der britischen Zone auch auf diesem Gebiet in gewisser Weise die Rolle eines Protagonisten zuviel, nachzuzeichnen, zu analysieren und als Bestandteil britischer Besatzungspolitik zu begreifen. Dies soll exemplarisch anhand der Polizei- und Feuerwehrlegislation detailliert geschehen. Vor dem Hintergrund der britischen Demokratiekonzeption wird sowohl der inhaltlich-sachliche als auch der formal-organisatorische Aspekt dieses Vorgangs zu erörtern sein.

Weiter ist in diesem Zusammenhang nach dem genauen Modus des britischen Vorgehens zu fragen: Inwiefern war die Methode des oktroyierten "Institutionenexports"[18] per Verordnung mit dem langfristigen Ziel der Briten, demokratisches Bewußtsein und selbstbestimmtes Handeln der Deutschen zu fördern, überhaupt kompatibel? Mußten sich die britischen Pläne einer Prägung der deutschen Polizeistruktur nach eigenem Muster und der im Gegenzug zunehmend selbstbewußter werdende Gestaltungswille der deutschen Politiker letztlich nicht doch zu ungunsten einer deutschen Erfordernissen adäquaten Gesetzesregelung auf dem sensiblen Gebiet der inneren Sicherheit auswirken? Wo lagen demnach real die Möglichkeiten und Grenzen der Besatzungsmacht, einen der deutschen Tradition fremdartigen Aufbau der Polizei langfristig abgesichert zu installieren? Daran anknüpfend: Standen den deutschen Landespolitikern überhaupt Mittel zur Verfügung, die Besatzungspolitik der Briten in für sie erwünschte Bahnen zu lenken? Hier muß denn notwendig auch die Frage nach der Rolle der Polizeiverordnung Nr. 135 der Militärregierung vom 01. März 1948 geklärt und deren Bedeutung für den Aufbau der Polizei in Nordrhein-Westfalen bzw. der britischen Zone eruiert werden.

Zu reflektieren ist im Blick auf die Progression der Gesetzgebung in den beiden Bereichen dieser Untersuchung ebenso, inwieweit die Qualität des kooperativen Verhältnisses der britischen und deutschen Verhandlungsführer diese positiv beeinflußt oder möglicherweise retardiert hat.

Warum letzten Endes dem Landespolizeigesetz vom Mai 1949 entgegen britischen Hoffnungen und anders als dem Landesfeuerwehrgesetz von 1948 nur eine kurze Lebensdauer beschieden war, wird sich im Verlauf dieser Studie zeigen müssen.

---

[18] Reusch, Deutsches Berufsbeamtentum und britische Besatzung 1943-1947, S. 41

3. Forschungsstand und methodische Hinweise

Während das Interesse der Historiker an den diversen Forschungsfeldern britischer Besatzungspolitik in Deutschland spätestens, seit 1984 die Quellen der C.C.G.(BE) in toto der wissenschaftlichen Sondierung zugänglich sind, generell stetig zunimmt, was die mittlerweile schon vorliegenden Studien zeigen[19], kann die Polizeigesetzgebung (in Nordrhein-Westfalen) unter britischer Besatzung als weitgehend unerforscht gelten; eine Monographie auf breiter Quellenbasis liegt noch nicht vor. Bisher hat lediglich Hüttenberger, integriert in den Rahmen seiner Untersuchung über "Nordrhein-Westfalen und die Entstehung seiner parlamentarischen Demokratie"[20], die auch heute noch als Standardwerk gelten kann, eine wissenschaftlich fundierte Skizze über die Genese der Reorganisation der deutschen Polizei nach dem Zweiten Weltkrieg im britischen Einflußgebiet geliefert. Da Hüttenberger jedoch nur die deutschen Quellen zur Verfügung standen, mußte diese komprimierte Darstellung hinsichtlich ihrer Resultate konsequenterweise unter Vorbehalt und als vorläufig betrachtet werden. Ansonsten finden sich in den neueren wissenschaftlichen Abhandlungen, die die Frühgeschichte Nordrhein-Westfalens im Umfeld britischer Besatzungspolitik beleuchten, wenn überhaupt, so meist nur marginale Hinweise, die mit dem Themenschwerpunkt Polizeigesetzgebung in Beziehung stehen. Rudzios 1968 veröffentlichtes Buch[21] geht mehr überblicksartig auf einige Aspekte der Entwicklung vom Polizeiausschußsystem zur staatlichen Polizei ein, wobei in dieser Untersuchung aufgrund der dreißigjährigen Sperrfrist britischer Akten im Public Record Office diese noch nicht berücksichtigt werden konnten. Mit dem Wiederaufbau der Polizei im größten Land der britischen Zone hat sich auch Werkentin in einem Aufsatz[22] beschäftigt, der jedoch im wesentlichen Bezug auf Hüttenberger nimmt und darüber hinaus keine weiterreichenden Erkenntnisse bietet. Auch Werkentins Studie über die Restauration der deutschen Polizei nach 1945 läßt aufgrund anderer Themenschwerpunktes tatsächlich nur wenige verwertbare Informationen erwarten[23], gleiches gilt auch für die behördengeschichtliche Untersuchung über das nordrhein-westfälische Landeskriminalamt von Wego.[24] Erwähnt werden muß noch die rechtsgeschichtliche Abhandlung von Pioch, der sich bereits Ende der vierziger Jahre mit dem Polizeirecht und der Polizeiorganisation beschäftigt hat.[25]

---

[19] Vgl. hierzu den Beitrag von Angela Kaiser-Lahme, Control Commission for Germany (British Element). Bestandsaufnahme und Forschungsfelder, in: Birke/Mayring (Hrsg.), Britische Besatzung in Deutschland, S. 149ff.
[20] Siegburg 1973
[21] Wolfgang Rudzio, Die Neuordnung des Kommunalwesens in der Britischen Zone, Stuttgart 1968, S. 102ff., 143ff., 170ff.
[22] Falco Werkentin, Der Wiederaufbau der Polizei in Nordrhein-Westfalen, in: Friedrich Gerhard Schwegmann (Hrsg.), Die Wiederherstellung des Berufsbeamtentums nach 1945, S. 139-162
[23] Die Restauration der deutschen Polizei. Innere Rüstung von 1945 bis zur Notstandsgesetzgebung, Frankfurt a.M./New York 1984
[24] Maria Wego, Die Geschichte des Landeskriminalamtes Nordrhein-Westfalen, Hilden 1994
[25] Hans-Hugo Pioch, Das Polizeirecht einschließlich der Polizeiorganisation, Tübingen 1950

Als zeitgenössische dokumentarische Darstellung besitzt sie gerade bezüglich der organisatorischen Entwicklung der Polizei unter dem Einfluß der britischen Besatzungsmacht ihren Informationswert, wenngleich sie auch dem Anspruch einer wissenschaftlich fundierten Betrachtung nicht völlig genügen kann. Nicht unbedeutend sind darüber hinaus die überblicksartigen Darlegungen von Middelhaufe, der in Aufsatzform über den Werdegang der Polizeigesetzgebung aus der damaligen deutschen "Insider"-Perspektive berichtet.[26] Beachtet werden müssen zudem die Beiträge besonders des Innenministers Menzel als auch seines Amtsnachfolgers Flecken, die teils in Kurzaufsätzen veröffentlicht bzw. in den Stenographischen Berichten des nordrhein-westfälischen Landtags greifbar sind.[27]
Was den zweiten Schwerpunkt dieser Studie angeht, so erweist sich die Landesfeuerwehrgesetzgebung unter britischer Besatzung in der wissenschaftlichen Literatur völlig als Desideratum.
Zu befragen war schließlich auch die Sekundärliteratur im Hinblick auf mögliche Erkenntnisse über die organisatorischen Rahmenbedingungen der Landesgesetzgebung unter britischer Regie. In sehr verkürzter Form finden sich allein bei Lange[28] einige wenige, infolge unzureichender Quellenbasis noch dazu unvollständige Anhaltspunkte hinsichtlich des spezifischen Prozedere der Gesetzesprüfung.
Mit der vorliegenden Untersuchung ist nunmehr auf breiter Quellenbasis die Schließung einer weiteren Forschungslücke intendiert. Diese Arbeit wurde auf der Grundlage systematischer Auswertung umfangreicher, bisher unveröffentlichter Akten des britischen Zentralarchivs (Public Record Office) nahe London sowie ebenfalls ausgedehnten und überwiegend noch nicht veröffentlichten Quellenmaterials des Nordrhein-Westfälischen Hauptstaatsarchivs in Düsseldorf konzipiert. Die darüber hinaus herangezogenen Dokumentationen (Landtagsdrucksachen, Stenographische Berichte, Ausschußprotokolle) des Archivs des nordrhein-westfälischen Landtags in Düsseldorf über die Landespolizei- und -feuerwehrgesetzgebung erwiesen sich als hilfreich.
Seit 1992 und 1995 liegen die Kabinettsprotokolle der Landesregierung von Nordrhein-Westfalen aus den Jahren 1946-1950 und 1950-1954 als Quelleneditionen (Veröffentlichungen der staatlichen Archive des Landes Nordrhein-Westfalen) eingeleitet und bearbeitet von Kanther (Bd. 1) und Fleckenstein (Bd. 2) vor. Dort ausgewählte abgedruckte und in Beziehung zum Thema dieser Untersuchung stehende Archivdokumente wurden jedoch zum Zwecke ihrer Auswertung

---

[26] Siehe Literaturverzeichnis; zur Person: Anm. 94, S. 26
[27] Siehe Literaturverzeichnis
Dr. iur. Walter Menzel (13. September 1901-24. September 1963); Jura- und Natinalökonomiestudium; 1931-1933 preuß. Landrat in Weilburg/Lahn; ab 1934 Tätigkeit als Rechtsanwalt in Berlin; nach dem Krieg Generalreferent in der Provinzialregierung in Münster; Innenminister im 1. u. 2. Landeskabinett Amelunxen sowie im 1. Kabinett Arnold bis 05. Juli 1950; Verfassungsexperte der SPD; Mitglied im Parlamentarischen Rat.
Dr. Adolf Flecken (CDU) war vom 15. September 1950 bis 25. Mai 1952 Innenminister im 2. Kabinett Arnold.
[28] Erhard H.M. Lange, Vom Wahlrechtsstreit zur Regierungskrise. Die Wahlrechtsentwicklung Nordrhein-Westfalens bis 1956, Köln u.a. 1980, S. 58-61

ausnahmslos alle im Original im Nordrhein-Westfälischen Hauptstaatsarchiv eingesehen, um beispielsweise auch vereinzelt vorhandene, manchmal informative handschriftliche Marginalien berücksichtigen zu können. Sofern Schriftstücke auch in deutscher Übersetzung vorlagen, wurde generell diese zitiert sowie die wörtlich angeführten Belegstellen in ihrem originalen orthographischen Zustand belassen.
Von den zu analysierenden Archivalien bilden die Akten der C.C.G.(BE), RC NRW (Bestand PRO, FO 1013), neben den Quellen der nordrhein-westfälischen Staatskanzlei (Bestand NRW HStA D, NW 53) den Basiskern der Studie, denn vorrangig die C.C.G.(BE)-Quellen sind im Rahmen britischer Besatzungs- und Deutschlandpolitik von regional- und lokalhistorischer Relevanz hinsichtlich des Verlaufs politischer Entscheidungen in Deutschland nach dem Zweiten Weltkrieg.[29] Ihre Analyse läßt primär den internen Prozeß ("Binnenperspektive"[30]) von Meinungsbildung und Entscheidungsfindung der britischen Militärregierung im Hinblick auf die Reorganisation von Polizei und Feuerwehr deutlich werden, während anhand des in den entsprechenden Akten des Hauptstaatsarchivs in Düsseldorf überlieferten deutsch-britischen Schriftwechsels v.a. die deutsche Sachperspektive zugänglich wird. D.h. im Sinne einer Komplementärüberlieferung ergänzen "die deutsche(n) Überlieferungen ... das aus den britischen Quellen gewonnene Bild"[31], und die britischen Quellen "geben eine andere, eine zusätzliche Perspektive auf die Geschehnisse während der Besatzungszeit"[32]. Ohne Kenntnis dieser Quellen bliebe eine historische Darstellung der Besatzungsepoche ein Torso. Erst die gezielte Auswertung der deutschen *und* britischen Akten gibt den Blick frei auf die in ihrer Grundtendenz z.T. differenten Perspektiven von britischer Besatzungsmacht und deutschen Landespolitikern und ermöglicht multiple Einblicke und Erkenntnisse, die sich wiederum durch Synopse und Korrelation gleichsam mosaiksteinartig zu einem authentischen Gesamtbild des Sachgegenstandes dieser Untersuchung verdichten lassen. Aufschlußreich ist in diesem Konnex im besondere die Bishop-Menzel-Korrespondenz 1948/49 ohne den sonst üblichen (Um-)weg über den Ministerpräsidenten.[33]
Mittlerweile sind die britischen Akten aus der Besatzungszeit in Deutschland 1945-1949/55 im Public Record Office gut erschlossen. Das in mehrjähriger Arbeit unter der Regie des Deutschen Historischen Instituts London erstellte elfbän-

---

[29] Vgl. Eva A. Mayring, Control Commission for Germany (British Element). Vorgehensweise bei der Aktenerschließung, in: Birke/Mayring, S. 134. Diesen hohen Quellenwert bestätigen auch Kaiser-Lahme, in: ebd., S. 160 und Reusch, Deutsches Berufsbeamtentum und britische Besatzung 1943-1947, S. 47
[30] Ralph Uhlig, Confidential reports des Britischen Verbindungsstabes zum Zonenbeirat der britischen Besatzungszone in Hamburg (1946-1948). Demokratisierung aus britischer Sicht, Frankfurt a.M. u.a. 1993, S. 9
[31] Reusch, Deutsches Berufsbeamtentum und britische Besatzung 1943-1947, S. 48
[32] Rainer Schulze, Durch die britische Brille gesehen. Beispiele zum Ertrag der britischen Quellen für die (nordwest-)deutsche Landes- und Regionalgeschichte, in: Birke/Mayring, S. 114
[33] Vgl. die Instruktion des HQ Mil.Gov. "Duties of Military Government in Region North Rhine-Westphalia under Ordinance 57", PRO, FO 1013/218; vgl. ebenfalls Kanther, Die Kabinettsprotokolle der Landesregierung von Nordrhein-Westfalen 1946-1950, Bd. 1/Teil 1, S. 30

dige spezifizierte Inventar[34] ermöglicht einen schnellen und gezielten Zugriff auf die britischen Primärquellen und erwies sich auch für die Erstellung der vorliegenden Studie von großem Wert. Die Bedeutung dieses Inventars wird um so klarer, bedenkt man, daß allein die Akten der C.C.G.(BE) einen Umfang von 54 Bänden mit 29709 Einzelakten haben und der Bestand RC NRW allein 2526 Bände umfaßt, die insgesamt freilich nur noch ungefähr 1% der vor der Kassation ursprünglich vorhandenen ca. 3 Mio. Akteneinheiten ausmachen.[35]

Analog ist auch der Zugang zu der vielfältigen einschlägigen Überlieferung im Nordrhein-Westfälischen Hauptstaatsarchiv mit Hilfe gut gegliederter Findbücher erleichtert.

In bezug auf diese Untersuchung kann eine gute Dokumentation britischer Observation deutscher Landesgesetzgebung allgemein konstatiert werden sowohl in den britischen als auch in den deutschen Quellen; speziell die Entwicklung in den Bereichen Polizei und Feuerwehr kann gut nachvollzogen werden, wobei der Umfang der Überlieferung im Falle des Feuerwehrwesens derjenigen der Polizeireorganisation nachsteht, was logischerweise in der Natur der Sache begründet liegt. Wenn auch die Faszikel mit Hilfe der Inventare problemlos identifiziert werden konnten, war die eigentliche konkrete Suche nach sachrelevanten Schriftstücken nicht immer ergiebig, manchmal sogar enttäuschend unergiebig[36] und generell glich sie nicht selten der Suche nach der berühmten Stecknadel im Heuhaufen.

---

[34] Über Vorgehensweise und Ergebnis des großangelegten Projekts von April 1987 bis Frühjahr 1992 dieser Aktenerschließung informiert der Beitrag von Mayring, Control Commission for Germany (British Element), in: Birke/Mayring, S. 133ff.
[35] Siehe Wolfram Werner, Überlieferungen zur britischen Besatzungszeit in deutschen Archiven, S. 127 und Mayring, C.C.G.(BE). Aktenerschließung, S. 134 sowie Kaiser-Lahme, C.C.G.(BE). Forschungsfelder, S. 149, in: Birke/Mayring
[36] Doppelüberlieferungen blieben jedoch die Ausnahme und waren eher selten. Als gewöhnungsbedürftig erwiesen sich mitunter die vom Zentraldolmetscherbüro der nordrhein-westfälischen Landeskanzlei angefertigten, wegen ihrer auf wörtliche Genauigkeit bedachten, deshalb aber oft verklausuliert-schlechten, Übersetzungen aus dem Englischen. Arbeitsökonomisch-zeitaufwendig war zudem das rigide Prozedere der Akteneinsichtnahme im Public Record Office. Zwar dürfen dort maximal drei Akten auf einmal bestellt, jedoch nur einzeln nacheinander eingesehen werden.

Kapitel I:
Organisatorische Rahmenbedingungen deutscher Landesgesetzgebung unter britischer Besatzungsherrschaft

1. Verordnung Nr. 57 der Militärregierung: "Befugnisse der Länder in der britischen Zone"

Rund eineinhalb Jahre nach Kriegsende begannen die Briten in ihrer Zone den Übergang von der Besatzungsgesetzgebung der Militärregierung zur deutschen Landesgesetzgebung einzuleiten. Mit der am 01. Dezember 1946 erlassenen Verordnung Nr. 57[37] schuf die Militärregierung eine notwendige Bedingung für die von britischer Seite langfristig intendierte demokratische und selbstbestimmte Entwicklung der neu konstituierten Staatswesen innerhalb der Grenzen ihrer Zone und leitete damit quasi ihre eigene "Selbstdemontage" ein.[38] In den wenige Wochen zuvor von dem für Nordrhein-Westfalen zuständigen Regional Commissioner[39] William Asbury Ministerpräsident Amelunxen übergebenen Richtlinien für die provisorische Landesregierung hatte noch gestanden, daß der ernannte Landtag keine gesetzgebende Gewalt habe, sondern lediglich der Militärregie-

---

[37] ABl. Mil.Reg. Nr. 15, S. 344-346. Abänderung bzw. Ergänzung durch VO Nr. 81, ABl. Mil.Reg. Nr. 18; VO Nr. 162, ABl. Mil.Reg. Nr. 25; VO Nr. 177, ABl. Mil.Reg. Nr. 28. Zur Entstehungsgeschichte der VO Nr. 57 siehe Überblick in: Reusch, Deutsches Berufsbeamtentum und britische Besatzung 1943-1947, S. 358-369.
Der Entwurf der VO Nr. 57 wurde von Mr. Herchenröder, Legal Division britische Zone, erstellt. Vgl. Notes on the Discussion on Ordinance No. 57 and Regulation No. 1, 22. September 1947, PRO, FO 1013/218
[38] Vgl. Kanther, Die Kabinettsprotokolle der Landesregierung von Nordrhein-Westfalen 1946-1950, Bd.1/Teil 1, S. 13
[39] Die RC's bildeten den zivilen Part der Mil.Reg. auf Landesebene. In den Jahren der Besatzungsherrschaft standen an der Spitze der britischen Administration in NRW folgende RC's, die mit Inkrafttreten des Besatzungsstatuts den Titel "Land Commissioner" erhielten:
William Asbury: 01. Mai 1946 bis 01. Januar 1948 - bis zur Landesgründung nur für die Nord-Rheinprovinz -; danach bis 1950 RC von Schleswig-Holstein; als RC für Westfalen amtierte Sir Henry Vaughan-Berry vom 01. Mai 1946 bis zur Gründung des Landes.
Major General (retired) Sir William Henry Alexander Bishop: 01. März 1948 bis 31. Dezember 1950. Als Nachfolger von Asbury hatte MG Robertson Sir Gordon McReady benannt, der sein Amt jedoch aus näherhin unbekannten Gründen nicht antreten konnte, so daß er schließlich Bishop aus seinem eigenen Mitarbeiterstab mit der kommissarischen Wahrnehmung dieses Amtes betraute. Ihm zur Seite stand weiterhin der bisherige DRC John Ashworth Barraclough, der vormals für die Amtsenthebung Konrad Adenauers verantwortlich war.
Brigadier (retired) John Lingham: 01. Januar 1951 bis 1954; vormals RC von Niedersachsen.
Siehe NRW HStA D, Findbuch 305.101 und Erklärung des Generals Robertson, Stenographischer Bericht der 40. Landtagssitzung, 07. April 1948, S. 269

rung Gesetze vorschlagen könne.⁴⁰ Ganz im Sinne der britischen besatzungspolitischen Grundprinzipien übertrug die Militärregierung auf dem Verordnungswege nunmehr die alleinige legislatorische Befugnis auf die parlamentarischen Körperschaften der Zonenländer, da Militärgouverneur Robertson bereits am 17. August 1946 hatte verlauten lassen, daß in Deutschland Demokratie und politische Verantwortlichkeit nur dann etabliert werden könnten, wenn man bereit sei, den Deutschen auch Kompetenz zu übertragen.⁴¹ Zugleich auferlegte sich die C.C.G.(BE) die Beschränkung, künftig prinzipiell nur noch dann in deutsche Zuständigkeitsbereiche zu intervenieren, wenn die Sicherstellung der besatzungspolitischen Zielsetzung es unbedingt erfordere.⁴² Offensichtlich scheinen sich indes noch 1948 deutsche Stellen in Unkenntnis der Bestimmungen der Verordnung Nr. 57 hilfesuchend an die britische Militärregierung gewandt zu haben, wie dort zuweilen beklagt wurde.⁴³ Andererseits wurde im Information Services Department die Vermutung geäußert, German authorities in Nordrhein-Westfalen seien sehr wohl mit den Bestimmungen der Verordnung Nr. 57 vertraut, jedoch offenbar nicht bereit, dies einzugestehen, weshalb sie die Verantwortung der Militärregierung überlassen wollten.⁴⁴ Wie dem auch sei, die den Deutschen ge-

---

⁴⁰ Vgl. Schreiben RC Asbury an Ministerpräsident Amelunxen, 15. Oktober 1946, NRW HStA D, NW 179, 1; vgl. auch Martens, Militärregierung und Parteien. Der ernannte Landtag 1946/47, S. 35
⁴¹ Vgl. Koszyk, "Umerziehung" der Deutschen aus britischer Sicht, S. 12
Sir Brian Hubert Robertson, 22. Juli 1896-19. April 1974, Baron of Oakridge (seit 1961), brit. General und 1947-1950 Oberbefehlshaber der brit. Truppen in Deutschland, 1949/50 Hoher Kommissar in der Bundesrepublik Deutschland.
⁴² Vgl. Schreiben MG Robertson an alle RC's und die Chiefs of Divisons, 01. Januar 1947, PRO, FO 1013/689
⁴³ F.B. Brady, R.G.O., sah sich unter Bezugnahme auf einen konkreten, ihm von Colonel Stockwell, dem Commander der Mil.Reg. des Regierungsbezirks Düsseldorf, unterbreiteten Fall, am 09. Juni 1948 zu folgender Notiz an LEGAL veranlaßt:"Certain Germans come to Colonel Stockwell and ask for Military Government's help in a certain matter. Col. Stockwell pointed out to them that this was a matter that entirely concerned the German authorities. They stated that the only reply they got from the German authorities was that they were helpless, and that the matter was in the hands of Military Government. Col. Stockwell explained to them that under Ordinance 57 various functions had been handed over entirely to the Germans and Military Government had no status whatsoever in regard to these subjects. He asked them if they know the provisions of Ordinance 57, but they had never seen it, and as far as they know no German version had ever been published either in the Press or in Land Government Gazettes. Col. Stockwell considered it was essential that very full publication should be given to Ordinance 57, and with this I entirely agree in order that the German authorities can no longer take refuge behind Military Government in blaming them for any duty they want to shirk." PRO, FO 1013/213; siehe ebenso Stellungnahme betreffend die Publicity der VO Nr. 57 von F.B. Brady, R.G.O., an HQ RB Düsseldorf, 22. Juni 1948, PRO, FO 1013/218
⁴⁴ Vgl. Schreiben SISO Lt. Col. A.G.B. Walker an RGO, 14. Juni 1948, PRO, FO 1013/218. Col. Stockwell ging aufgrund seiner diesbezüglich negativen Erfahrungen sogar soweit, den Erlaß einer unmittelbar an die führenden deutschen Verwaltungsbeamten gerichteten Direktive zu fordern. Darin hätte dann den Deutschen unumwunden klargemacht werden sollen, daß nunmehr sie fast ausnahmslos - abgesehen von den reserved subjects - diejenigen seien, die politische Verantwortung trügen. Vgl. Schreiben Col. G.C. Stockwell an RGO, 05. Februar 1947, PRO, FO 1013/626

währte Machtfülle bedurfte aus britischer (Sieger-)Perspektive verständlicherweise einer adäquaten Sicherung, um zu gewährleisten, "daß die Deutschen von den ihnen überlassenen Kompetenzen den 'richtigen' Gebrauch machten"[45]. In Konsequenz dessen erfolgte die Gewährung der Gesetzgebungskompetenz auch "vorbehaltlich der gesetzgeberischen Maßnahmen des Kontrollrats und der Bestimmungen dieser Verordnung", d.h. insbesondere den in den Anlagen A,B,C und D der Verordnung formulierten Ausnahmen bzw. Bedingungen, die allerdings zu einer Zeit konzipiert wurden, als noch keineswegs hinreichend geklärt war, welche Machtbefugnisse den Landesregierungen übertragen werden und welche bei der Militärregierung verbleiben und möglicherweise später von ihr durch ergänzende Verordnungen modifiziert bzw. konkretisiert werden sollten.[46] In ihrem "Memorandum über die Übertragung von Befugnissen auf die Landesregierung" vom 07. Dezember 1946 legte die Militärregierung dar, daß die Gesetzgebung des Landtags entsprechend bestimmten Richtlinien erfolgen solle, die in den bis dato von der Militärregierung veröffentlichten diesbezüglichen Verordnungen, Direktiven und Anweisungen zum Ausdruck kamen. Hierbei handelte es sich um Prinzipien von genereller Relevanz.[47] Von fundamentaler Bedeutung für die deutsche Gesetzgebung erwies sich der Verordnungs-Artikel III, zeichnete die Militärregierung doch hiermit bereits in nuce ein Gesetzgebungsverfahren vor, das ihr eine weitreichende Einflußnahme auf die deutsche Gesetzgebung zusicherte, indem letztlich die Entscheidung über Sein oder Nichtsein einer Gesetzesmaßnahme ausschließlich dem Ermessen des Regional Commissioners[48] unterworfen wurde.[49] So entstanden Situationen, in denen der Regional Commis-

---

[45] Kanther, Die Kabinettsprotokolle der Landesregierung von Nordrhein-Westfalen 1946-1950, Bd.1/Teil 1, S. 13
[46] VO Nr. 57, Art. I/1.
Anhänge zur VO Nr. 57:
"A Angelegenheiten, die von der Gesetzgebung der gesetzgebenden Körperschaft der Länder ausgenommen sind.
B Angelegenheiten, die aufgrund der Notlage der Gesetzgebungskompetenz der Militärregierung vorbehalten sind.
C Angelegenheiten, die auf bestimmte Zeit der Gesetzgebung der Legislativorgane der Länder nicht unterliegen.
D Angelegenheiten bezüglich deren die Gesetzgebungsorgane der Länder zur Befolgung von Grundsätzen der Militärregierung verpflichtet sind."
Vgl. auch Erläuterungen zur VO Nr. 57, NRW HStA D, NW 53/398II, Bl. 367-369; vgl. ferner Schreiben Pres. GOVSC C.E. Steel an ARC Barraclough, 11. März 1948, PRO, FO 1013/ 213
[47] Siehe auch S. 3ff. dieser Arbeit; NRW HStA D, NW 179/12, Bl. 5
[48] Mitteilung von CGSO Major J.H.A. Emck an Ministerpräsident Amelunxen vom 05. November 1946: Gemäß Anordnung des Regional Commissioners William Asbury laute die amtliche Übersetzung des Titels "Regional Commissioner" korrekt "Gouverneur". - Hierüber informierte Amelunxen die Landesminister in der am selben Tage stattfindenden 10. Kabinettssitzung. - Die Benutzung des Titels "Zivilbeauftragter" (oder auch: Gebietsbeauftragter, Anm. d.Verf.) wurde zugleich untersagt, jedoch taucht der Titel Gebietsbeauftragter in den Akten bisweilen noch über diesen Zeitpunkt hinaus auf. Siehe NRW HStA D, NW 53/398II, Bl. 52
[49] VO Nr. 57, Art. III:"4. Ein von der gesetzgebenden Körperschaft eines Landes angenommenes Gesetz ist dem Gebietsbeauftragten (Regional Commissioner) vorzulegen. Der Gebietsbeauftragte kann nach eigenem Ermessen dem Gesetz zustimmen oder seine Zustimmung versagen. Er hat

sioner seine Zustimmung zu den Gesetzen des Landtags, die in der ein oder anderen Form den Vorschriften der Verordnung Nr. 57 entgegenstanden, verweigerte, obwohl sie nach britischer Einschätzung eigentlich "perfectly reasonable" waren oder zumindest modifizierungsgeeignet und damit letztlich genehmigungsfähig.[50] Zudem betonte die Militärregierung in Artikel IV ausdrücklich, daß das Recht des Militärgouverneurs zur Dispensation von Landesgesetzen unangetastet bleibe. Zweifelsohne markierte die Verordnung Nr. 57 als rechtlicher Akt einen qualitativen Neubeginn im Verhältnis von Briten und Deutschen, von Siegern und Besiegten, indem sie den verbindlichen Rahmen beiderseitiger Rechte auf dem Gebiet der Gesetzgebung vorgab. Berücksichtigt man jedoch, daß die Gesetzgebungskompetenz der Deutschen einerseits Einschränkungen, andererseits vor allem britischer Kontrolle unterworfen war, konnte von einer quasi deutsch-britischen Partnerschaft im eigentlichen, nämlich gleichberechtigten Sinne, noch keine Rede sein.[51] Zu offensichtlich war die Abhängigkeit der deutschen Gesetzgebung von britischen (Sicherheits-) Interessen, denen besagter Artikel III der Veordnung Nr. 57 Rechnung trug. Schließlich blieben die Briten letzten Endes die federführende, wenn auch nicht länger die allein maßgebende Autorität.[52] Zudem verharrten die deutschen Behörden im Rahmen der britischen indirect rule-Grundposition konsequenterweise im Status einer sowohl weisungs- als auch entscheidungsabhängigen Auftragsverwaltung.[53] Pioch geht sogar so weit, zu sagen,

---

auch die Möglichkeit, das Gesetz zur Wiederberatung und Abänderung an die gesetzgebende Körperschaft eines Landes zurückzuverweisen.
5. Ein von der gesetzgebenden Körperschaft eines Landes angenommenes Gesetz tritt nicht eher in Kraft, bis die Zustimmung des Gebietsbeauftragten erfolgt ist." Zu beachten ist in diesem Zusammenhang jedoch, daß der Gouverneur keinesfalls aus einer absoluten Position heraus, quasi nach seinem Gutdünken, ein Gesetz akzeptieren bzw. verwerfen konnte, sondern vielmehr dem Sachurteil der zuständigen Prüfungsstellen der Mil. Reg. verpflichtet war. Nichtsdestotrotz stand ihm der formale Akt einer endgültigen Entscheidung zu. Vgl. auch S. 37 dieser Arbeit
In einem Schreiben der ALG-Section, HQ Mil.Gov. Düsseldorf, vom 18. November 1946 an diverse Abteilungen der brit. Administration wurde betont, daß der Regional Commissioner - neben dem Militärgouverneur - der einzige Vertreter der Militärregierung ("the only Military Government authority") sei, der die Berechtigung zur Ablehnung eines Landesgesetzes besitze. PRO, FO 1013/698. Vgl. auch Reusch, Deutsches Berufsbeamtentum und britische Besatzung 1943-1947, S. 362
[50] Vgl. Schreiben Pres. GOVSC C.E. Steel an ARC Barraclough, 11. März 1948, PRO, FO 1013/ 213. Steel bat darum, Fälle, in denen ein RC seine Zustimmung vor dem Hintergrund der VO Nr. 57 verweigere, mit dem HQ GOVSC zu besprechen.
[51] Anderer Ansicht ist Reusch (Deutsches Berufsbeamtentum und britische Besatzung 1943-1947, S. 364) wenn er davon spricht, die Landesverwaltungen seien "gewissermaßen Partner der Militärregierung" gewesen. Gerhard W. Wittkämper (Die Landesregierung, in: Nordrhein-Westfalen. Eine politische Landeskunde, Köln u.a. 1984, S. 122) sieht u.a. in den Einschränkungen der VO Nr. 57 einen Hinweis auf eine "geliehene Demokratie" in den Anfangsjahren Nordrhein-Westfalens.
[52] Vgl. Reusch, Briten und Deutsche in der Besatzungszeit, S. 154
[53] Vgl. Karl Teppe, Zwischen Besatzungsregiment und politischer Neuordnung (1945-1949). Verwaltung-Politik-Verfassung, in: Westfälische Geschichte, hrsg. von Wilhelm Kohl, Bd. 2, Düsseldorf 1983, S. 276

"daß für eine schöpferische Gesetzgebungsalternative der deutschen Stellen praktisch kein Raum blieb"[54].
Entsprechend der Konzeption britischer Regierungspolitik differenzierte die Verordnung Nr. 57 zwischen den Kompetenzen der Länderregierungen und denen einer künftigen deutschen Zentral- resp. Bundesregierung, was nach Först auch die Tatsache erklärt, daß der Verordnung ein "Positiv-Katalog" fehlte. Die in den Anhängen A und D zur Verordnung Nr. 57 aufgeführten Sachverhalte blieben einer künftigen deutschen Zentralgewalt vorbehalten, so daß die Militärregierung in diesen Bereichen die Gesetzgebung ausübte bzw. die Befolgung ihrer Prinzipien verlangte.[55] Als provisorisches Dokument war ihre Gültigkeit bis zu einer Einigung der alliierten Mächte hinsichtlich einer künftigen Verfassung des deutschen Staates begrenzt. Im Zuge der Konstituierung der Bundesrepublik Deutschland wurde das Dauerprovisorium von der Alliierten Hohen Kommission dann aufgehoben. Bis dato erfüllte die Verordnung Nr. 57 in der Tat ihre Funktion als eine Art "verfassungsrechtliche Grundlage"[56] des Landes Nordrhein-Westfalen. Ihre Praktikabilität im Blick auf die Gesetzgebung mußte sich indes erst noch erweisen. Erste Zweifel an der Zweckmäßigkeit des Artikels III der Verordnung Nr. 57 wurden deutscherseits 1948 artikuliert.[57] Unter Berufung auf die bis dahin gemachten Erfahrungen konstatierte der nordrhein-westfälische Regierungschef Arnold eine zunehmende Verzögerung in puncto Genehmigung von Gesetzen, obwohl die noch immer existierenden sozialen Notstände vielmehr eine rasche Aktivität der Legislative erforderten. Um dem Regional Commissioner die Brisanz dieses, aus den Bestimmungen des Artikels III resultierenden Sachverhalts konkret vor Augen zu führen, argumentierte der Ministerpräsident taktisch klug mit den möglichen negativen Konsequenzen für die demokratische Entwicklung des Landes, die im Zusammenhang mit den häufigen Verzögerungen von Gesetzesgenehmigungen eintreten könnten:"Wenn durch Verzögerungen in der Abwicklung des Gesetzgebungsvorganges Nachteile eintreten, so legt die Bevölkerung diese dem demokratischen System zur Last und gelangt zu abfälligen Urteilen über die Demokratie, indem sie die gegenwärtige Arbeit des Gesetzgebungsverfahrens in Vergleich mit der prompt arbeitenden Gesetzgebung im Hitlerreiche stellt."[58] Arnold remonstrierte, daß "ein befristetes Vetorecht" des Regional Commissioners statt der "Erfordernis einer positiven Genehmigung des Gesetz-

---

[54] Pioch, Das Polizeirecht, S. 83
[55] Vgl. Walter Först, Geschichte Nordrhein-Westfalens, Bd. 1: 1945-1949, Köln/Berlin 1970, S. 216; vgl. Fernschreiben (undatiert), PRO, FO 1013/689. Britischem Regierungsverständnis zufolge war die VO Nr. 57 ein Mittelweg zwischen den extremen französischen und russischen Positionen bzw. den noch weiterreichenden Zugeständnissen der Amerikaner. Vgl. auch: Notes on the discussion on Ordinance No. 57 and Regulation No. 1, 22. September 1947, ebd.; vgl. ebenso Schreiben A&LG vom 18. November 1946, ebd.
[56] Först, Geschichte Nordrhein-Westfalens, S. 218. Verwiesen sei hier auch auf die vielzitierte Charakterisierung dieser Verordnung als "Besatzungsstatut der Britischen Zone" durch Rudzio, Die Neuordnung des Kommunalwesens in der britischen Zone, S. 71.
[57] Vgl. Schreiben Ministerpräsident Arnold an Gouverneur Asbury, 18. März 1948, PRO, FO 1013/213; vgl. auch PRO, FO 1013/713
[58] PRO, FO 1013/213

entwurfs" in vielen Fällen eine Beschleunigung bewirken könne, eine Vorgehensweise, die der demokratischen Selbstverantwortung des Volkes nur förderlich sein könne. Konsequenterweise würde die Bevölkerung "es als eine bedeutende Förderung dieser Selbstverantwortung ansehen, wenn die bindende Kraft eines neuen Gesetzes ausschließlich auf seinem eigenen, durch die Volksvertretung geäußerten Willen, und nicht auf die positive Zustimmung der Besatzungsmacht zurückzuführen wäre"[59]. Die nordrhein-westfälische Landesregierung bat Gouverneur Asbury demgemäß, beim Alliierten Kontrollrat eine Änderung des Artikels III der Verordnung Nr. 57 dergestalt zu initiieren, daß vom Landesparlament verabschiedete Gesetze in Kraft treten sollten, sofern der Regional Commissioner nicht innerhalb einer festzulegenden Prüfungsfrist sein Veto einlegte. Auf britischer Seite wurde der Einwand des Ministerpräsidenten auf Departmentebene im Rahmen einer Konferenz eingehend erörtert.[60] Obwohl man intern eingestand, daß auch eigene Versäumnisse zu Verzögerungen bei der Genehmigung von Gesetzen beigetragen hatten, beschloß die Konferenz, dem Ministerpräsidenten offiziell mit Bedauern die Ablehnung seines Vorschlags mitzuteilen und ihn nachdrücklichst darauf hinzuweisen, "that the real way to tackle delays was for both Military Government Headquarters and the Land Ministries to observe meticulously the procedure already laid down"[61]. Dieses, dem Regional Commissioner's Office übermittelte Konsultationsresultat ist als die offizielle, für den Ministerpräsidenten bestimmte Version zu werten. Ganz anderer Art waren hingegen die internen Motive für die Ablehnung des deutschen Vorschlags, die der Regional Governmental Officer dem Regional Commissioner's Office gegenüber verlautbarte. Einerseits war man der Ansicht, die Erteilung oder Verweigerung einer Gesetzesgenehmigung sichere der Militärregierung eine stärkere Position als die Begrenzung der Funktion des Regional Commissioners auf ein Vetorecht, andererseits befürchtete man insbesondere eine Verschiebung der Beweislast im Falle der Ablehnung eines Gesetzes von deutscher auf britische Seite und schließlich erschien die Gesetzesprüfung innerhalb einer begrenzten Einspruchsfrist nicht immer sichergestellt.
Einer Prüfung vor dem Hintergrund des Beratungs- und Genehmigungsverfahrens von Gesetzen hielten diese inoffiziellen Gründe indes nicht Stand. Bedenkt man die Zielsetzung des deutschen Vorschlags, so handelte es sich hier keinesfalls um eine angestrebte deutsche Kompetenzerweiterung bzw. britische Kompetenzminderung. Die Differenzierung zwischen der Befugnis zur Genehmigung und Ablehnung eines Gesetzes oder einem Vetorecht des Regional Commissioners beschrieb keine qualitative Einschränkung der britischen Position, denn ein Veto gegen ein Gesetz entsprach einer Zustimmungsverweigerung, der fehlende Einspruch kam einer unausgesprochenen Genehmigung gleich. Ein dem Gouverneur

---

[59] Ebd.
[60] Diese Konferenz fand am 5. April 1948 um 14.30 Uhr im R.G.O statt. An ihr nahmen teil: Mr. A.A. MacDonald (RGO), Mr. G.B. Summers (DRGO), Mr. J.W. Lasky (LEGAL), Mr. J.H.A. Emck (GOVS), Mr. Carttling (REO). Vgl. Schreiben RGO A.A. MacDonald an RCO, 16. April 1948, PRO, FO 1013/187
[61] Ebd.

zugestandenes Vetorecht hätte keineswegs eine Verlagerung der Beweislast im Falle einer Gesetzesablehnung zur Folge gehabt, da ja ohnehin die Prüfungsverpflichtung entsprechend der Beratungs- und Genehmigungsverfahrensregelung auf seiten der Militärregierung lag. Daß letztlich die deutsche Forderung nach einem befristeten Einspruchsrecht des Regional Commissioners nicht impraktikabel war, demonstrierte die analoge Regelung des Besatzungsstatuts von 1949.[62]
Im Kontext der Verordnung Nr. 57 ist ferner eine Initiative für Nordrhein-Westfalen von Regional Commissioner Asbury zu sehen, deren Intention es war, die Landesregierung per Gesetz zu autorisieren, Gesetzesbestimmungen auf dem Verordnungswege zu erlassen. Von der diesbezüglichen Absicht unterrichtete der Gouverneur Ministerpräsident Amelunxen am 07. Dezember 1946.[63] Die Notwendigkeit, der Landesregierung mittels eines Ermächtigungsgesetzes des Landtags die Befugnis temporärer legislatorischer Gewalt zu übertragen, rechtfertigte Asbury mit der Dringlichkeit, noch vor Ende 1946 im Hinblick auf eine demokratisch kontrollierte Polizei und eine Wahlmaschinerie für die am 30. März 1947 stattfindenden ersten Landtagswahlen, die notwendige gesetzliche Grundlage zu schaffen.[64] Seiner Entscheidung zufolge sollte der Landtag baldmöglichst ein solches Ermächtigungsgesetz verabschieden, wonach die Gesetzgebungskompetenz "provisorisch entweder dem Kabinett des Landes oder dem Kabinett des Landes in Verbindung mit dem Hauptausschuß des Landtages übertragen" und die Landesregierung bevollmächtigt würde, "das Polizei- und das Wahlgesetz als Verfügungen und sonstige Verordnungen dringlichen Charakters zu erlassen".[65] Asbury betonte, daß die Autorisierung der Landesregierung zur vorübergehenden Gesetzgebung ausschließlich vom Landtag ausgesprochen werden könne, keinesfalls jedoch durch eine Verfügung der Militärregierung, denn diese könne eine dem Parlament einmal durch die Verordnung Nr. 57 übertragene Ermächtigung nicht einfach durch eine neue Verordnung widerrufen. Ganz abgesehen davon wäre dieser Schritt nicht "verfassungskonform" und somit impraktikabel.[66] Entsprechend den Bestimmungen des britischen "Memorandums über die Übertragung von Befugnissen auf die Landesregierung" vom 07. Dezember 1946 sollte besagtes Ermächtigungsgesetz, das es der Landesregierung ermöglichte, "sofort die Verwaltung bestimmter Aufgaben (z.B. Polizei) zu übernehmen, für die eine Gesetzgebung erforderlich ist", bis zum 01. Januar 1947 limitiert sein und des weiteren eine Klausel beinhalten, derzufolge alle aufgrund des Ermächtigungsge-

---

[62] Vgl. S. 48 dieser Arbeit
[63] Vgl. Schreiben RC Asbury an Ministerpräsident Amelunxen betr. gesetzgebende Aufgaben der Landesregierung, 07. Dezember 1946, NRW HStA D, NW 179/12, Bl. 1f.
[64] Vgl. ebd.
[65] Ebd., Bl. 2. Der RC wies den nordrhein-westfälischen Ministerpräsidenten an, das Kabinett in seiner nächsten Sitzung am Montag, den 09. Dezember 1946, über diesen Sachverhalt zu informieren und dafür Sorge zu tragen, daß der Landtagspräsident das Parlament in der Woche vom 16. Dezember 1946 einberufe.
[66] So wies denn auch der Gouverneur einen Vorschlag des nordrhein-westfälischen Innenministers Menzel, das Wahlgesetz zu den bevorstehenden Landtagswahlen am 30. März 1947 durch eine von der Militärregierung genehmigte Kabinettsverordnung zu erlassen, zwar als theoretisch möglichen, aber praktisch nicht gangbaren Weg zurück.

setzes erlassenen Bestimmungen sowohl der Zustimmung des Regional Commissioners nach Verordnung Nr. 57 als auch der Bestätigung durch das Landesparlament innerhalb eines Zeitraumes von einem Jahr nach der Verkündigung bedurften.[67] Sowohl Amelunxen als auch Menzel remonstrierten, daß die geplante Maßnahme "unerwünscht und nicht populär sei", während Asbury sie für die "einzig verfassungsmäßige Methode" hielt, um die dringend notwendigen Gesetzesvorhaben in Angriff nehmen zu können.[68] Anders als in Schleswig-Holstein, wo der Landtag ein derartiges Ermächtigungsgesetz erließ, hat das entsprechende Projekt in Nordrhein-Westfalen das Planungsstadium jedoch nicht verlassen. Der Schritt von der Theorie zur Praxis wurde hier obsolet, da auf dem Gebiete des Polizeiwesens bereits am 20. Dezember 1946 "in Übereinstimmung mit der britischen Militärregierung" eine Übergangsverordnung vom Landtag beschlossen wurde.[69]

2. Beratungsverfahren zwischen den Abteilungen der Militärregierung und den Landesministerien vor der Gesetzgebung durch den Landtag

Via den Erlaß der Verordnung Nr. 57 legte die Militärregierung den rechtlichen Rahmen für ihre Einflußnahme auf die deutsche Landesgesetzgebung und deren Kontrolle fest. Was die in Artikel III dieser Verordnung angesprochene Genehmigungspflicht deutscher Gesetze anbelangt, so bedurfte diese abstrakte Vorschrift zu ihrer Realisierung einer Konkretisierung und Spezifizierung.[70] Entsprechende Verfahrensvorschriften legten die Briten alsbald vor.[71] Bevor jedoch ein Gesetz dem Gouverneur zur abschließenden Genehmigung unterbreitet werden durfte, mußte zunächst ein obligatorisches Beratungsverfahren zwischen Landesministerium und zuständiger Abteilung der Militärregierung durchlaufen werden. Die Sequenz der einzelnen Vorschriften dieses Konsultationsweges wurde Ministerpräsident Arnold von Gouverneur Asbury mit der Bitte "für die Anwendung des ... Verfahrens seitens der Landesbehörden Sorge zu tragen, damit eine rechtzeitige Beratung zwischen den Landesministerien und der Militärregierung über gesetzgeberische Massnahmen vor deren Vorlage beim Landtag stattfinden" könne, am 08. Juli 1947 übermittelt.[72] Vorausgegangen waren intensive deutsch-britische Benehmensgespräche über die mögliche Gestaltung besagter prälegislatorischer Beratungsmodalitäten.[73] Am 17. März 1947 setzte der Regional Com-

---

[67] Ebd., Bl. 4f.
[68] Ebd., Bl. 1
[69] Siehe Kap. II/4.
[70] Siehe Anm. 49, S. 15f.
[71] Siehe S. 24ff. dieser Arbeit
[72] NRW HStA D, NW 53/398III, Bl. 11f.
[73] Im Rahmen einer Zusammenkunft am 27. Februar 1947 im Land Legal Department, an der Chief Legal Officer G.B. Summers, Justizminister Sträter, dessen Stellvertreter Wiedemann sowie Mr. Leonard (LEGAL), DRGO Barnes und Mr. Moore (A&LG) teilnahmen, wurden das

missioner Regierungschef Amelunxen davon in Kenntnis, daß es an der Zeit sei "for some arrangements to be made for consultation between Military Government and the Landtag during the progress of legislation and before the state is reached when Bills are forwarded for formal assent". Aufgrund der Genehmigungspflicht müsse ein Gesetz "at an early stage" dem Headquarter Military Government zugeleitet werden. Daraus resultiere einerseits die Notwendigkeit, "to define the exact stage at which this should be done", andererseits die Erfordernis, "to discuss the necessary procedural arrangements"[74]. Vor diesem Hintergrund forderte Asbury den Ministerpräsidenten dazu auf, möglichst bald Verfahrensvorschläge dem Headquarter vorzulegen und Vertreter für eine Zusammenkunft ebendort zu bestellen, die den Auftrag erhalten, einen entsprechenden Plan auszuarbeiten. Wunschgemäß benannte Amelunxen in seiner Antwortkorrespondenz am 03. April 1947 an Asbury je einen Vertreter des Innen- und Justizministeriums sowie der Landeskanzlei für die geplante Konferenz und unterbreitete folgenden Vorschlag, der eine starke Parallelität zum autorisierten Beratungsverfahren aufwies:
"1. Sobald ein Gesetzentwurf in einem Ministerium ausgearbeitet wird, ist bereits mit der zuständigen Abteilung der Militärregierung in dieser Angelegenheit Fühlung zu nehmen.
2. Ergeben die vorbereitenden Besprechungen zwischen beteiligten Ressorts oder die anschließenden Beratungen im Kabinett erhebliche Änderungen des Entwurfs, so hat das federführende Ministerium hierüber die zuständige Abteilung der Militärregierung zu unterrichten.
3. Ist der Gesetzentwurf im Kabinett verabschiedet, ist er gleichzeitig dem Landtag und der Militärregierung vorzulegen.
4. Werden im Laufe der Beratungen im zuständigen Ausschuß des Landtages Abänderungsanträge zu dem Gesetzentwurf gestellt, so ist durch das federführende Ministerium der Militärregierung hiervon Kenntnis zu geben.
5. Nach Verabschiedung des Gesetzes durch den Landtag erfolgt die Vorlage bei dem Gouverneur."[75]
Ein Landesministerium war aufgrund der britischen Direktive[76] dazu verpflichtet, einen Gesetzentwurf unmittelbar nach Ausarbeitung dem Regional Governmental Officer in deutscher Sprache vorzulegen, der ihn dann der Interpreters Group zur schnellstmöglichen Übersetzung zuleitete. Der ins Englische übersetzte Entwurf wurde sodann vom Regional Governmental Officer der zuständigen Abteilung

---

Vorlageverfahren für Gesetze, der Beratungsprozeß zwischen Mil.Reg. und Landesregierung und die Kontrollbefugnisse von Mil.Reg. und Justizminister betreffend Verordnungen und Erlasse deutscher Behörden diskutiert. Da Justizminister Sträter keine Einwände geltend machte, wurden dem Ministerpräsidenten entsprechende Instruktionsschreiben des RC avisiert. Vgl. Schreiben Chief Legal Officer G.B. Summers an RCO, 05. März 1947, PRO, FO 1013/186
[74] PRO, FO 1013/264
[75] Ebd.
[76] Vgl. zum folgenden: Korrespondenz RC Asbury - Ministerpräsident Arnold, 08. Juli 1947, NRW HStA D, NW 53/398III, Bl. 11f.; vgl. Rundschreiben HQ Land North Rhine/Westphalia, DRC, an diverse Abteilungen, undatiert, PRO, FO 1013/186; vgl. Procedure of Consideration, PRO, FO 1013/187; vgl. auch Lange, Vom Wahlrechtsstreit zur Regierungskrise, S. 58ff.

der Militärregierung zur umfassenden Prüfung übergeben, und zugleich wurde das betreffende Landesministerium darüber informiert, welche Abteilung als Begutachtungsabteilung ("Sponsoring Department") beauftragt wurde. Gesetzt den Fall, es handelte sich um einen Gesetzentwurf mit primär ökonomischem Inhalt, wandte sich der Regional Governmental Officer an den Regional Economic Officer, der eine Empfehlung abgab, ob seine eigene Abteilung oder eines der Departments der Economic Group die Betreuung übernehmen solle.[77] Traten jedoch Zweifel an der Kompetenz bzw. Zuständigkeit einer Abteilung im Hinblick auf die Bewertung des konkreten Gesetzentwurfs auf, bestimmte das Regional Governmental Office ein anderes Department oder übernahm selbst die Begutachtung des Gesetzes, wenn dessen Inhalt mehr genereller als spezieller Natur ("departmental significance") war. Des weiteren arrangierte das Sponsoring Department Beratungen mit den Departments Legal, Finance und Administration and Local Government "to ensure that the Bill is framed on correct legal, financial or constitutional principle"[78]. Auf Initiative des Sponsoring Departments wurden zudem auch Konsultationen mit den zuständigen deutschen Ressortbeamten geführt, ferner das Landesministerium über ggf. wichtige, in den Gesetzentwurf zu integrierende Änderungen ("major amentments") unterrichtet, um Verzögerungen bei der Genehmigung durch den Gouverneur zu vermeiden. Es zählte darüber hinaus zu den Aufgaben des Sponsoring Departments, dem zuständigen Landesministerium den jeweiligen Sachstandpunkt der Militärregierung zu erläutern, bevor ein Gesetz dem Landtag zur Debatte präsentiert wurde. Dabei galt für die auf seiten der Besatzungsadministration beteiligten Officers die Maxime, "to exercise influence" im frühestmöglichen Entstehungsstadium eines Gesetzentwurfs, indem man sich darum bemühte, "to establish the habit of German officials to seek their advice", wobei dem Regional Commissioner bei Mißachtung dieses Rates Bericht erstattet werden mußte.[79] Die kontinuierliche Fühlungnahme zwischen Sponsoring Department und Landesministerium während der Gesetzesberatungen im Landtag ermöglichte der Begutachtungsabteilung auf Anfrage des Regional Commissioners Office die jederzeitige Vorlage von "up-to-date situation reports" bzw. vor allem der "up-to-date monthly situation reports". Über möglicherweise inakzeptable Änderungen des Gesetzentwurfs durch den Landtag informierte das Sponsoring Department den Regional Governmental Officer, dessen Office dann darüber entschied, ob im konkreten Fall dem Regional Commissioner eine Intervention zu empfehlen sei. Als "general rule" galt dabei, daß eine Intervention für die Militärregierung in dem Augenblick unpassend sei, wenn ein Gesetzentwurf erst einmal im Landtag beraten werde. Daher lautete eine entsprechende Empfehlung an das Sponsoring Department, den Deutschen den Standpunkt der Militärregierung bereits frühzeitig vor der ersten Gesetzeslesung im Landtag zu verdeutlichen, um schließlich sicherzustellen, daß der Gesetzentwurf

---

[77] Vgl. Procedure for consultation, PRO, FO 1013/187
[78] Rundschreiben HQ Land North Rhine-Westphalia, PRO, FO 1013/186
[79] Duties of Military Government in Region North Rhine-Westphalia under Ordinance 57, PRO, FO 1013/218

die Form habe, der der Regional Commissioner zustimmen könne.[80] Damit Rückverweisungen von Gesetzen durch den Gouverneur möglichst vermieden würden, sollte dringender britischer Empfehlung zufolge von den mit der Gesetzesausarbeitung betrauten Referenten zuvor um den "Rat der zuständigen Offiziere der ... Militärregierung ... nachgesucht werden"[81]. Erst nach Ablauf dieses Verfahrens war es möglich, das Gesetz zur formalen Genehmigung einzureichen, wobei auch hier wiederum verbindlich vorgeschriebene Instruktionen befolgt werden mußten.

Sinn und Zweck einer solchen Maßnahme sahen die Briten in der Sicherstellung einer deutsch-britischen "adequate consultation" im Vorfeld der Parlamentsgesetzgebung, die notwendig sei "to determine in advance whether or not such legislation is acceptable to Military Goverment and thus avoid, insofar as it is possible, the exercise by the Regional Commissioner of his powers of refusing assent or of referring back for amendment"[82]. Somit handelt es sich bei dieser Konsultationsmethode quasi um einen 'prophylaktischen check-up', indem durch begleitende 'Beratung' britischerseits Kontrolle ausgeübt wurde, die sich ggf. in der Forderung nach Entwurfsabänderungen bzw. -ergänzungen - gemäß den britischen Prinzipien - für die Deutschen spürbar als Einflußnahme manifestieren konnte, um letztendlich der Forderung nach einer "acceptable legislation" zu entsprechen. In diesem Konnex aufschlußreich, weil die Einstellung der Briten illustrierend, ist eine Information des Headquarters in Düsseldorf, aus der hervorgeht, daß die Briten es für die Leiter ihrer Departments als wünschenswert erachteten, im Entstehungsstadium eines Gesetzentwurfs schriftliche "provisions or principles which must be observed by the Landtag in the framing of any Law" vorzulegen, wobei dies gegenüber den Deutschen mit Umsicht geschehen sollte, vor allem aber "in respect of subjects not included in the schedules to Ordinance 57", und sich auf eine kurze Erläuterung der grundlegenden britischen Prinzipien beschränken sollte.[83] Anders gesagt: Die britische Administration war davon überzeugt, "dass eine rechtzeitige Beratung in Übereinstimmung mit diesem Verfahren und die Befolgung seiner Bestimmungen viel dazu beitragen werden, eine reibungslose Durchbringung der Gesetze durch den Landtag zu gewährleisten und deren Annahme durch die Militärregierung zu ermöglichen"[84] und gleichzeitig "the friction with the German authorities which might result from the rejection of measures passed by a democratically elected legislature"[85] zu vermeiden.

---

[80] Vgl. Land Headquarters Basic Staff Instruction: Submission of Bills and Laws for examination by the Legislation Review Board and the Assent of the Regional Commissioner, PRO, FO 1013/263
[81] Memorandum über die Übertragung von Befugnissen auf die Landeseregierung, 07. Dezember 1946, NRW HStA D, NW 179/12; vgl. auch Schreiben SCO M.B. Parker, A&LG Section, 11. März 1947, PRO, FO 1013/264
[82] PRO, FO 1013/186
[83] Ebd.
[84] Schreiben RC Asbury an Ministerpäsident Arnold, 08. Juli 1947, NRW HStA D, NW 53/398III, Bl. 11; vgl. auch Reusch, Deutsches Berufsbeamtentum und britische Besatzung 1943-1947, S. 366
[85] PRO, FO 1013/186

3. Verfahren für die Einholung der Genehmigung von Gesetzen des Landtags durch den Gouverneur

Nachdem ein Gesetzentwurf alle Bestimmungen des Konsultationsverfahrens schrittweise durchlaufen hatte, war nun der Punkt des Übergangs von der Vorprüfungsphase zur Genehmigungsphase erreicht, die die Briten durch den Erlaß von "rules of procedure in relation to the submission by the Landtag of bills for the assent of the Regional Commissioner", analog dem Beratungsverfahren detailliert determinierten.[86] Auf explizite Anordnung des Regional Commissioners wurde Ministerpräsident Amelunxen dazu verpflichtet, für die ordnungsgemäße Vorlage von zu genehmigenden, vom Landtag verabschiedeten, Gesetzentwürfen Sorge zu tragen, d.h. unter Beachtung der am 12. März 1947 übergebenen Richtlinien.[87] Anläßlich einer vom Innenminister getroffenen Vorwegerklärung bezüglich einer noch nicht genehmigten Gesetzesvorlage machte Asbury den Ministerpräsidenten ostentativ auf die bestehende Genehmigungspflicht von Landesgesetzen wiederholt aufmerksam:"Ich muß Sie darauf hinweisen, dass vom Landtag angenommene Gesetze solange nicht Gesetzeskraft erlangen, bis sie meine Zustimmung erhalten haben, und meine Zustimmung erfolgt nicht, ehe die Vorlage von mir geprüft worden ist. ... Die Annahme eines Gesetzes durch den Landtag bedeutet noch nicht, dass es 'ipso facto' annehmbar ist, bzw. darf eine den Landesbehörden für die Wahrscheinlichkeit meiner Zustimmung gemachte Andeutung nicht so aufgefasst werden, dass die Vorlage oder ein Teil davon Gesetzeskraft erlangt habe. ... Sie werden daher gebeten, Ihren Ministern mitzuteilen, dass es nicht angebracht ist und ausserhalb ihrer Befugnisse liegt, meiner Genehmigung von Gesetzen vorzugreifen und darauf gestützte Anweisungen zu erteilen bzw. Mitteilungen zu machen."[88] Der Genehmigungsmethode zufolge war a) der Gesetzestext in Verbindung mit b) einer Gesetzesbegründung, c) einer Bescheinigung und d) einem Kommentar des Justizministers dem Regional Commissioner's Office, Headquarter Military Government, vorzulegen. In bezug auf die obligate Begründung, die vom Ministerpräsidenten und dem verantwortlichen Minister signiert werden mußte, sollte es sich um eine möglichst homogene und allgemeinverständliche Interpretation des Gesetzentwurfs handeln, die sowohl die gesetzlichen Kernpunkte eruierte als auch über "the effect which the legislation is intended .. and the reasons which have motivated it" Aufschluß gab.[89] Besonderen Wert

---

[86] Schreiben RC Asbury an Ministerpräsident Amelunxen, 12. März 1947, PRO, FO 1013/713
[87] Vgl. ebd.
[88] Schreiben RC Asbury an Ministerpräsident Arnold, 01. Januar 1948, NRW HStA D, NW 53/399I, Bl. 569. Analog mahnte der amtierende RC W.H.A. Bishop aufgrund bereits mehrfach aufgetretener Verzögerungen bei der Vorlage von Gesetzentwürfen die "peinlich genaue" Einhaltung der Vorschriften für das Beratungs- und Gesetzgenehmigungsverfahren an. Ministerpräsident Arnold wurde angewiesen, seine "Mitarbeiter nachdrücklichst auf die Notwendigkeit hin(zu)weisen, jedes Gesetz in seinem ersten Entwurf und in späteren Stadien jeden Zusatz, sobald er gemacht wird, ein(zu)reichen, damit sie rechtzeitig ... geprüft werden können". Schreiben RC Bishop an Ministerpräsident Arnold, 17. April 1948, NRW HStA D, NW 53/399II, Bl. 321
[89] Schreiben RC Asbury an Ministerpräsident Amelunxen, 12. März 1947, PRO, FO 1013/713

legte die Militärregierung im Rahmen dieses Genehmigungsverfahrens auf die Indienstnahme des Justizministers. Die ihm zugeschriebene Aufgabe bestand in der Ausarbeitung einer Stellungnahme, die man als juristisches Unbedenklichkeitszeugnis charakterisieren kann. Ergo hatte der Justizminister, um einem zur Genehmigung anstehenden Gesetzentwurf seine rechtliche Korrektheit zu attestieren, im einzelnen zu reflektieren:
1. Enthält die Angabe von Zielen und Gründen verständlich und ausführlich Intention und Konsequenz des Gesetzentwurfs?
2. Besitzt der präsentierte Gesetzentwurf die vorgeschriebene gesetzliche Form, und bewegt er sich im Rahmen der dem Landtag delegierten verfassungsmäßigen Vollmachten?
3. Steht der vorgelegte Gesetzentwurf in Einklang mit den Bestimmungen der Verordnung Nr. 57 der Militärregierung?
4. Interpretiert der beigefügte Kommentar detailliert jeden Abschnitt des Gesetzentwurfs?[90]

Ergänzend zu dieser Bescheinigung wurde dem Justizminister ein Kommentar abverlangt, der seines Wesens nach eine knapp gehaltene Stellungnahme zu jedem Gesetzesartikel unter Berücksichtigung aller anderen hierzu in Relation stehenden Gesetze - auch der dadurch widerrufenen - sein sollte.[91] Um nun die formelle Zustimmung des Regional Commissioners zu erlangen, mußte der Gesetzentwurf einschließlich der obligatorischen Dokumente - auf Wunsch der Miltärregierung - durch den Chef der Landeskanzlei in vierfacher Ausfertigung jeweils in deutscher und englischer Sprache an das Regional Commissioner's Office eingereicht werden.[92] Nicht selten kam es vor, daß der Regional Commissioner von deutschen Landesministerien ausgearbeitete Gesetzentwürfe aufgrund mangelnder Beachtung der Verfahrensvorschriften zurückwies. Grund zur Reklamation gaben Defizite, wie fehlende Gesetzesbegründung, fehlende Stellungnahme des Justizministers, nicht vorhandene Unterschriften der verantwortlichen Minister oder beschlossene Änderungen, die in Form von Bleistiftkorrekturen im Entwurf vorgenommen wurden.[93] Andererseits ist es jedoch auch vorgekommen, daß man

---

[90] Vgl. ebd.
[91] Am 12. September 1947 unterbreitete der Justizminister dem Ministerpräsidenten den Vorschlag, ihm alle genehmigungsbedürftigen Gesetze und Verordnungen zur Stellungnahme so früh wie möglich vorzulegen und auch bei allen Entwurfsberatungen einen Vertreter des Justizministeriums zu Rate zu ziehen, um unnötige Verzögerungen zu vermeiden, die dann auftreten würden, wenn rechtliche Bedenken bei erst später Vorlage des Gesetzentwurfs ihm die Ausstellung der erforderlichen Bescheinigung unmöglich machten. Vgl. Schreiben Justizminister an Ministerpräsident, NRW HStA D, NW 189/250
[92] Die Exemplare in deutscher Sprache waren direkt nach Abfassung vorzulegen, die in englischer baldmöglichst nachzureichen. Vgl. PRO, FO1013/713; vgl. NRW HStA D, NW 189/250. Die Ablieferung der Gesetzesdokumente an die zuständige Stelle der britischen Administration war per Boten möglich. Ggf. benötigte Unterstützung in dieser Angelegenheit wurde der Landeskanzlei über ihren Verbindungsbeamten vom R.G.O. - ohne vorherige Terminabsprache - zugesichert. Vgl. Schreiben R.G.O. an Landeskanzlei, 09. April 1948, NRW HStA D, NW 53/399II, Bl. 352
[93] Vgl. Schreiben RC an Ministerpräsident, 1947 (keine genaue Datierung), NRW HStA D, NW 53/405, Bl. 743. Asbury machte den Ministerpräsidenten hier "ernstlich" auf konkrete

innerhalb der britischen Besatzungsadministration schlechtweg den Überblick über die dann von deutscher Seite ordnungsgemäß vorgelegten umfangreichen Gesetzesunterlagen verlor, wie sich anhand der Akten belegen läßt:"Anlässlich einer Besprechung, die Herr Ministerialdirigent Dr. Middelhaufe und ich bei Mr. Nottingham am Dienstag, den 10. Juni 1947 hatten, legte uns derselbe einen zusammengefassten Stoß Akten vor mit der Frage, aus welchem Grunde diese Unterlagen der Militärregierung eingesandt wurden. Es stellte sich heraus, dass es sich hierbei um die bei einer Besprechung bei Mr. Moore am 9.5.1947 gewünschten vierfachen deutschen und englischen Fassungen der Uebergangsverordnung über einen vorläufigen Aufbau der Polizei im Lande Nordrhein-Westfalen handelt mit den seinerzeit von Mr. Moore ausdrücklich gewünschten verschiedenen Anlagen des Justizministeriums etc. Mr. Nottingham wurde entsprechend aufgeklärt und wollte veranlassen, dass diese Papiere an Mr. Moore weitergeleitet werden."[94]

Im Augenblick der Präsentation eines Gesetzentwurfs beim Regional Commissioner's Office hatten die Deutschen ihren Part der Verfahrensmodalitäten erfüllt, das eigentliche Genehmigungsverfahren, der Weg des Gesetzes durch die diversen Prüfungsinstanzen des Headquarters der Militärregierung stand nun bevor.[95] Die Kopien des Gesetzentwurfs inklusive der obligatorischen Dokumente leitete das Regional Commissioner's Office dem Regional Governmental Office, zu Händen des Legislation Control Officer[96], unverzüglich zu, welcher einen Dokumentensatz dem zuständigen Officer der Interpreter's Group mit der Bitte um schnellstmögliche Übersetzung anvertraute. Innerhalb des Legal Departments war eine aus speziell in Rechtsphraseologie geschultem Personal bestehende Sondereinheit des Interpreter's Pool, die Legislation Translation Section, welche unter Fachaufsicht arbeitete, für alle Übersetzungen von eingereichten Gesetzestexten zuständig.[97] Es hat Fälle gegeben, in denen Departments ihnen vorgelegte Gesetzentwürfe in Eigenregie übersetzt hatten, ohne mit den gesetzestechnischen Fachausdrücken hinreichend vertraut zu sein. Da aber eine korrekte Übersetzung unabdingbar sei, so mahnte man im Regional Governmental Office, müsse diese

---

"Unregelmäßigkeiten" in puncto Form der Gesetzentwürfe und der Methode ihrer Vorlage aufmerksam. Siehe Kap. II/4., S. 86; vgl. ebenso Scheiben Justizminister an Ministerpräsident, 01. September 1947, NRW HStA D, NW 189/250. Dort Hinweis auf wiederholte Kritik des HQ Mil.Gov. an diversen Ressortministern (insbesondere Wirtschaftsminister) wegen Vorlage von Gesetzentwürfen ohne die vorgeschriebenen Atteste des Justizministers.
[94] Aktennotiz Ministerialdirigent Middelhaufe an Innenminister Menzel, 14. Juni 1947, NRW HStA D, NW 152/11
Dr. iur. Siegfried Middelhaufe, geb. 1894 in Wuppertal; Jurastudium 1913-1920 in Jena und Marburg; 1929/30 stellv. Landrat in Neurode; 1930 bis Juli 1932 Landrat in Ilfeld bei Nordhausen; wurde im Oktober 1946 ins nordrhein-westfälische Innenministerium berufen und war bis 1952 als Leiter der Abteilung IV (Öffentliche Sicherheit) maßgeblich am Aufbau der Landespolizei beteiligt und mit den deutsch-britischen Verhandlungen um die Polizeigesetzgebung bestens vertraut.
[95] Vgl. Procedure for submission of bills for the formal assent of the Regional Commissioner, PRO, FO 1013/187
[96] Siehe Kap. I/5.
[97] Vgl. Schreiben RGO an RCO, 27. Oktober 1948, PRO, FO 1013/263

Praxis, die der Legislation Translation Section durch notwendige Neuübersetzung doppelte Arbeit beschere, aufhören. Vielmehr sei eine Kooperation zwischen den Departments notwendig; die Legislation Translation Section werde ggf. bei den zuständigen Departments zusätzliche interpretatorische Unterstützung erbitten. Zwischenzeitlich wurden auch Überlegungen angestellt, wie denn dieser Prozeß der Gesetzesprüfung entscheidend beschleunigt werden könnte und zwar, indem man drei deutsche "interpreters" mit Grundkenntnissen auf dem Gebiete des deutschen und möglichst auch des entsprechenden englischen Gesetzesrechts engagiere, die dann dem Legal Department hilfreich zur Seite ständen; diesen Erwägungen stand Regional Governmental Officer MacDonald positiv gegenüber.[98] Währenddessen waren im Regional Governmental Office Beschwerden eingegangen, daß Gesetzesunterlagen nicht immer dem Legislation Control Officer übermittelt würden, was nicht nur Mehrarbeit verursache, sondern noch dazu eine lückenlose Aktenführung erschwere. Daß man ein derart vitales Interesse daran hatte, alle Gesetzentwürfe der Legislation Translation Section durch den Legislation Control Officer zur Übersetzung zuzuleiten, erklärt die Tatsache, daß nur so für die Besatzungsadministration sichergestellt werden konnte, "that a comprehensive control is in operation"[99]. Nach Möglichkeit wurden die Gesetzesdokumente mit beglaubigter Übersetzung an das Regional Governmental Office innerhalb von achtundvierzig Stunden zurückgegeben, von wo aus sie dann rasch an die in den Prüfungsprozeß involvierten Abteilungen der Militärregierung übermittelt wurden. Das Legal Department erhielt zwei Gesetzeskopien in Englisch und Deutsch, das Sponsoring Department und das Governmental Structure Department jeweils eine Kopie sowie jedes andere Department, dessen Mitwirkung geboten erschien, ebenfalls eine Kopie, jedoch nur in Englisch. Zugleich bat das Regional Governmental Office die Departments innerhalb eines festgesetzten Zeitraums um die Vorlage von "final written observations" und teilte ihnen darüber hinaus den Termin der Zusammenkunft des Legislation Review Board[100] mit. Nach termingerechter Fertigstellung der Prüfberichte übergab das Sponsoring Department seinen Prüfbericht dem Regional Governmental Office und überreichte sowohl dem Legal Department als auch allen übrigen beteiligten Departments je ein Duplikat. Analog agierte auch das Legal Department. Die Abschlußberichte der Departments beinhalteten eine Empfehlung für den Regional Commissioner in bezug auf die Genehmigung oder Ablehnung des Gesetzes. Innerhalb von achtundvierzig Stunden, nachdem der Legislation Review Board sein Votum abgegeben hatte, legte das Regional Governmental Office dem Regional Commissioner's Office sodann folgende Unterlagen vor: Die Empfehlung des Legislation Review Board, je zwei Kopien des Gesetzes in Englisch und Deutsch für die Erteilung des Genehmigungsvermerks im Falle positiver Empfehlung geeignet vorbereitet, eine Kopie sämtlicher Gesetzesunterlagen sowie ein passend gekennzeichnetes Aktenstück, das alle wichtigen Korrespondenzen enthielt, die

---

[98] Vgl. Schreiben RGO MacDonald an RCO, April 1948, PRO, FO 1013/213
[99] Ebd.
[100] Siehe S. 35ff. dieser Arbeit

auf die Politik der Militärregierung im Hinblick auf das konkrete Gesetz hinwiesen. Im Falle einer Genehmigungsempfehlung versah der Regional Commissioner zwei Exemplare des Gesetzestextes in Englisch und Deutsch mit seinem datierten Genehmigungsvermerk ("I hereby give my assent") und seiner Unterschrift. Abschließend hatte das Regional Commissioner's Office dafür Sorge zu tragen, daß der Ministerpräsident schriftlich von der Annahme des Gesetzes in Kenntnis gesetzt wurde und ihm eine Kopie des bestätigten Gesetzes in Deutsch und Englisch zugestellt wurde. Das zweite zweisprachige Gesetzesexemplar verblieb im Legal Department, während weitere Gesetzestexte der Governmental Structure Branch in Berlin, dem Headquarter eines jeden Regierungsbezirks und dem Sponsoring Department zur Information übersandt wurden. Nunmehr stand einer Veröffentlichung des Gesetzes im Gesetz- und Verordnungsblatt - unter Hinweis auf die erteilte Druckgenehmigung - nichts mehr im Wege.[101] Wurde hingegen ein Gesetzentwurf vom Regional Commissioner als korrekturbedürftig bewertet und an das federführende Landesministerium zurückverwiesen, war es infolgedessen unumgänglich, daß dieser Entwurf vor erneuter Vorlage vom Parlament in seiner revidierten Form verabschiedet wurde, als ob es sich um einen völlig neuen Gesetzentwurf handelte, denn "die Wiedervorlage eines Gesetzentwurfs in seiner ursprünglichen Form mit einem nachträglichen Abänderungsbeschluß ... (war) nicht ordnungsgemäß"[102]. Zudem vertrat die Militärregierung grundsätzlich den Standpunkt, daß dem Landtag dann kein Recht auf Kritik an einer endgültigen Gesetzesablehnung durch den Regional Commissioner zustehe, wenn er zuvor auf mögliche Unvereinbarkeiten von Gesetzesänderungen mit den "basic mandatory principles" hingewiesen wurde.[103] Die Ablehung eines Gesetzes bedeutete schließlich, wie z.B. im Falle des Entnazifizierungsgesetzes (29. April 1948), des Gesetzes über die Sozialisierung der Kohlewirtschaft (06. August 1948) oder des Bodenreformgesetzes (November 1948) definitiv deren Scheitern.

---

[101] Mitteilung des Legal Departments an den Chef der Landeskanzlei, 10. Oktober 1947, daß die Übersetzung des Begriffs "Druckerlaubnis" durch "Printing Allowance" inadäquat sei. Für künftige Veröffentlichungen im GVOBl. wurde daher die Formulierung "Approved for Publication - reference NRW/LEG 18 ... dated ..." empfohlen. Ein fehlerhafter Vermerk konnte den Eindruck nicht erteilter Genehmigung erwecken, somit u.U. Anlaß zu Nachfragen geben. NRW HStA D, NW 53/398III, Bl. 69
[102] Ein inkorrektes Vorgehen, so Asbury, würde "tatsächlich nichts anderes (bedeuten), als mich erst zu bitten, meine Zustimmung zu einem Gesetzentwurf zu geben, den ich bereits als unannehmbar bezeichnete und mich dann zu bitten, einer Entschließung zuzustimmen, die meine Einwendungen gegen den Gesetzentwurf berücksichtigt, denen ich bereits schriftlich zugestimmt habe". Schreiben RC Asbury an Ministerpräsident Arnold, 28. Juli 1947, NRW HStA D, NW 53/398III, Bl. 224
[103] Vgl. Procedure to be adopted by Land Headquarters in the consideration and approval of Landtag legislation, PRO, FO 1013/187

Werdegang eines Gesetzentwurfs bis zur Genehmigung durch den Gouverneur:

Abb. 1

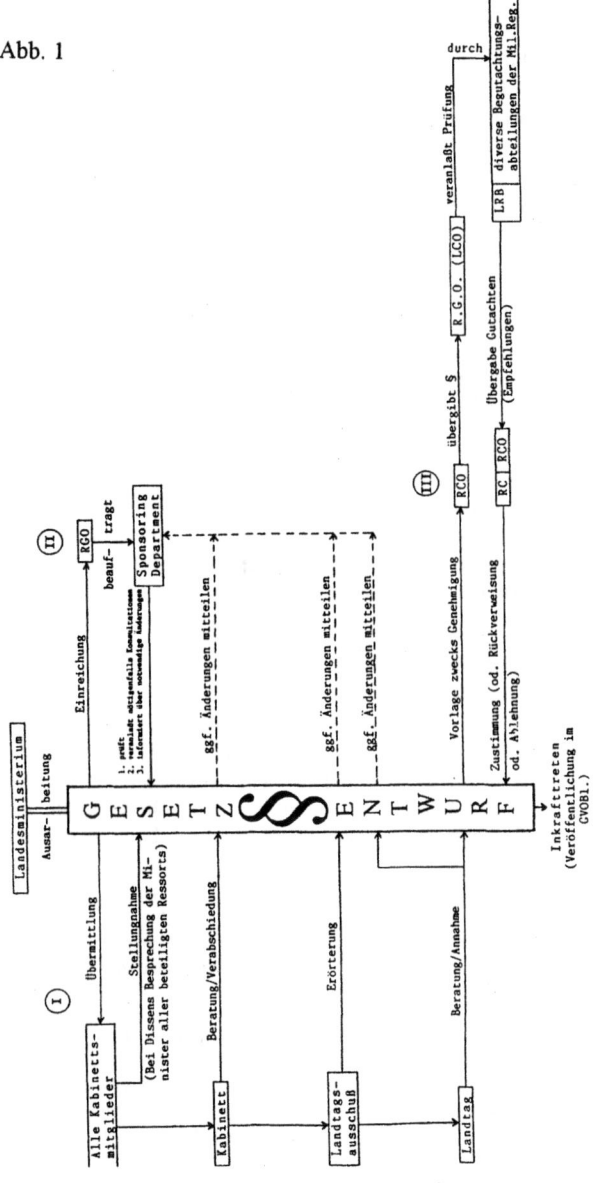

Die Abb. 1 kombiniert die drei "Verfahrensstränge" der Gesetzgebung miteinander: Entstehungsgang eines Gesetzes durch die Instanzen der zuständigen Landesbehörden (I), Beratungsverfahren zwischen der Militärregierung und dem federführenden Landesministerium vor der Beschlußfassung durch den Landtag (II), Verfahren zur Einreichung von Gesetzesvorlagen zwecks Zustimmung durch den Gouverneur (III). I und II verliefen zeitlich parallel und in Beziehung zueinander, während III nach Abschluß des Verfahrens I eingeleitet wurde.[104]

4. Der Dissens um das "certificate of the Minister of Justice"

Bereits am 17. Februar 1947 fand zwischen einem Vertreter des Justizministeriums und der Militärregierung ein Meinungsaustausch statt, in dessen Verlauf der Beauftragte des Justizministeriums über die Pläne der Militärregierung im Hinblick auf die Mitwirkung des Justizministers bei der Landesgesetzgebung unterrichtet wurde, wonach alle Gesetzesvorlagen zuerst einer Vorprüfung des Justizministers zu unterziehen seien.[105] Die dem Justizminister von der Militärregierung zugeschriebene Rolle innerhalb des Gesetzgenehmigungsverfahrens gab Anlaß zu deutsch-britischen Dissonanzen resultierend aus der differenten Perspektive bezüglich des "certificate of the Minister of Justice". Während die Militärregierung die Notwendigkeit einer derartigen Bescheinigung für die Erteilung der Zustimmung des Gouverneurs akzentuierte, bat Innenminister Menzel von der Ausstellung dieses Dokuments durch den Justizminister abzusehen. Seiner Argumentation zufolge waren die Beamten des Justizministeriums aufgrund ihrer nur beschränkten Fachausbildung in öffentlichem Recht zu einer kompetenten Beurteilung von Verwaltungsrechtsfragen im Gegensatz zu den mit der anstehenden Materie vertrauten Verwaltungsjuristen der einzelnen Fachministerien nicht in der Lage. Deshalb plädierte Menzel dafür, daß nicht der Justizminister, sondern der Ministerpräsident und der zuständige Fachminister attestierten, daß der Gesetzentwurf die korrekte gesetzliche Form besitze, sich innerhalb des Rahmens der verfassungsmäßigen Zuständigkeit des Landtags bewege und mit

---

[104] Vgl. PRO, FO 1013/187. Das Verfahren für die Behandlung neuer Gesetzentwürfe (I) wurde vom nordrhein-westfälischen Landeskabinett in seiner 25. Sitzung am 24. Februar 1947 im Mannesmannhaus in Düsseldorf beschlossen und sollte bis zur endgültigen Festlegung des Ganges der Gesetzgebung durch ein Landesgrundgesetz Gültigkeit haben. Vgl. Protokollauszug der 25. Kabinettssitzung, NRW HStA D, NW 189/250

[105] Diese Vorabinformation sollte den Justizminister in die Lage versetzen, sich schon frühzeitig mit seiner künftigen Aufgabe vertraut zu machen und geeignete Schritte, z.B. Heranziehung adäquater technischer Hilfskräfte, einzuleiten. Sehr interessant ist im Gesprächskontext die Aussage, "dieses Verfahren ähnle dem in den britischen Kolonien", in denen der Gouverneur erst nach Konsultation mit dem Attorny General ein Gesetz genehmige. Vermerk Landesgerichtspräsident Wiedemann, beauftragter Ministerialdirektor, über eine Unterredung mit Mr. G.B. Summers, LEGAL, NRW HStA D, NW 189/250; vgl. auch Schreiben LEGAL an RCO und RGO, 04. Februar 1947, PRO, FO 1013/186

der Verordnung Nr. 57 der Militärregierung kompatibel sei.[106] An die Adresse des Ministerpräsidenten übermittelte Regional Commissioner Asbury sein Bedauern, den Justizminister von der Vorlage des besagten Zertifikats nicht entbinden zu können. Asbury insistierte darauf, daß in dieser Angelegenheit "of fundamental importance" der Justizminister "as the chief legal authority" die geeignete Persönlichkeit sei, die Verfassungskonformität der Gesetzesvorlage zu testieren. Im Land Legal Department war man außerdem der festen Überzeugung, die Deutschen würden, falls man es ihnen erlaube, "put into effect much legislation of doubtful legality"[107]. Und obwohl man britischerseits ernsthaft damit rechnen mußte, nach Inkrafttreten des Besatzungsstatuts und der Verabschiedung einer Landesverfassung für Nordrhein-Westfalen auf diese "safeguards" verzichten zu müssen, entschied man sich bis dahin für die Beibehaltung des gegenwärtigen Verfahrens.[108] Den Vorschlag des Innenministers lehnte der Regional Commissioner indes kategorisch ab, da es inakzeptabel sei, daß Minister "who are not legal authorities" juristische Bescheinigungen ausstellen, die auf dem Urteil der Rechtsberater ihres Ministeriums basierten, d.h. auf dem Rat subalterner und damit nicht unabhängiger Berater. Der Justizminister hingegen als "independent legal authority" erfülle die Kondition der Militärregierung. Als völlig importun disqualifizierte Asbury den Einwand Menzels, die Beamten des Justizministeriums seien möglicherweise in Verfassungsfragen und im Hinblick auf Gesetzgebungsfragen aufgrund unzureichender Erfahrung nicht kompetent. Vielmehr forderte er, falls erforderlich, die Bereitstellung geeigneter Beamter im Justizministerium; Konsultationen mit den juristischen Beratern der anderen Ministerien seien dann zweckdienlich.[109] Trotz dieser präzisen Positionsbestimmung Asburys wagte Arnold in einem erneuten Versuch - koplementär zu Menzel -, seine Bedenken zusammenzufassen, indem er im wesentlichen darlegte, daß die Realisierung der britischen Verfahrensbestimmungen vom 12. März 1947 dem Justizminister den Status einer "supervisory authority" gäbe, so daß dieser in der Lage wäre, die legislatorischen Aktivitäten sowohl seiner gleichberechtigten Fachministerkollegen als auch des Landtags zu kontrollieren, ergo dies von den Fachministern und ebenso vom Parlament als "an unusual turtelage" empfunden würde.[110] Mit anderen Worten, Arnold lehnte jegliche extraordinäre Kontroll-

---

[106] Schreiben Innenminister an RCO, 27. Mai 1947, PRO, FO 1013/713. Der Innenminister griff darin die Argumentation Arnolds vom 08. Mai 1947 auf. Zur Bekräftigung der vorgebrachten Stellungnahme, Hinweis darauf, daß die Bedenken gegen eine Beteiligung des Justizministers auch von den Landesregierungen von Schleswig-Holstein und Niedersachsen geteilt würden. Das GOVS beabsichtigte zur Verifizierung dieser Behauptung der nordrhein-westfälischen Innenministers in Schleswig-Holstein, Niedersachsen und auch Hamburg anzufragen, ob dort ein analoges Verfahren entsprechend dem in NRW eingeführt sei und ob es diesbezüglich irgendwelche Schwierigkeiten in Form von Einwänden deutscher Behörden gebe. Schreiben GOVS an RGO, 03. September 1947, PRO, FO 1013/713
[107] Schreiben G.B. Summers, Legal Advisor to the RC, an RGO, 05. Januar 1949, PRO, FO 1013/263
[108] Vgl. ebd.
[109] Vgl. Schreiben RC Asbury an Ministerpräsident Arnold, 25. Juni 1947, PRO, FO 1013/186
[110] Schreiben Ministerpräsident Arnold an RCO, 22. August 1947, PRO, FO 1013/713. Des weiteren brachte Arnold folgende Aspekte einwendend zur Sprache: a) Die provisorische Verfas-

kompetenz des Justizministers, die nicht konsequenterweise gemäß dem Kabinettsbeschluß über das Verfahren neuer Gesetzentwürfe eintrat, ab.[111] Die Hoffnung des Ministerpräsidenten, Asbury werde seine insistierende Haltung aufgeben und zu Konzessionen gegenüber der deutschen Position bereit sein, wurde indes enttäuscht. Vielmehr bekräftigte der Regional Commissioner seinen Standpunkt, das Zertifikat des Justizministers sei unerläßlich. Unter Bezugnahme auf die Verordnung Nr. 67 der Militärregierung wies Asbury die deutschen Einwände zurück.[112] Als "offizieller Rechtsberater der Landesregierung" habe der Justizminister ungeachtet möglicher politischer Erwägungen und persönlicher Ansichten einzig den rechtlichen Aspekt der Gesetzesvorlage zu bewerten. Von ungerechtfertigter Kompetenzübertragung könne somit keine Rede sein. Schließlich brachte Asbury unmißverständlich zum Ausdruck, daß seiner "Anordnung ... daher Geltung verschafft werden" müsse.[113] Im Governmental Structure Department wurde indes intern über mögliche Konsequenzen für den Fall, daß Ministerpräsident und Innenminister ihren Standpunkt in dieser Streitfrage beibehalten würden, nachgedacht. Hierbei handelte es sich um Gedankenspiele, in denen Maßnahmen "to establish some machinery for the review of legislation before submission for assent" in der Gestalt eines "committee of three or five non-political experts" erwogen wurden, hypothetische Überlegungen freilich, die dem Einwand, eine "Supervisory Authority" installieren zu wollen, realistischerweise nicht Stand gehalten hätten.[114]

Angesichts des prinzipiellen Bestrebens der Militärregierung, Zuständigkeiten und politische Verantwortung schrittweise auf die deutschen Behörden zu dele-

---

sung des Landes Nordrhein-Westfalen sieht vor, daß alle Minister im Rahmen ihres Zuständigkeitsbereichs völlig unabhängig sind. b) Den einzelnen Ministern stehen sachkompetente Referenten zur Verfügung, die in der Lage sind, Gesetzentwürfe unter Berücksichtigung rechtlicher Aspekte auszuarbeiten. c) Gesetzentwürfe werden im Kabinettskollegium, dem auch der Justizminister angehört, beraten. d) Da der Justizminister keine Bevorzugung genießt, könnte er von der Kabinettsmehrheit überstimmt werden. e) Der Justizminister repräsentiert keine exklusive, von allen politischen Überlegungen unabhängige Rechtsautorität.

[111] Vgl. Protokollauszug der 25. Sitzung des Landeskabinetts NRW am 24. Februar 1947, NRW HStA D, NW 189/250; siehe auch Abb. 1, S. 29; vgl. Schreiben Landesgerichtspräsident Wiedemann an Mil.Reg., 05. März 1947, NRW HStA D, NW 189/250. Hier vor allem war die diametrale Position des stellvertretenden Justizministers Wiedemann, der die geplante Maßnahme der Beteiligung des Justizministers an dem Gesetzgebungsprozeß als gute Methode beurteilte.

[112] VO Nr. 67, Übertragung von Befugnissen auf die Justizministerien der Länder, Art. VIII/9., ABl. Mil.Reg. Nr. 15, S. 363:"Das Landesjustizministerium berät die Landesregierung in Rechtsfragen und entwirft die Gesetze in allen Angelegenheiten, die ihm von der Landesregierung vorgelegt werden."

[113] Schreiben RC Asbury an Ministerpräsident Arnold, 16. September 1947, NRW HStA D, NW 53/398III, Bl. 135. Diese Order bezog sich auf Ziffer 3. des Schreibens RC Asbury an Ministerpräsident Arnold vom 25. Juni 1947. Dort hieß es wörtlich:"... I do not deem it advisable to dispense with the control of the Minister of Justice. The powers of assent, of withholding assent or of referring back which I exercise extend to all legislation whether enacted in the form of a law of the Landtag or of a decree, ordinance or regulation if this changes the substantive law. Hence I require the certificate of the Minister of Justice in all such cases". PRO, FO 1013/ 186

[114] Brief. Procedure - Submission of legislation for assent von W.C. Moore, GOVS, an R.G.O., 03. September 1947, PRO, FO 1013/713

gieren, erscheint das Insistieren des Regional Commissioner auf diesem speziellen, bedenkt man die britische Prüfungsprozedur, eher marginalen Aspekt des Genehmigungsverfahrens schwer nachvollziehbar, zumal es sich hier um eine rein für Nordrhein-Westfalen erlassene Anordnung handelte, die noch dazu - durch eben diese Einschaltung des Justizministers - in der Praxis der Veröffentlichung von Gesetzen nicht selten vermeidbare Verzögerungen verursachte.[115]

5. Die Aufgaben des Legislation Control Officer

Entsprechend den Bestimmungen des Beratungsverfahrens[116] zwischen den Abteilungen der Militärregierung und den Landesministerien vor der Landtagsgesetzgebung, wurde dem Governmental Structure Department unter der Ägide des Regional Governmental Office die allgemeine Verantwortung für die Koordination des Prüfprozesses der Landtagsgesetzgebung übertragen. Zu deren Realisierung ernannte das Governmental Structure Department einen Legislation Control Officer[117], der sicherzustellen hatte, daß die Verfahrensinstruktionen, die die Vorlage von Gesetzentwürfen, Verordnungen und Erlassen deutscher Landesorgane zum Zwecke der Beratung resp. Genehmigung betrafen, akribisch durchgeführt wurden. Um seiner Aufgabe gerecht zu werden, war es unabdingbar, daß der Legislation Control Officer, dem alle Gesetzentwürfe zur weiteren Veranlassung zugeleitet wurden, stets eingehend über den Sachstand laufender Gesetzesvorhaben informiert war. Zunächst hatte er für die frühestmögliche Übersetzung der deutschen Gesetzentwürfe durch die Interpreter's Group Sorge zu tragen und die anschließende Verteilung von Gesetzeskopien in englischer und deutscher Sprache an das Sponsoring Department, das Legal Department und alle anderen interessierten Departments sowie die Governmental Structure Branch in Berlin und die Headquarters der Regierungsbezirke durchzuführen. Nach Erhalt eines Gesetzentwurfs legte der Legislation Control Officer eine Karteikarte an, auf der die Daten des Erhalts, der Überwachung und Verteilung verzeichnet, der Prozeß der Konsultation zwischen Sponsoring Department und federführendem Landesministerium skizziert und der generelle Werdegang des Gesetzes dokumentiert wurde. Als Garant dafür, daß die zuständigen deutschen Landesbehörden ihre Verpflichtungen gemäß den obligatorischen Genehmigungsmodalitäten erfüllten, hatte der Legislation Control Officer im Falle des Auftretens von Unstimmigkeiten den Regional Governmental Officer darüber in Kenntnis zu setzen. Gleiches

---

[115] Vgl. Schreiben Innenminister Menzel an RCO, 13. Dezember 1948, PRO, FO 1013/263
[116] Vgl. Part I/4., Procedure for consultation, PRO, FO 1013/187
[117] Vgl. zum folgenden: Duties of the Legislation Control Officer, Appendix 'B' zum Schreiben von CGSO J.H.A. Emck an RGO, 07. Mai 1948, PRO, FO 1013/187. Hier findet sich der Hinweis auf eine in Kürze geplante Revision der Bestimmungen über die Aufgaben des LCO. Diese ggf. modifizierten Bestimmungen waren jedoch in den Akten des PRO nicht auffindbar.
Mit den Aufgaben des LCO wurde Mr. R.H. Whittaker betraut, der sein Amt am Tag der Abfassung der Bestimmungen antrat.

galt für mögliche Konflikte "in policy" zwischen den Departments des Land Headquarter, die unter Umständen die Genehmigung des Gouverneurs verzögern konnten.

Zum Zwecke der Unterhaltung ordnungsgemäßer Akten standen dem Legislation Control Officer geeignete Informationsquellen zur Verfügung. Hierbei handelte es sich einerseits um die "monthly situation reports on legislation", die von allen Land Headquarter Departments als Anhänge zu ihren "monthly reports"[118] vorgelegt wurden, andererseits um an das Regional Governmental Office adressierte Korrespondenzen in Konformität mit den Verfahrensbestimmungen, ferner um Landtagsnotizen und solche des Landtagsausschusses, aber auch um vom Landtagsbüro edierte Berichte über die in den Parlamentssitzungen getroffenen Entscheidungen und schließlich um den sog. "monthly legislation state", einen periodischen Bericht des Landtagsbüros über den Stand der Gesetzgebung, an das Land Headquarter.

Im Rahmen seiner Zuständigkeit pflegte der Legislation Control Officer notwendige Kontakte zu den Departments des Land Headquarter, den Landesministerien, der Landeskanzlei und dem Landtagsbüro, um ein möglichst reibungsloses Funktionieren der Verfahrensvorschriften zu garantieren. Zugleich unterrichtete er die Governmental Structure Branch in Berlin regelmäßig über den Stand der Landesgesetzesprojekte.

Die Vorlage eines Landesgesetzentwurfs mit Genehmigungsintention bedingte wiederum die Aktivität des Legislation Control Officers insofern, als die notwendige koordinierende Tätigkeit im Interesse des Regional Governmental Office seinem Kompetenzbereich unterlag. Konkret bedeutete dies erst einmal die Ent-

---

[118] Die zur internen Information der Departments der Mil.Reg. erstellten "Monthly Reports" vermitteln in tabellarischer Form einen Überblick über den Gegenstand der innerhalb eines bestimmten Zeitraums vorgelegten Verordnungen und Erlasse, sowie die auf britischer Seite eingeleiteten Schritte. Im Monat April 1948 wurden beispielsweise von 11 vorgelegten Verordnungen/Erlassen 6 an die zuständigen Ministerien zurückverwiesen, 3 Abänderungen verlangt, 1 abgelehnt und 1 genehmigt. Vgl. Monthly Report, 28. April 1948 und Schreiben J.W. Lasky, LEGAL, an RGO, 28. April 1948, PRO, FO 1013/183
Am 31. Dezember präsentierte sich die Gesamtsituation für das Jahr 1948 wie folgt:
Total number of legal enactments for consideration: 82
Approved: 43
Rejected: 7
Withdrawn: 16
Considered to be administrative measures only: 3
Pending: 13
Survey of legal Enactments other than Legislation for the year 1948, 31. Januar 1949, PRO, FO 1013/263
Ebenfalls in tabellarischer Form informieren die "Statements of Land Legislation" über den Stand (hier: 12. Juli 1948) der Landesgesetzgebung:
1. Laws assented to by RC: 14
2. Laws submitted for assent but not yet given: 3
3. Laws passed by Landtag but not yet submitted for assent: 5
4. Bills at committee stage: 16
5. Bills received in draft form: 9
Vgl. Statement of Land Legislation, PRO, FO 1013/187

gegennahme der zur Genehmigung anstehenden Gesetzentwürfe inclusive der obligatorischen Bescheinigungen, sodann die Veranlassung der Übersetzung durch die Interpreters Group und die anschließende Verteilung besagter Dokumente in Englisch und Deutsch an die in den Prüfungsprozeß involvierten Abteilungen. Des weiteren gab er den zuständigen Departments sowohl den Termin für die Vorlage der Abschlußkommentare als auch des Datums der Zusammenkunft des Legislation Review Board zur abschließenden Gesetzesberatung bekannt; der Regional Commissioner wurde darüber informiert. Abschließend präsentierte der Legislation Control Officer dem Regional Governmental Office - gemäß den Verfahrensmodalitäten - die vorgeschriebenen Dokumente und verteilte diese nach deren Rückgabe.

In analogem Modus nahm der Legislation Control Officer auch Verordnungsentwürfe von Landesministerien und anderen Verwaltungsbehörden entgegen und leitete diese - nach sorgfältiger Prüfung auf Vollständigkeit - in seiner Eigenschaft als "coordinating officer" an das Legal Department und alle anderen beteiligten Departments weiter. Zu gegebenem Zeitpunkt nahm er den Abschlußbericht des Legal Departments in Empfang. Autorisierte der Regional Governmental Officer die Annahme der Verordnung, so informierte der Legislation Control Officer die zuständige deutsche Behörde über die Erteilung der Genehmigung zur Veröffentlichung der Verordnung im Gesetz- und Verordnungsblatt und übersandte gleichzeitig Duplikate der Genehmigung an vorstehende Departments. Im Falle der Ablehnung einer Verordnung setzte der Legislation Control Officer die Landesbehörde davon schriftlich in Kenntnis.[119]

Die Bezeichnung "Legislation Control Officer" erscheint mißverständlich, suggerierte sie doch den Eindruck, als handele es sich hier um ein mit der Befugnis zur Kontrolle der deutschen Gesetzgebung verbundenes Amt. Betrachtet man jedoch resümierend das Aufgabenfeld dieses Legislation Control Officers, so muß konstatiert werden, daß seine Funktion innerhalb des Beratungs- und Prüfungsprozesses deutscher Gesetzesvorlagen eine rein organisatorische Tätigkeit war, die jegliche inhaltliche Einflußnahme auf den Prüfungsvorgang ausschloß.

6. Die Rolle des Legislation Review Board

Ein weiteres Element im System der britischen Gesetzessupervision bildete der Legislation Review Board.[120] Dieses Kontrollgremium setzte sich aus drei ständigen Mitgliedern, dem Vorsitzenden Regional Governmental Officer, dem Chief Legal Officer und dem Chief Governmental Structure Officer, zusammen. Darüber hinaus wurde in der Praxis die Möglichkeit wahrgenommen, zusätzliche Vertreter der Sponsoring Departments und anderer, zum Prüfungsobjekt in Rela-

---

[119] Ein solches Mitteilungsschreiben wurde vom LCO vorbereitet und vom RGO signiert.
[120] Vgl. zum folgenden: LRB, Appendix 'A' zum Schreiben von CGSO J.H.A. Emck an RGO, 07. Mai 1948, PRO, FO 1013/ 187

tion stehender Departments, durch das Regional Governmental Office einzuladen.[121] Im Interesse des Regional Governmental Office wurde der Legislation Review Board vom Legislation Control Officer, Governmental Structure Department, in vierzehntägigem Rhytmus einberufen, sofern das Regional Governmental Office keine alternative Terminplanung für nötig erachtete. Als Sekretär dieses Gremiums führte der Legislation Control Officer die Korrespondenz des Legislation Review Board und unterhielt dessen Akten, erfüllte also quasi die Funktion eines "exekutiven Organs" des Legislation Review Boards.

Das Aufgabenfeld des Legislation Review Boards erstreckte sich auf die Prüfung aller zur Genehmigung durch den Gouverneur übermittelten Landesgesetze, deren Annahme oder Ablehnung dem Regional Commissioner empfohlen wurde. Ihm oblag die Festlegung, in welcher Form die Briefvorlage, in der der Regional Commissioner seine Genehmigung erteilte bzw. verweigerte, erstellt wurde und der Hinweis auf den Aussagewert der darin enthaltenen Schlußfolgerungen. Im Genehmigungsfalle entwarf der Legislation Control Officer das offizielle Mitteilungsschreiben, im Falle der Zustimmungsverweigerung erfolgte diese Tätigkeit des Legislation Control Officer in Konsultation mit dem Legal Department. Bereits vor der ersten Lesung eines Gesetzes im Landtag wurde dieses in der vorgelegten Form auf seine Akzeptanz für die Militärregierung überprüft.[122] Ferner untersuchte der Legislation Review Board jede Frage von allgemeiner politischer Bedeutung in bezug auf die Landtagsgesetzgebung bzw. deren Behandlung durch das Headquarter der Militärregierung oder hinsichtlich der Gesetzgebungskompetenz des Landtages, die ihm vom Regional Commissioner oder einem Regional Officer zugeschrieben wurde, und gab seine diesbezügliche Empfehlung. Jedweder Dissens in der Gestalt von "departmental interests", der die abschließende Gesetzesgenehmigung hätte verzögern können, wurde dem Legislation Review Board vom Regional Governmental Office oder jedem anderen Department des Headquarter zur Entscheidung vorgelegt.

Die dem Legislation Review Board überantworteten Aufgaben offenbarten die Relevanz dieses Gremiums innerhalb des Prüfungsprozesses deutscher Landesgesetze. Sein Votum, das sich auf die aufgrund eingehender Prüfung ausgesprochenen Empfehlungen der diversen Departments der Militärregierung stützte, entschied abschließend positiv oder negativ über das Schicksal eines Gesetzes, da das Urteil des Legislation Review Board dem Regional Commissioner unterbreitet, von diesem nur noch formal - durch Signierung - bestätigt werden mußte.[123]
In einer Basic Staff Instruction hieß es analog:"The final recommendation on draft Bills and on Laws passed by the Landtag and submitted for the Regional Commissioner's Assent will be made by the Legislation Review Board. Representatives of Sponsoring Departments will attend meetings of the Board, and be pre-

---

[121] Von den Sitzungen des LRB wurden protokollarische Niederschriften, sog. "Minutes", angefertigt, die Aufschluß über den Stand der Gesetzgebung und damit auch einen Ausblick auf die zu erwartende Empfehlung an den RC gaben.
[122] Vgl. Kap. I/2.
[123] Vgl. S. 28 dieser Arbeit

pared to comment on the measure and give a definite opinion as to whether the Regional Commissioner should assent, or not."[124]

7. Exkurs: Die Befugnisse der Public Safety Officers

"The Public Safety Branch ... was responsible for reorganising the police", schreibt Ebsworth. Welches waren nun konkret die Aufgaben und Kompetenzen der Public Safety Officers, deren Arbeit - so fährt Ebsworth fort - in gewisser Weise "the most rewarding of all in Germany" war?[125]
Innerhalb eines Landes der britischen Zone waren der Deputy Inspector General als chief of staff und seine Public Safety Officers, die meist auch im Zivilberuf eine Tätigkeit innerhalb der Polizeiverwaltung ausgeübt hatten und nicht selten auch Kolonialerfahrung besaßen[126], quasi "servants" des Regional Commissioners, der wiederum dem Military Governor für Beaufsichtigung und Inspizierung der deutschen Polizeieinheiten unmittelbar verantwortlich war. Genauerhin bestimmte der Regional Commissioner, wie die Dienstleistungen der Public Safety Officers unter dem Deputy Inspector General optimal organisiert werden konnten. Als Ratgeber in Polizeifragen stand den Regional Commissoners und ihren Deputy Inspector Generals der für die gesamte britische Zone zuständige Inspector General, Public Safety, zur Verfügung, der in ständigem Kontakt mit den Regional Heaquarters und den Polizeieinheiten stand.[127]
Schon beizeiten war sich die Militärregierung darüber im klaren, daß im Zuge der Übertragung der Verantwortlichkeit für die Verwaltung und Kontrolle der Polizei auf die jeweilige deutsche Landesregierung eine Befugnisbeschränkung der Public Safety Officers, verbunden mit einer Neudefinition ihres Aufgabenfeldes und einer konsequenten Personalreduzierung notwendigerweise einhergehen mußte.[128]
Nichtsdestotrotz erweckten die Instanzen der Public Safety Branch den Eindruck eines exakt durchorganisierten und verflochtenen Kontrollmechanismus, komplex deshalb, weil seine Tätigkeit in Kooperation mit der Administration and Local Government Branch sowie den Offizieren in den Regierungsbezirken und Kreisen gesehen werden muß. Involviert in dieses System der Überwachung waren auf Regierungsbezirks- und Kreisebene im einzelnen die Kreisresident Officers, die Public Safety Officers, welche die Stadtkreis-Polizei überwachten, die Regierungsbezirk-Commanders, die Senior Commanding Officers der Administration and Local Government Branch beim Headquarter der Regierungsbezirke sowie

---

[124] Submission of Bills and Laws for examination by the Legislation Review Board and the Assent of the Regional Commissioner, PRO, FO 1013/263
[125] Ebsworth, Restoring Democracy in Germany, S. 176
[126] Vgl. Werkentin, Die Restauration der deutschen Polizei, S. 24
[127] Vgl. Schreiben J.H. Simpson, Chief IA&C Division, HQ C.C.G.(BE), 28. November 1946, PRO, FO 1013/689
[128] Vgl. HQ Mil.Reg. NRW: German Police and responsibility for Administration and Control, 23. Dezember 1946, PRO, FO 1013/307

die Public Safety Officers, welche die Regierungsbezirks-Polizei überwachten.[129] Für die generelle Kontrolle eines Polizeiausschusses waren die Kreisresident Officers entsprechend dem Auftrag des Public Safety Officers, der die Stadtkreis-Polizeieinheit überwachte, verantwortlich. Sie hatten den Regierungsbezirk-Commander über etwaige, nicht verfassungskonforme Vorgänge[130], die sie ggf. nicht mit Hilfe von Ratschlägen klären konnten, zu unterrichten, waren darüber hinaus jedoch nicht befugt, den Polizeichef oder die Polizeieinheit zu beaufsichtigen. Hiermit beschäftigte sich primär der Public Safety Officer, der dafür zu sorgen hatte, daß der Polizeichef sich hinsichtlich der Führung seiner Einheit genauestens an den obligatorischen politischen Richtlinien der Militärregierung orientierte. Besonders eng war die Zusammenarbeit zwischen Public Safety Officer und Kreisresident Officer in allen den Polizeiausschuß betreffenden Belangen. Wurde dem Public Safety Officer beispielsweise über Unregelmäßigkeiten in der Ausschußtätigkeit berichtet, so informierte er den Kreisresident Officer darüber, mit welchen, von diesem einzuleitenden, adäquaten Maßnahmen dem zu begegnen sei. Unterdessen erstattete der Public Safety Officer, falls dies notwendig erschien, der Land Public Safety Branch detailliert Bericht über diese Sachlage. Sowohl Kreisresident Officer als auch Public Safety Officer besaßen das Recht, an Polizeiausschußsitzungen als reine Beobachter teilzunehmen, nicht jedoch, sich in die laufenden Beratungen einzumischen, es sei denn, ihr Rat wurde ausdrücklich von den Ausschußmitgliedern erwünscht.

---

[129] Vgl. auch zum folgenden: Aufgaben der Offiziere der Mil.Reg. mit Bezug auf die Polizeiausschüsse. Dieses Schreiben erhielt die Abteilung IV im nordrhein-westfälischen Innenministerium am 02. Juli 1947 von DIG Nottingham. NRW HStA D, NW 152/11
[130] Zu denken ist hier etwa an den britischerseits erhobenen Vorwurf, Oberstadtdirektoren hätten als ernannte Geschäftsführer von Polizeiausschüssen in einigen Fällen versucht, in Polizeibelange zu intervenieren, indem sie beabsichtigt hätten, die Führung des Polizeiausschusses und damit dessen Kontrollbefugnis über die Polizei zu usurpieren. Diese Neigung der Oberstadtdirektoren, ihnen nicht zustehende Befugnisse anzustreben, beschränke sich nicht nur auf Angelegenheiten der Polizei.Vgl. NRW HStA D, NW 152/11
Informativ ist hier auch eine Notiz aus einem Gespräch mit Gerhard Krampe (CDU, MdL 1954-1966), der als Vertreter des Kreises Hamm 1946 zum Mitglied des Polizeiausschusses für den RB Arnsberg gewählt wurde: Bei einer Zusammenkunft des Polizeiausschusses sei anfangs auch RP Fries anwesend gewesen, und nachdem dieser die Sitzung eröffnet habe, habe der Ausschußvorsitzende Dr. Dr. Langenhagen mit den anwesenden Vertretern der britischen Besatzungsmacht gesprochen, woraufhin er den RP dann gebeten habe, den Tagungsraum zu verlassen. Auf die überraschte Reaktion von Fries habe Langenhagen diesem den Standpunkt der Mil.Reg. erörtert, wonach die Besprechungen des Polizeiausschusses den RP nichts angingen. Vgl. Friedrich Keinemann, Aus der Frühgeschichte des Landes Nordrhein-Westfalen, Teil 3 Gespräche und Dokumente, Hamm 1977, S. 168
Der Arnsberger Regierungspräsident Fritz Fries (01. Juni 1945-01. August 1949) sah dies aus seiner Perspektive freilich ganz anders. Er plädierte dafür, der Militärregierung offen die Meinung zu sagen: Weil die Regierungspräsidenten Treuhänder der Regierung seien, müßten sie auch als Vorsitzende die Polizeiauschüsse leiten, was um so wichtiger sei, da die Fähigkeiten macher Polizeichefs zweifelsfrei seien und die PSO's "nicht immer das richtige Geschick" hätten. Niederschrift vom 06. Dezember 1946 über die Besprechung mit den Regierungspräsidenten über die VO über die Polizeiausschüsse vom 05. Dezember 1946, NRW HStA D, NW 152/10

Gemäß dem Ratschlag des Senior Commanding Officers der Administration and Local Government Branch und dem des für die Überwachung der Regierungsbezirks-Polizeieinheit zuständigen Public Safety Officers fiel die Aufsichtspflicht über den Regierungsbezirks-Polizeiausschuß vorrangig in den Zuständigkeitsbereich des Regierungsbezirks-Commanders[131], der seinerseits die notwendigen Kontrollvollmachten auf den Senior Commanding Officer als Ratgeber in allgemeinen Verwaltungs- und Verfassungsbelangen delegierte. Auch der Regierungsbezirks-Commander mußte im Rahmen seines Aufgabenbereichs jedwede Unregelmäßigkeit, die Regierungsbezirks-Polizeiausschüsse betreffend, der Administration and Local Government Branch beim Land Headquarter anzeigen, die dann nötigenfalls mit der Public Safety Branch die Angelegenheit beratschlagte. Nicht einvernehmlich regelbare Divergenzen zwischen Administration and Local Government und Public Safety auf Regierungsbezirksebene führten notwendigerweise zur Überweisung und Entscheidungsfindung des strittigen Kasus an das Land Headquarter der Militärregierung.

Über die mit seiner Überwachungstätigkeit der Stadtkreis-Polizeiausschüsse in Relation stehenden Sachverhalte von verfassungsrechtlichem und verfahrenstechnischem Belang informierte der Senior Commanding Officer die Kreisresident Officers und im Problemfalle - ausgenommen waren jedoch Inhalte betreffs interner Verwaltung, Organisation und Verfügung über die Polizeieinheiten - die Administration and Local Government Branch im Land Headquarter, die ihrerseits in allen ihr von Senior Commanding Officers und Administration and Local Government, Headquarter Regierungsbezirk, berichteten Fällen, die Angelegenheiten von Polizeiausschüssen berührten, mit der Public Safety Branch, genauer dem Deputy Inspector General, Rücksprache zu nehmen, ansonsten alle fraglichen Punkte der Entscheidungskompetenz des Regional Governmental Officers zu überantworten hatte.

Im Regelfalle war die Verantwortlichkeit der Public Safety Officers auf Beratung der deutschen Polizeibehörden wie auf Kontrolle und Beratung der Polizeieinheiten ausgerichtet und begrenzt. Ausnahmen bestätigen jedoch bekanntlich die Regel: Hierauf wies Gouverneur Bishop Innenminister Menzel aus gegebenem Anlaß hin, indem er ausdrücklich betonte, es könne aufgrund unvorhergesehener Umstände "gelegentlich nötig sein, dass ein Public Safety Offizier der deutschen Polizei gewisse Anweisungen erteil(e)"[132], wenn er von der Militärregierung - Gouverneur oder dessen Stellvertreter - dazu aufgefordert werde. Zur Begründung der Kontrollbefugnisse der Public Safety erinnerte Bishop Menzel einerseits daran, daß gemäß Proklamation Nr. 1 des Alliierten Kontrollrats vom 30. August 1945 alle durch den Militärgouverneur als Oberbefehlshaber oder auf seine Veranlassung hin erlassenen Gesetze, Verordnungen, Verlautbarungen u.a. von an-

---

[131] Vgl. auch HQ Mil.Reg. NRW: German Police and responsibility for Administration and Control, PRO, FO 1013/307

[132] Schreiben RC Bishop an Innenminister Menzel, 13. November 1948, NRW HStA D, NW 152/12-13. Bishop nahm darin Bezug auf einen Brief Menzels vom 25. August 1948 an die Polizeichefs, in dem dieser auf die Politik der Mil.Reg. einging, jedoch nicht alle Faktoren berücksichtigte, was u.U. Mißverständnisse hervorrufen könne.

weisendem Charakter auch weiterhin Gültigkeit besäßen und andererseits, daß die Verordnung Nr. 57 der Militärregierung den Public Safety Offizieren ihre Autorisation nicht entziehe. Im Gegenteil: "Diese Verordnung hat aber nicht den Public Safety Offizieren das Recht genommen, die Polizei und Feuerwehr zu beaufsichtigen und zu überwachen, unter anderem um dafür zu sorgen, dass die Kontrollrat-Gesetze befolgt werden. In der Ausübung dieser Befugnisse sind sie ermächtigt, diese Körperschaften aufzufordern, jede vernünftige Hilfe zur Ausführung dieser Aufgaben zu leisten, und das Ausbleiben solcher Hilfeleistungen, wenn sie angefordert werden, ist laut Gesetz der Militärregierung strafbar."[133] Zur Vermeidung von Unklarheiten ersuchte Bishop den Innenminister, die Polizeichefs "voll und ganz" über die Vollmachten der Public Safety Officers in Kenntnis zu setzen. Um seinem Anliegen Nachdruck zu verleihen, erbat der Regional Commissioner eine Kopie der entsprechenden ministeriellen Bekanntmachung.[134] Menzel seinerseits zeigte sich nun - angesichts des bevorstehenden Besatzungsstatuts - gewillt, seine Skepsis gegenüber Bishops Auslegung des Anweisungsrechts der Public Safety Officers im Zusammenhang mit der Verordnung Nr. 57 zu überdenken, d.h. die Polizeiausschüsse und Polizeichefs entsprechend dem Wunsch des Regional Commissioners über diesen Sachverhalt genauestens zu informieren. Dabei nahm sich Menzel, wie er sagte, um der Faktizität der rechtlichen Lage willen, die Freiheit, den Wortlaut der Erklärung der Militärregierung über die Befugnisse der Public Safety Officers wie folgt zu modifizieren:"So können unerwartete Ereignisse entstehen, die es notwendig machen, dass die Public Safety Offiziere von dem Gouverneur des Landes oder seinem Vertreter aufgefordert werden, deutschen Polizeibeamten Befehle zu erteilen. Dieses Recht besteht trotz der Regelung durch die VO 57, weil es zurückgeht auf die allgemeine Souveränität und insoweit auch Verantwortlichkeit der Besatzungsmächte."[135] Diese Formulierung ließ erkennen, worum es Menzel im Grunde genommen ging, nämlich die Weisungsbefugnis der Public Safety Officers explizit von einem direkten Mandat des Gouverneurs bzw. seines Stellvertreters abhängig zu machen, um damit durch eine gewisse Kontrollbeschränkung die Entscheidung der Einflußnahme auf deutsche Polizeibeamte dem bloßen Ermessen eines einzelnen Public Safety Officers zu entziehen. Also, mit anderen Worten, Menzel "lag im wesentlichen daran, klarzulegen, in welchem Umfange ein einzelner P.S.O. *von sich aus*, das heißt ohne Anweisung durch den Herrn Gouverneur des Landes oder seines Vertreters, im Einzelfall Befehle an deutsche Polizeibeamte geben kann"[136]. Seiner Bitte, der Formulierungsänderung nunmehr zuzustimmen,

---

[133] Befugnisse der PS, Oktober 1948, Abschrift der amtlichen Übersetzung der Mil.Reg. (= Anhang 'A' zum Schreiben RC Bishop an Innenminister Menzel vom 13. November 1948), NRW HStA D, NW 152/12-13
[134] Vgl. Schreiben RC Bishop an Innenminister Menzel, 13. November 1948, NRW HStA D, NW 152/12-13
[135] Schreiben Innenminister Menzel an RC Bishop, 23. November 1948, NRW HStA D, NW 152/12-13
[136] Schreiben Innenminister Menzel an RC Bishop, 03. Januar 1949, NRW HStA D, NW 152/12-13

entsprach Bishop, "verlangte" aber nachdrücklich, daß auch der letzte Satz[137] der Erklärung über die Befugnisse der Public Safety dem Informationsschreiben an die Polizeiausschüsse und Polizeichefs hinzugefügt werde.[138] Obwohl man sich gerade in diesem Punkt geeinigt hatte, schien Menzel dennoch mit dem Status quo nicht zufrieden, da ihm augenscheinlich der Wortlaut der in Rede stehenden Bekanntmachung an die Polizeiausschüsse und Polizeichefs letztlich in seinem Sinne nicht präzise genug war, so daß er in dieser relativ günstigen Situation wohl hoffte, Bishops Einverständnis zu einem redaktionellen Zusatz, "daß darüber hinaus ein Eingriff in die deutsche Executive seitens eines örtlichen P.S.O. (ohne Anordnung durch den Regional Commissioner, d. Verf.) nicht möglich ist"[139], voraussetzen zu können. Darin hatte sich Menzel allerdings getäuscht, denn der Gouverneur teilte ihm mit Bedauern mit, er könne sein Einverständnis zu der beabsichtigten Ergänzung des Rundschreibens nicht geben, da es genauso unzweckmäßig sei, so Bishop wörtlich, hervorzuheben, "dass Public Safety Offiziere im Besitz einer Anordnung von mir oder meinem Vertreter sein müssen, wenn sie Befehle erteilen"[140], wie auch ein Hinweis auf die rechtliche Verpflichtung der deutschen Polizeibeamten, allen Militärregierungsbefehlen Folge zu leisten, unnötig sei, da dies ohnehin nicht dem Grundsatz britischer Politik entspräche. Vielmehr erwartete Bishop jetzt ohne Unterlaß die Veröffentlichung eines Rundschreibens auf der Basis der bisherigen Einigung. Zudem gab er Menzel zu verstehen, daß ein erneuter Briefwechsel in dieser Sache nicht opportun sei.[141] Möglicherweise notgedrungen, eigenen Angaben zu Folge jedoch durch die neuerliche Interpretation des Regional Commissioners von bisher gehegten sachlichen Bedenken befreit, akzeptierte Menzel dessen Darlegungen und veranlaßte am 18. Januar 1949 über die Abteilung IV (Öffentliche Sicherheit) die Veröffentlichung des besagten Erlasses an die Polizeiausschüsse und Polizeichefs im von Bishop gewünschten Tenor.[142]

Mit Blick auf die Rollendefinition der Public Safety Officers kann nunmehr auch generell gesagt werden: Sowohl auf Regierungsbezirks- und Kreisebene als auch auf Landesebene waren die Aufgaben der functional officers fest umrissen: prüfen, helfen - wo Hilfe erwünscht -, Bericht erstatten an die Regional Headquarters bzw. die Allied Control Staffs und erforderlichenfalls Anweisungen erteilen.[143]

---

[137] Siehe S. 40 dieser Arbeit
[138] Vgl. Schreiben RC Bishop an Innenminister Menzel, 20. Dezember 1948, NRW HStA D, NW 152/12-13
[139] Schreiben Innenminister Menzel an RC Bishop, 03. Januar 1949, NRW HStA D, NW 152/12-13
[140] Schreiben RC Bishop an Innenminister Menzel, 12. Januar 1949, NRW HStA D, NW 152/12-13
[141] Vgl. ebd.
[142] Vgl. Schreiben Innenminister Menzel an RC Bishop, 18. Januar 1949, NRW HStA D, NW 152/12-13
[143] Vgl. auch Duties of Military Government in Region North Rhine-Westphalia under Ordinance 57, PRO, FO 1013/218

Und auf die gesamte britische Zone bezogen erstreckte sich die primäre Zuständigkeit der Public Safety Branch[144] mit Sitz in Bünde auf die Überwachung und Kontrolle der deutschen Polizei einschließlich der Wasserschutz- und Bahnpolizei, den Ausschluß von Nazis und Militaristen aus diesen Polizeiformationen sowie deren Kategorisierung (Special Branch), die Anklage von Vergehen gegen das Besatzungsrecht vor den Gerichten der Control Commission (Prosecution Branch[145]), die Betreibung eines Special Enquiry Bureau[146] und, nicht zu vergessen, die Überwachung des deutschen Feuerwehrwesens.[147]

8. Verfahren zur Genehmigung von Verordnungen und Erlassen deutscher Behörden durch die Militärregierung

Während die Briten das Verfahren für die Genehmigung deutscher Landesgesetze durch die Vorlage entsprechender Anweisungen genauestens geregelt hatten, gab es für den Bereich der Verordnungen und Ausführungsbestimmungen, die zu ihrer Rechtswirksamkeit keines Lantagsvotums bedurften, sowie der Verfügungen und Erlasse, sofern diese im Gesetz- und Verordnungsblatt zu veröffentlichen waren, kurzzeitig keine analoge Regelung. Am 26. März 1947 erfolgte dann aber der Erlaß diesbezüglicher Bestimmungen, die Gouverneur Asbury Ministerpräsident Arnold übermittelte.[148] Besagte Verfahrensvorschriften für Verordnungen und Erlasse wurden von der Militärregierung unter gleichem Aktenzeichen wie die Anweisungen zur Vorlage von Gesetzentwürfen erlassen, da sie eine Ergänzung dieser Richtlinien darstellten und sich zwangsläufig aus dem Gesetzesgenehmigungsverfahren ergaben.[149] Prinzipiell galt für die Edition von Behördenverordnungen und -erlassen folgende Leitlinie:"All decrees and regulations passed by German authorities must therefore, in order to have the force of law, be

---

[144] Die PS Branch setzte sich aus Officers der Special Branch sowie anderem Personal der C.C.G.(BE) zusammen. Ihre Personalstärke betrug Anfang 1948 484 Special Police Corps Officers und 123 Personen Bürobelegschaft (offiziell genehmigt waren 500 bzw. 105). Schrittweise beabsichtigte die Besatzungsadministration ihre Police Officers zunächst bis zum 01. April 1948 auf 450 Mann und dann nochmals bis zum 01. April 1952 auf 20 zu reduzieren.
[145] Die Prosecution Branch mit einem personellen Umfang von 79 Officers wurde im Interesse der Legal Division unterhalten; ihre Zahl sollte aber im Zuge der Prioritätensetzung reduziert werden, um künftig auch für dringendere Angelegenheiten der PS Branch eingesetzt werden zu können.
[146] Das Special Enquiry Bureau, welches am 01. März 1947 eingerichtet wurde, war mit 40 Officers ausgestattet, die ernstliche kriminelle und disziplinäre Vergehen von Angehörigen der Control Commission und alliierten Personen zu untersuchen hatten. Bis Anfang 1948 wurde das Special Enquiry Bureau in 682 Fällen aktiv.
[147] Vgl. Report of the Commission on the Police System of the Britisch Zone of Germany an Lord Pakenham, Chancellor of the Duchy of Lancaster, 07. Januar 1948, PRO, FO 1013/137
[148] Vgl. PRO, FO 1013/183
[149] Vgl. Schreiben Justizministerium an Chef der Landeskanzlei, 16. Mai 1947, NRW HStA D, NW 189/250

based upon the provisions of German legislation. In case of special importance where Military Government interests are concerned and a Military Government Ordinance is required, special submission would have to be made in order that the matter be referred to HQ Control Commission for Germany (BE)."[150] Sämtliche Verordnungen deutscher Behörden waren gemäß der Anweisung der Militärregierung diesem Genehmigungsverfahren unterworfen[151], das aufgrund seiner Parallelität zu den Bestimmungen für die Genehmigung von Landtagsgesetzen als geringfügig modifiziertes Gesetzesgenehmigungsverfahren charakterisiert werden kann.

Die folgende schematische Darstellung skizziert dieses obligatorische Verfahren:

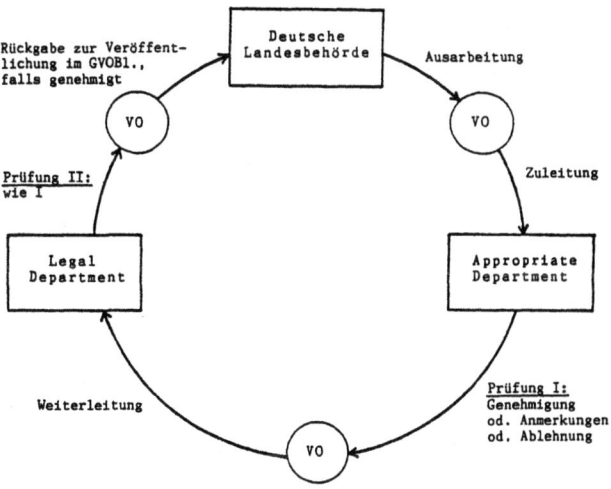

Abb. 2

Analog zu den Verfahrensmodalitäten für Gesetze mußten auch Verordnungen und Erlasse von Behörden in deutscher und englischer Sprache mit einem begleitenden Gutachten des Justizministers, das darüber Auskunft zu geben hatte, ob die Verfügung die richtige gesetzliche Form besaß, die Zuständigkeit der federführenden Behörde gegeben war und das deutsche Gesetz die Bezugsgrundlage

---

[150] Schreiben RC Asbury an Ministerpräsident Arnold, 26. März 1947, PRO, FO 1013/183
[151] Vor Inkrafttreten der VO Nr. 57 galt als allgemeine Norm, daß Verordnungen und Erlasse nach ihrer Genehmigung im jeweiligen Zonenland als Verordnung der Militärregierung Gesetzeskraft erlangten. Vgl. ebd.

der Verordnung bildete, der Militärregierung präsentiert werden.[152] Schließlich bestimmte die britische Anordnung, daß Erlasse und Verfügungen - wie auch Gesetze - in ihrer Präambel - bzw. am Schluß - in der im Gesetz- und Verordnungsblatt veröffentlichten Form einen Hinweis auf die erteilte Genehmigung der Militärregierung enthalten mußten. Obwohl der Wortlaut der britischen Verlautbarung eindeutig war, erschien es dem Justizministerium zweifelhaft, ob auch solche "Erlasse und Verfügungen, die keinerlei neues Recht, sondern nur Erklärungen und Hinweise oder Anordnungen in Ausführung bestehender Gesetze und Verfügungen enthalten, ebenfalls dem Genehmigungsverfahren unterliegen sollen"[153]. Auch Regional Commissioner Asbury schien diese Frage im Zusammenhang der Genehmigung deutscher Landesgesetze erwogen zu haben, erkannte er doch an, daß es zahlreiche Verordnungen über reine Verwaltungsangelegenheiten und in Verbindung mit genehmigten Gesetzen gäbe, so daß unter Umständen konzediert werden könne, bestimmte derartige Verwaltungsverordnungen ohne Überweisung an ihn zu erlassen. Der Gouverner bat daher den Ministerpräsidenten um Vorschläge, welche "streng umrissene(n) Arten" von Verwaltungsverordnungen in Frage kämen. Voraussetzung für diese Ausnahmeregelung außerhalb des festgelegten Verfahrens sei jedoch unbedingt ein Konsens in konkreter Angelegenheit. An dieser Stelle deutete sich der zaghafte Versuch britischerseits an, den Deutschen zumindest in einem klar definierten Bereich der Gesetzgebung i.w.S. eine gewisse Freiheit von britischer Kontrolle zuzubilligen.[154]

9. Vorlage von Gesetzen auf der Grundlage des Besatzungsstatuts zwecks Genehmigung

Am 12. Mai 1949 erließen die drei westalliierten Militärgouverneure, die Generäle Pierre Koenig (F), Lucius D. Clay (USA) und Sir Brian Hubert Robertson (GB), in Ausübung der obersten Gewalt der Regierungen ihrer Länder, ein Besatzungsstatut für die Bundesrepublik Deutschland, das am 21. September 1949 in Kraft trat und seine Gültigkeit bis zum 04. Mai 1955 - dem Tag vor Inkrafttreten des Deutschlandvertrages vom 23. Oktober 1954 - behielt.[155] Hiermit wurde ein Prozeß in Gang gesetzt, an dessen Ende die Wiedererlangung der deutschen Sou-

---

[152] Die Mil.Reg. verlangte die Vorlage von drei gedruckten Exemplaren beim Legal Dept.: je ein Exemplar für das Legal Dept., für den RC und für HQ C.C.G.(BE). Vgl. PRO, FO 1013/183 Verfahrensfehler bei der Vorlage von Verordnungen hatten deren Rückverweisung zur Consequenz. In der schriftlichen Mittleilung hieß es:"Beachten sie bitte die ... festgelegten Bestimmungen und reichen Sie den (in der Anlage zurückgegebenen) Entwurf erneut in vorschriftsmäßiger Form ein." NRW, HStA D, NW 53/398III, Bl. 174; vgl. auch Anm. 93, S. 25f.
[153] Schreiben Justizministerium an Chef der Landeskanzlei, 16. Mai 1947, NRW, HStA D, NW 189/250
[154] Vgl. Schreiben RC an Ministerpräsident, 25. Juni 1947, PRO, FO 1013/186
[155] Siehe VOBl. für die Brit. Zone Nr. 50, 07. September 1949, S. 399ff.

veränität stand, die zwar zunächst auf außenpolitisch-militärischem Gebiet noch weitgehend eingeschränkt war, deren Handlungsspielraum auf innenpolitischem Sektor hingegen durch relativ weitreichende Konzessionen ausgedehnt wurde.[156] Die dem deutschen Volk zugebilligte "Selbstregierung in ... höchstmögliche(m) Maße" manifestierte sich auch in den Bestimmungen hinsichtlich der Gesetzgebung, aus denen die Verfahrensrichtlinien zur Vorlage von (Landes-)Gesetzen zum Zwecke der Genehmigung abgeleitet wurden. Ausgehend von der prinzipiell alleinigen Verantwortlichkeit des Bundes und der Länder für die Gesetzgebung, beschreibt das Besatzungsstatut unter Ziffer 5 die Rahmenrichtlinien für den Bereich der deutschen Bundes- und Landesgesetzgebung. Dieser für die Gesetzgebung relevante Abschnitt des Statuts bestimmte, daß alle Gesetze einundzwanzig Tage nach Vorlage bei den Besatzungsbehörden in Kraft treten, sofern diese nicht bereits zuvor temporär oder definitiv moniert wurden.[157] Für die deutschen Legislativorgane bedeutete diese Zusicherung, daß "die Besatzungsbehörden ... Gesetze nicht beanstanden (werden), es sei denn, daß diese nach ihrer Auffassung mit dem Grundgesetz, einer Länderverfassung, mit Rechtsvorschriften oder sonstigen Anordnungen der Besatzungsbehörden selbst oder mit Bestimmungen dieses Statuts unvereinbar sind, oder daß sie eine schwere Bedrohung für die grundlegenden Zwecke der Besatzung darstellen"[158]. Als Konsequenz aus den Aussagen in Abschnitt 5 des Besatzungsstatuts bezüglich der Gesetzgebung mußte nun notwendigerweise ein Erlaß spezifizierter Verfahrensrichtlinien erfolgen. Eine entsprechende Maßnahme der Alliierten Hohen Kommission ließ jedoch geraume Zeit auf sich warten. Dieser Sachverhalt war Gegenstand einer informellen Konsultation am 19. September 1949 zwischen dem Regional Governmental Office sowie je einem Vertreter der Landeskanzlei und des Landtagsbüros, in deren Verlauf die deutschen Gesprächspartner darüber informiert wurden, daß bis dato noch keine Instruktion der Alliierten Hohen Kommission vorläge, man aber übereingekommen sei, daß zunächst die Landeskanzlei im eigenen Interesse und dem des Landtagsbüros Vorschläge für die Vorlage von Gesetzen formulieren und dem Regional Governmental Office zur Erwägung vorlegen

---

[156] Vgl. Andreas Hillgruber, Deutsche Geschichte 1945-1986. Die "deutsche Frage" in der Weltpolitik, 7., überarbeitete Aufl., Stuttgart u.a. 1989, S. 40
[157] Zu erwähnen ist in diesem Konnex der Vorbehalt unter Abschnitt 7 (c) des Besatzungsstatuts, der besagte, daß Besatzungsgesetze, die nicht mit den Bestimmungen des Statuts kongruieren - sofern sie nicht die unter Ziffer 2 vorbehaltenen Befugnisse betrafen - von den Besatzungsbehörden auf Antrag der zuständigen deutschen Stellen widerrufen würden. LC Bishop teilte dem Ministerpräsidenten von NRW am 22. Februar 1950 den diesbezüglichen Beschluß der AHK mit:"Die Alliierte Hohe Kommission wird die Unterbreitung solcher Gesetze als einen Antrag auf Widerruf des entsprechenden Besatzungsgesetzes, mit dem sie nicht im Einklang stehen, ansehen und wird die notwendigen Massnahmen ergreifen, um den Widerruf oder die Änderung zu veranlassen." PRO, FO 1013/266. Vgl. auch AHK, Law Committee, Memorandum of British Member: Federal and Land Legislation expressly or impliedly repealing or amending Military Government Legislation, 10. November 1949, PRO, FO 1013/265
[158] Besatzungsstatut Ziffer 5, VOBl. für die Brit. Zone Nr. 50, 07. September 1949, S. 400

solle.[159] Am 06. Oktober 1949 setzte das Regional Governmental Office den nordrhein-westfälischen Ministerpräsidenten von einer Anweisung des Allied General Secretariat vom 05. Oktober 1949 schriftlich in Kenntnis, derzufolge bis zum Zeitpunkt einer endgültigen Regelung der Verfahrensfrage durch die Alliierte Hohe Kommission, ab sofort alle Gesetze am Tage ihrer offiziellen Präsentation beim Regional Governmental Office in vierzigfacher Ausfertigung jeweils in deutscher, englischer und französischer Sprache über diese Abteilung dem Secretary General, Allied General Secretariat, auf dem Bonner Petersberg per Sonderkurier zu überbringen seien.[160] Tags darauf wurden auch dem Chef der Landeskanzlei, Dr. Schuchardt, im Rahmen einer Unterredung die "interim Instructions" von Miss M. Anderson vom Regional Governmental Office ausgehändigt, die konstatierte, daß diese Übergangsregelung im Hinblick auf die noch ausstehenden "final decisions of the Allied Council" eine "fair indication of what could be expected" gebe.[161] Auf der Basis der provisorischen Instruktion einigte man sich schließlich auf folgende Verfahrensschritte:
"(a) All Laws and Ordinances will be submitted (40 copies in English, French an German) by the Landeskanzlei.
(b) Two copies of the Objects and Reasons, in German, will be submitted at the same time.
(c) Three copies of the covering letter, which will include a form of receipt, will be submitted with the legislation.
(d) The courier will bring them personally to me, and will wait for the receipt."[162]
Den verbindlichen Stellenwert, den das Regional Governmental Office dieser temporären Anweisung zuschrieb, zeigt nur zu deutlich die Tatsache, daß man den Chef der Landeskanzlei bat, eine am Tage zuvor - noch in Unkenntnis des Übergangsverfahrens - eingereichte Verordnung jetzt erneut in Übereinstimmung mit den aktuellen Bedingungen vorzulegen. Auf Seiten der Landeskanzlei nahm deren Chef diesen Umstand bedauernd zur Kenntnis, und auch im Regional Governmental Office ergriff man diesen konkreten Schritt im Grunde wohl ungern, hielt ihn aber zur Gewährleistung einer reibungslosen Genehmigung der Verordnung sicherlich für unumgänglich. Schließlich bekundete Miss Anderson für das Regional Governmental Office:"We are anxious to be able to put as good a case as possible, and must rely on the Landeskanzlei to assist us."[163] Auf ministerieller

---

[159] Vgl. Schreiben RGO an Ministerpräsident NRW, 06. Oktober 1949, PRO, FO 1013/265. RGO A.A. MacDonald bat den Ministerpräsidenten, ihm die gewünschten Vorschläge, die bis zum 06. Oktober 1949 noch nicht vorlagen, sobald als möglich zu übergeben.
[160] Vgl. ebd.; vgl. auch Schreiben R.G.O. an Mail und Message, Düsseldorf, BAOR 4, 06. Oktober 1949, ebd. Hier Information über täglichen Kurierdienst um 15.00 Uhr zum Petersberg.
[161] Minute: Submission of Land Legislation, Miss M. Anderson an RGO, 07. Oktober 1949, PRO, FO 1013/265
[162] Ebd.
[163] Ebd. Die Reaktion des Chefs der Landeskanzlei, der schon zuvor im Zusammenhang der provisorischen Anweisung - wenn auch zu bewältigende Schwierigkeiten - prophezeite, schildert Miss Anderson so:"I mentioned that the Objects and Reasons had not been submitted in this case, and Dr. Schuchardt replied with a smile, that if we wanted 40 copies of these also, in three languages, he may find difficulty in obtaining enough paper. I said two copies in German would

Ebene wurden indes intensive Reflexionen über die Frage angestellt, ob nach Maßgabe der Ziffer 5 des Besatzungsstatuts auch Rechtsverordnungen bei den Besatzungsbehörden vorzulegen seien und folglich auch für diese die dreiwöchige Einspruchsfrist gelte.[164] Gestützt auf ein entsprechendes Gutachten des Bundesjustizministers - dieses basierte auf einer eingehenden Analyse des Begriffs "legislation"[165] - beschloß das nordrhein-westfälische Landeskabinett, Rechtsverordnungen - mit Ausnahme von gesetzesvertretenden Rechtsverordnungen - der Besatzungsmacht vorläufig nicht zuzuleiten.[166] Angesichts der präzisen Aussagen der Übergangsverordnung erschien dieser Kabinettsbeschluß schwerlich nachvollziehbar.

Eine definitive Verfahrensrichtschnur für die Vorlage von Gesetzen gemäß Ziffer 5 des Besatzungsstatuts legte die Alliierte Hohe Kommission schließlich in ihrer Weisung Nr. 2 vom 22. November 1949 vor.[167] Von dieser Regelung waren sowohl Gesetze als auch (Ausführungs-)Verordnungen betroffen. Ihr zufolge begann die im Besatzungsstatut vorgesehene dreiwöchige Einspruchs- bzw. Kontrollfrist am Tage nach Vorlage des Gesetzes in der vorgeschriebenen Anzahl von fünfundfünfzig Exemplaren jeweils in dreisprachiger Ausfertigung, wovon fünf Exemplare des deutschen Wortlauts vom zuständigen Ressortminister oder einem hierzu autorisierten Beamten unterschriftlich zu beglaubigen waren.[168] Zur Gewährleistung einer einheitlichen Vorgehensweise und Einhaltung der einundzwanzigtägigen Remonstrationsfrist wurde die bisherige Praxis der Vorlage von Gesetzen und Verordnungen durch den Chef der Landeskanzlei beibehalten.[169]

---

be enough, and explained that they were useful when summarising and commentating on a Law for the purpose of making recommendations to the Allied Council."

[164] Vgl. NRW HStA D, NW 189/197

[165] Zum Problem der Übersetzung des Begriffs "legislation" im Besatzungsstatut vgl. dieses Gutachten vom 30. September 1949, ebd.

[166] Vgl. Auszug aus dem Protokoll der 158. Kabinettssitzung vom 31. Oktober 1949, ebd., Bl. 22. Anläßlich einer telefonischen Unterredung zwischen Mr. Lasky (LEGAL) und einem Vertreter des Justizministeriums am 14. November 1949 wurde besagter Sachverhalt erörtert. Mr. Lasky erklärte, nachdem und auf das Gutachten des Bundesjustizministers hingewiesen worden war, daß die AHK die Bonner Position nicht teile, daß mit einer klärenden Instruktion zu rechnen sei. Vgl. Vermerk vom 15. November 1949, ebd., Bl. 23

[167] Siehe: Prüfung von Landesverfassungen, Änderungen derselben und von Gesetzgebung der Länder, ABl. der AHK Nr. 5 vom 25. November 1949, S. 48. Vgl. zum folgenden: Rundschreiben Innenminister NRW an alle Minister des Landes, 07. Dezember 1949, PRO, FO 1013/266

[168] In einem Rundschreiben vom 19. Oktober 1949 an die Offices of the Land Commissioners der britischen Zone teilte das AGS in Bonn mit, daß man Schwierigkeiten hinsichtlich der einundzwanzigtägigen Prüfungsfrist in solchen Fällen habe, in denen ein Landesgesetz ein bereits bestehendes abändere bzw. widerrufe. Aufgrund dessen plante das AGS die Einrichtung einer "reference library" bestehend aus allen seit 1945 veröffentlichten Gesetzen. Zwecks Aufbau einer solchen Bibliothek bat L. Handley-Derry, britischer Sekretär, die Offices of the Land Commissioners möglichst um Zusendung von vier Kopien aller Landesgesetze des besagten Zeitraums. Vgl. PRO, FO 1013/265

[169] Vgl. auch Minute: Submission of Land Legislation, 07. Oktober 1949, PRO, FO 1013/265. Hier Information, daß die Vorlage von Verordnungen durch unterschiedliche Landesorgane - wie in einem konkreten Fall geschehen - verwirrend sei, folglich nur eine einheitliche Regelung, d.h. Einreichung von Gesetzen und Verordnungen durch die Landeskanzlei, akzeptabel sei.

Abschnitt 1 der Weisung Nr. 2 legte eindeutig dar, daß entsprechend dem Verständnis der Alliierten Hohen Kommission "der Ausdruck 'Gesetzgebung' im Sinne des Absatzes 5 des Besatzungsstatuts ... Bestimmungen zur Ausführung von Gesetzen umfaßt". Unter dem Vorbehalt, "Bestimmungen dieser Art ganz oder teilweise außer Kraft zu setzen", insistierte die alliierte Behörde nicht auf der "Vorlage von Bestimmungen dieser Art zur Prüfung vor Inkrafttreten", sofern "Ausfertigungen und Übersetzungen von diesen Verordnungen vor deren Inkrafttreten dem Landeskommissar gemäß den Bestimmungen der Absätze 2 und 3 dieser Weisung übermittelt werden". Anders gesagt: Obwohl Ausführungsverordnungen grundsätzlich dem Prüfungsrecht unterlagen, verzichtete die Alliierte Hohe Kommission auf deren Vorlage. Verordnungen dieser Art mußten zwar vor Inkrafttreten dem Land Commissioner unterbreitet werden, ihre Veröffentlichung aber war schon vor Ablauf der Veto-Frist möglich.[170] Somit wurde der Beschluß des Landeskabinetts vom 31. Oktober 1949 obsolet, die Frage, ob auch Verordnungen unter den Begriff "legislation" im Besatzungsstatut fallen, gegenstandslos.

In einem internen Runschreiben vom 07. Dezember 1949 unterrichtete Innenminister Menzel seine Ministerkollegen über die praktische Umsetzung der neuen Regelung, die aus der Adaption der bisherigen Verfahrensbestimmungen an die aufgrund der Weisung Nr. 2 gegebene neue Rechtslage resultierte.[171] Demgemäß übergab das Landtagsbüro dem Chef der Landeskanzlei sechzig Exemplare eines vom Landtag verabschiedeten Gesetzes. Unter Nennung des Abteilungsleiters und des Referenten legte dieser dem federführenden Minister drei Exemplare mit der Bitte um Unterzeichnung und Veranlassung der Signierung durch den Ministerpräsidenten vor. Auf Initiative des Chefs der Landeskanzlei wurde der Gesetzes- bzw. Verordnungstext sodann in Englisch und Französisch übersetzt und beim Land Commissioner's Office eingereicht.[172] Schließlich veranlaßte er, sofern innerhalb der dreiwöchigen Frist kein Einspruch erfolgte, die Veröffentlichung des Gesetzes im Gesetz- und Verordnungsblatt.

---

[170] Nach Ansicht des Innenministers Menzel waren von den Aussagen der AHK in Abschnitt 1 der Weisung Nr. 2 nicht nur Ausführungsverordnungen, sondern auch alle anderen Rechtsverordnungen betroffen. In einem Schreiben an den Ministerpräsidenten äußerte er sich diesbezüglich:"... Bestimmungen zur Ausführung von Gesetzen stellen ein Minder im Rahmen des allgemeinen Begriffs 'Rechtsverordnungen' dar. Wenn es nun in der Weisung heisst, dass der Ausdruck 'Gesetzgebung' im Sinne des Abs. 5 des Besatzungsstatuts nach Ansicht der Alliierten Hohen Kommission 'Bestimmungen zur Ausführung von Gesetzen umfasst', so muß das von anderen Rechtsverordnungen - bei denen es sich um keine Durchführungsverordnungen handelt - erst recht gelten." Schreiben Innenminister Menzel an Ministerpräsident NRW, 02. Januar 1950, NRW HStA D, NW 189/197, Bl. 35

[171] Vgl. PRO, FO 1013/266. Die Angaben dieses Schreibens bezüglich der Einreichung von Gesetzentwürfen deckten sich vollinhaltlich mit einem Erlaßentwurf, der dem nordrhein-westfälischen Kabinett in seiner Sitzung am 21. November 1949 vorlag. Ferner wurde dessen Inhalt mit dem Sachbearbeiter beim Chef der Landeskanzlei abgesprochen. Vgl. NRW HStA D, NW 189/197, Bl. 35

[172] Über das Datum der Vorlage des Gesetzes oder der Verordnung beim LCO informierte der Chef der Landeskanzlei den zuständigen Ressortminister.

In analogem Modus galten diese Verfahrensbedingungen auch hinsichtlich der Rechtsverordnungen, wobei Verordnungen in achtundfünfzigfacher deutscher Ausfertigung - darunter zwei, vom Fachminister handschriftlich signierte Exemplare - dem Chef der Landeskanzlei vom zuständigen Ressortminister übergeben wurden. Gleiches galt hingegen nicht für reine Verwaltungsanordnungen, die keiner Genehmigung durch die Alliierte Hohe Kommission bedurften, sondern direkt am Tage ihrer Veröffentlichung in Kraft traten, da derartige Verordnungen nicht den Bestimmungen der Ziffer 5 des Besatzungsstatuts unterlagen.[173] Infolgedessen mußte man auf deutscher Seite darauf achten, daß jede Verordnung, deren Veröffentlichung beantragt wurde, dahingehend überprüft wurde, ob sie "über den Rahmen einer blossen Verwaltungsanordnung" hinausgehe.[174]
Ausführungs- und Durchführungsverordnungen wurden schließlich in achtundfünfzig Exemplaren - inklusive zwei, vom Fachminister unterschriebener Exemplare - dem Chef der Landeskanzlei übergeben, der für ihre Veröffentlichung verantwortlich war.[175]
Während vor Inkrafttreten des Besatzungsstatuts im Rahmen der allgemein gültigen Richtlinien Gesetze und Verordnungen einschließlich der obligatorischen Begründung, einer Bescheinigung und eines Kommentars des Justizministers vorgelegt werden mußten, schienen diese Dokumente nach dem Verfahren auf der Basis des Besatzungsstatuts - zumindest theoretisch - obsolet geworden zu sein. Dem bereits zuvor erwähnten Schreiben des nordrhein-westfälischen Innenministers Menzel an seine Amtskollegen ist indes der Hinweis auf die Bitte des Land Commissioner's Office zu entnehmen, einerseits auch künftig weiterhin zusammen mit den Gesetzes- bzw. Verordnungstexten eine Begründung - in dreifacher Ausfertigung - einzureichen, andererseits auch Entwürfe bereits vor ihrer offiziellen Übergabe dem Land Commissioner's Office zur Information vorzulegen, eine Bitte, so der Minister, der sich das Land freilich nicht entziehen könne.[176] Auf diesen für die deutschen Landesbehörden relevanten Sachverhalt und die damit verbundene Intention des Land Commissioner's Office nahm Menzel in einem Briefwechsel mit Ministerpräsident Arnold nochmals bezug:"Der Wunsch des Land Commissioner's Office geht dahin, möglichst vom Referentenentwurf angefangen über alle, - auch die noch in der Planung begriffenen - Gesetze und Rechtsverordnungen unterrichtet zu werden. Das Land Commissioner's

---

[173] Vgl. auch Kap. I/8.
[174] PRO, FO 1013/266
[175] Menzel machte keine Angaben darüber, warum er statt der fünfundfünfzig, von der AHK geforderten Gesetzesexemplare, sechzig bzw. achtundfünfzig zur Vorlage vorsah.
[176] Vgl. Rundschreiben Innenminister Menzel, 07. Dezember 1949, PRO, FO 1013/266. Spätestens zum Zeitpunkt der Präsentation eines Gesetzentwurfs im Kabinett sollte dieser auch dem LCO zur Verfügung stehen.
In einem Schreiben der Governmental Section, Düsseldorf, vom 15. Dezember 1949 an die Landeskanzlei NRW äußerte Miss Anderson i.A. des RGO den Wunsch, künftig Gesetze, die vom Kabinett gebilligt wurden, in vierfacher Ausfertigung einschließlich Begründung vorzulegen, um den kürzlich ernannten französischen und amerikanischen "observers" Kopien zur Verfügung stellen zu können. Ferner wurde eine schnellere Vorlage von Gesetzentwürfen angemahnt. Vgl. ebd.

Office hat diesen Wunsch mit dem Hinweis ausgesprochen, dass ihm dadurch seine Arbeit, gegenüber den Alliierten Hohen Kommissaren, zu den Gesetzen und Verordnungen Stellung zu nehmen, ausserordentlich erleichtert werden würde. Dies liege - abgesehen von der erwünschten guten Zusammenarbeit zwischen den deutschen und englischen Stellen - aber auch im deutschen Interesse, da es dem Land Commissioner's Office dadurch ermöglicht würde, rechtzeitig seine Bedenken anzumelden und schnell die Entscheidung der Hohen Kommissare herbeizuführen, so dass die Veröffentlichung der Gesetze und Verordnungen bereits vor dem Ablauf der 21tägigen Einspruchsfrist erfolgen könne."[177]
Überblickt man nun das interne Verfahren der Gesetzesprüfung, so zeigt ein Vergleich mit den Modalitäten vor Inkrafttreten des Besatzungsstatuts sowohl Konvergenzen als auch Divergenzen, die einerseits auf britischer Seite in der Beibehaltung der Funktion von Regional Governmental Office, Regional Commissioner und Legislation Review Board und andererseits in der Involvierung alliierter amerikanischer und französicher Instanzen zum Ausdruck kam. In einer "briefinstruction" vom 07. September 1949 hieß es bezüglich des Modus der Gesetzesobservation auf der Grundlage des Besatzungsstatuts:"While anything in the nature of a tripartite control at Land level of legislation is to be avoided, it would seem both necessary and desirable that the Land Commissioner should consult the Allied Council together with his own recommendations, thus assisting the Council in its final deliberations. In the past the Land Legislation Review Board, under the chairmanship of the Regional Governmental Officer, has co-ordinated the views of various departments interested in any one Bill and presented comprehensive recommendations thereon to the Regional Commissioner. It is considered appropriate that this machinery should continue in existence to advice the Land Commissioner under the new Charter. ... In view of the responsibilities of the Land Commissioner in regard to the desirability of using the experience and local knowledge of the Legislation Review Board ...."[178] Anders gesagt, das Besatzungsstatut sah eine britisch-amerikanisch-französiche Kooperation in bezug auf die Prüfung von Gesetzen vor, wobei - im Falle eines Landesgesetzes aus der britischen Zone - der britische Einfluß auf den Verfahrensverlauf aufgrund von entsprechenden Voraussetzungen aus der Vorprüfungsphase (Beratungsverfahren) als Motor des interalliierten Prüfungsprozesses fungieren und diesen somit auch durch Informationsweitergabe beschleunigen konnte. Für den Regelfall konnte nach Vorlage eines Gesetzes von folgendem Verfahrensablauf ausgegangen werden:
"1st day: German text to:
Interpreters
U.S. and French observers
Headquarters of the Allied High Commission

---

[177] Schreiben vom 02. Januar 1950, NRW HStA D, NW 189/197, Bl. 35. Menzel war sehr an der Beachtung der Weisung Nr. 2 der AHK gelegen, um die Landesregierung nicht dem Vorwurf der Mißachtung des Besatzungsstatuts auszusetzen. Vgl. ebd., Bl. 36
[178] Brief for RECO: Consideration of Land Legislation after Promulgation of Occupation Statute, 07. September 1949, PRO, FO 1013/265

3rd day: English translation to:
Interested departments
U.S. and French observers
Headquarters of the Allied High Commission
6th day: (or not later than 8th day):
Meeting of the Land Legislation Review Board
8th day: (or not later than 10th day):
Meeting of RGO with Allied Observers
10th day: (or not later than 14th day):
Submission of recommendations to Headquarters of the Allied High Commission by signal."[179]

Während der Status quo ante dadurch gekennzeichnet war, daß der Regional Commissioner in einem Land der britischen Zone - abgesehen vom Militärgouverneur - die oberste Instanz darstellte, die ein Landesgesetz aufgrund der Prüfungsgutachten des Legislation Review Board und der zuständigen Departments genehmigte oder ablehnte, so hatte sich diese Kompetenz post Inkrafttreten des neuen Verfahrens auf die Alliierte Hohe Kommission verlagert, die ihre Entscheidung jetzt sowohl auf die britische Empfehlung als auch auf die Stimmen der amerikanischen und französichen "observers" stützte. War der Regional Commissioner der Ansicht, ein Landesgesetz sei nicht einwandfrei, so war ihm die Möglichkeit gegeben, ein entsprechendes Gutachten vorzulegen, die abschließende Entscheidung über die Zukunft des Gesetzes lag indes bei der Alliierten Hohen Kommission. Variiert hat sich demnach der Kreis der am Prüfungsprozeß beteiligten Instanzen, nicht aber die Intensität der Gesetzeskontrolle. Wenn auch die Bedingungen zur Vorlage von Landesgesetzen zugunsten der Deutschen in begrenztem Umfange modifiziert wurden, so konnte doch - nicht zuletzt auch aufgrund der Erweiterung des Kreises der Prüfungsberechtigten - streng genommen von einer Liberalisierung der Kontrolle deutscher Gesetzgebung noch nicht die Rede sein; dies änderte sich erst, als im März 1951 das Besatzungsstatut revidiert wurde und die Alliierte Hohe Kommission die strenge Observierung einstellte.[180]

---

[179] Ebd.
[180] Vgl. Kanther, Die Kabinettsprotokolle der Landesregierung von Nordrhein-Westfalen 1946-1950, Band 1/Teil 1, S. 13

Kapitel II:
Polizeigesetzgebung 1946-1953

1. Britische Vorstellungen von einer deutschen Nachkriegspolizeiorganisation: Planungen und erste Initialmaßnahmen 1943-1945/46

Zweifellos standen die Deutschen nach dem Debakel des Dritten Reiches vor der ungeheuer schwierigen Aufgabe der Reorganisation von Staat und Gesellschaft, eines Neubeginns, der unter Anleitung und Kontrolle der Siegermächte erfolgte. Wiederankurbelung und Umgestaltung des politischen und gesellschaftlichen Lebens konnten aber nur gelingen, wenn öffentliche Sicherheit und Ordnung gewährleistet waren. Garant dafür mußte die Polizei als ein exekutives Organ des Landes sein. Um ihrer Aufgabe gerecht zu werden, bedurfte sie, die 1933-1945 in Perversion ihrer eigentlichen Bestimmung zum Schergen des Hitler-Regimes umfunktioniert worden war, einer grundlegenden Sanierung. Gerade in dem vorbelasteten Bereich der inneren Sicherheit war jetzt dringender Handlungsbedarf gegeben und, wie Ebsworth sagt, "There was ... a greater urgency since a reliable police force was essential to assist the Allied Forces with the maintenance of law and order in the difficult post-war period"[181]. Also mußten vorrangig gesetzliche Rahmenbedingungen geschaffen werden, um die Funktionsfähigkeit der Polizei zu garantieren, den Herausforderungen zu genügen und ihr einen angemessenen Standort im neu entstehenden demokratischen Gemeinwesen zuzuweisen. In Anbetracht der Nachkriegssituation konnte die Initiative auf dem Gebiete des Polizeiwesens freilich nur von der britischen Besatzungsmacht ausgehen, die bestrebt war, "dieses schärfste Instrument staatlicher Machtausübung für die Zukunft möglichst nach ihren eigenen Prinzipien aufzubauen"[182].
Bevor es darum gehen kann, nunmehr den Entwicklungsprozeß der Polizeigesetzgebung unter britischer "Ägide" nachzuzeichnen, ist zunächst von einer Betrachtung der britischen Planungen künftiger Neu- bzw. Umgestaltung des deutschen Polizeiwesens auszugehen, die bereits während des Krieges in vollem Gange waren und konsequent in die Nachkriegsperiode einmündeten.
Alle Überlegungen, die diesbezüglich von den Briten angestellt wurden, basierten auf einer generellen Betrachtung der Entwicklung der deutschen Polizei seit 1918 und im speziellen einer eingehenden Strukturanalyse des Polizeiaufbaus unter nationalsozialistischer Diktatur, aufgrund deren man zu einem vernichtenden Urteil über die Organisation der deutschen Polizei an sich gelangte.[183] So konstatierte

---

[181] Ebsworth, Restoring Democracy in Germany, S. 180
[182] Hüttenberger, Nordrhein-Westfalen und die Enstehung seiner parlamentarischen Demokratie, S. 185
[183] Siehe Studie der Research Branch C.C.G.(BE) "The German Police and Similar Officials after 1918: Control of their strength, conditions of service, organisation and training", 20. Juli

im August 1944 G.H.R. Halland, der in seiner Eigenschaft als H.M. Constabulary for England and Wales und als Inspector General der Public Safety Branch C.C.G.(BE) von September 1944 bis Oktober 1947 ein ausgewiesener Fachmann auf dem Gebiet des Polizeiwesens war, daß die totale Nazifizierung und Zweckentfremdung der deutschen Polizei zu einer "Party machine immune from any semblance of control by the public at large or by an independent and healthy judiciary" keinesfalls über "the earlier evils which existed in the system long before the ascendancy of Adolf Hitler and the NSDAP" hinwegtäuschen dürfe.[184] Ausschlaggebend für die prinzipielle Disqualifizierung der deutschen Polizei waren letztendlich mehrere Faktoren: Deren extreme Militarisierung im Erscheinungsbild, in Ausbildung und Rekrutierung, die übergeordnete Position des Polizeibeamten als "master of the people", die weitreichende Befugnis der Polizei zum Erlaß von Strafverfügungen und schließlich die exzessive Zentralisierung der Kontrolle über die Polizei. Im Grunde genommen hatte sich das deutsche Polizeisystem nach Ansicht der britischen Polizeiexperten schon dadurch quasi selbst desavouiert, daß es in unüberbrückbarem Kontrast zum britischen Polizeisystem stand, im demokratischen Vergleich nach britischem Empfinden konsequenterweise als undemokratisch-defizitär erscheinen mußte, so daß die Briten diese für sie suspekten polizeilichen Charakteristika für die weitgehend reibungslose Usurpation und den Umbau der deutschen Polizei durch die Nationalsozialisten verantwortlich machten. "Knowledge of historical background" sei unabdingbar, wolle man den ernsthaften Versuch einer Reformierung des deutschen Polizeisystems unternehmen, geschichtliches Wissen über die deutsche Polizei, das schließlich zu der Erkenntnis geführt habe:" The cancer has developed rapidly since 1933, but it is not purely a Nazi growth: its roots go deep"; erforderlich sei nunmehr "a severe and drastic operation ... for its removal".[185] Der Erreichung dieses kurzfristigen Zieles der Eliminierung der nazifizierten Polizei, genauer gesagt, der extremen "Nazi elements" (Sicherheitsdienst, Gestapo und Grenzpolizei einschließlich deren obersten Kommandeuren auf Reichs- und Wehrkreisebene), galt zunächst Priorität; die verbleibenden Abteilungen des Polizeidienstes sollten zu gegebener Zeit der Kontrolle von Public Safety Offizieren der Militärregierung unterstellt werden. Daß diese Maßnahmen, wie Dezentralisierung der Kontrolle über die Polizei, Begrenzung des Polizeiestablishments und Reduzierung der vermeintlich überstarken Bewaffnung, nur ein erster Schritt in Richtung einer demokratischen Umgestaltung des deutschen Polizeiaufbaus sein konnten, darüber konnte kaum ein Zweifel bestehen. Vielmehr projektierten die Briten ihr Vorhaben der "real reformation of the German Police System" ganz im Sinne einer sich eng an das britische Polizeimodell anlehnenden "long-term policy", de-

---

1945, FO 371/46817; vgl. ferner Memorandum on the German Police System von G.H.R. Halland, IG PS Branch C.C.G.(BE), November 1944, PRO, FO 945/100

[184] Geheimes Preliminary Memorandum on the reformation of the German Police System as a long-term policy, 25. August 1944, PRO, FO 371/46817. Halland präzisierte und spezifizierte seine Ausführungen in dem geheimen Memorandum "The Re-organisation of the German Police System in the British Zone", 04. April 1946, PRO, FO 945/100

[185] Geheimes Preliminary Memorandum on the reformation of the German Police System as a long-term policy, 25. August 1944, PRO, FO 371/46817

ren Konzeption die Vorstellung einer tiefgreifenden Erneuerung an Haupt und Gliedern zugrunde lag, wie Halland prägnant skizzierte:"Taking a longer view, what is really required is a complete change in outlook on the whole question of the position of the Police in the constitution and their relations with the public in order to bring the German conception of Police more into line with the Anglo-Saxon point of view."[186]
In den "traditional tendencies of the German people to indulge in State idolatry"[187] erblickten die Briten die Hauptschwierigkeit auf dem künftigen Reformweg, mit deren retardierender Wirkung gerechnet wurde, so daß man zu der Schlußfolgerung gelangte:"Having regard to German Police traditions, it is obvious that such a radical change in attitude will not be brought about without a long-term policy of education and supervision; changes in organization, training, powers and methods will help and will be important steps towards the final objective."[188] Und dennoch bestand zumindest in der Phase der Reformplanung offensichtlich die Einsicht in die Notwendigkeit moderater Vorgehensweise und wohl auch nicht die Absicht, die Prinzipien der britischen Polizeiorganisation in allen Details "slavishly" auf Nachkriegsdeutschland zu übertragen, sondern eher die unangenehmen Bestandteile des deutschen Systems zu beseitigen. Andererseits war die Tendenz der Briten, die heimische Polizeistruktur in vorbildhafter Weise hervorzuheben, unübersehbar, denn man konnte und wollte zudem die seit einem Jahrhundert erfolgreich erprobten Grundsätze britischer Polizeipolitik nicht einfach verschweigen, sondern auch für Deutschland nutzbar machen, was sich dann in der Reorganisationsphase der deutschen Polizei schon ab Herbst 1945 auch in der Praxis auswirken sollte.[189] Zunächst deutete nichts darauf hin, daß die Briten ihrem Grundsatz so radikal untreu werden würden.
Im Frühjahr 1944 wurden im Foreign Office vorab die Maßnahmeplanungen für die erste Phase der Besatzung unmittelbar nach der Kapitulation Deutschlands koordiniert.[190] Was den Umgang mit der deutschen Polizei betraf, so wurde in diesem frühen Stadium ein Vorgehen konkret in drei Schritten erwogen: Erstens die Beseitigung besonders nazistischer Teile der Polizeiformationen, wie der Sicherheitspolizei einschließlich ihrer Untergliederungen, zweitens die Säuberung aller übrigen vorbelasteten und deshalb unerwünschten Elemente sowie deren Kontrolle und drittens die Gewährleistung der Zusammenarbeit aller noch verbleibenden Polizeikräfte bei der Aufrechterhaltung von Recht und Ordnung und der Unterstützung einer kontinuierlichen Staatsverwaltung.[191] Besondere Dring-

---

[186] Ebd.
[187] Geheimes Memorandum: The Re-organisation of the German Police System in the British Zone, 04. April 1946, PRO, FO 945/100
[188] Geheimes Preliminary Memorandum on the reformation of the German Police System as a long-term policy, 25. August 1944, PRO, FO 371/46817
[189] Vgl. ebd.; vgl. auch Reusch, Deutsches Berufsbeamtentum und britische Besatzung 1943-1947, S. 80
[190] Vgl. Schreiben (Sir) John M. Troutbeck, Leiter des German Department des FO seit Ende 1944, an Lt. Col. A.A. Mocatta, WO, 15. April 1944, PRO, FO 371/39120
[191] Vgl. geheime Draft Directive on German Police von J.M. Troutbeck, German Section FO, am 15. April 1944 dem WO übersandt, PRO, FO 371/39120; vgl. dito: The German Police and

lichkeit wurde dabei der dritten Maßnahme zugeschrieben, die noch vor Abschluß der zweiten realisiert werden sollte, während man vorläufige Maßnahmen zur Durchführung des ersten Handlungsschritts zum frühestmöglichen Zeitpunkt einzuleiten beabsichtigte. Trotz möglicher Schwierigkeiten betonte man im Headquarter der Public Safety Branch der C.C.G.(BE) nachdrücklich die Bereitschaft, sich den Herausforderungen, die eine Reorganisation der deutschen Polizei erfordere, entschlossen und langfristig stellen zu wollen.[192] Aber wie sollte nun das Programm der long-term policy in die Realität umgesetzt werden? Vorrangig galt es, zunächst auf zwei Grundsatzfragen eine Antwort zu finden: In welcher Art und Weise war die Polizei neu zu organisieren, und wie waren ihre Arbeitsmethoden entsprechend zu gestalten? Wie sollte das Mißverhältnis des Polizeibeamten zu den Regierungsinstanzen (Unterordnung) einerseits und der Öffentlichkeit (Überordnung) andererseits beseitigt und durch demokratische Strukturbeziehungen ersetzt werden?[193] Mit diesen Fragen beschäftigten sich die Briten besonders im letzten Kriegsjahr planerisch intensiv. Verkürzt läßt sich das Resultat sämtlicher Überlegungen in folgender Formel zusammenfassen: Dezentralisierung und Entnazifizierung der Polizeistrukturen bewirken eine grundlegende Demokratisierung des deutschen Polizeisystems. Mit dem essential Dezentralisierung war im wesentlichen eine Zergliederung der Polizei in eine Ansammlung autonomer lokaler Polizeieinheiten gemeint, die jeweils für einen bestimmten Bezirk unter der Leitung eines Chief Officer of Police polizeiliche Verantwortung tragen sollten. Allerdings war man sich durchaus bewußt, daß zu einem frühen Zeitpunkt eine genaue Begrenzung der Polizeidistrikte noch nicht möglich war, wohl aber, daß man zu viele in ihrer Größe voneinander variierende Bezirke vermeiden wollte[194], um eine effiziente Arbeit zu ermöglichen. Andernfalls, so glaubte man, würden im neuen Deutschland von vornherein die Voraussetzungen für eine Agitation geschaffen, deren Ziel eine Rückkehr zu den alten Organisationsformen und staatlicher Kontrolle sei, begründet mit einem vermeintlichen Interesse an polizeilicher Leistungsfähigkeit. Den britischen Planern schwebte möglichst unter Berücksichtigung der deutschen regionalen Verwaltungsgliederung eine Etablierung von lediglich zwei Kategorien örtlicher Polizeieinheiten vor, wie sie ähnlich auch in England existierten. Zum Zwecke der Realisierung solcher "local Police arrangements" erachtete man einerseits die bestehenden Regierungsbezirke und andererseits Großstädte mit mehr als 100000 Einwohnern

---

Similar Officials after 1918: Control of their strength, conditions of service, organisation and training, S. 20f., PRO, FO 371/46817

[192] So Halland, The Re-organisation of the German Police System in the British Zone, 04. April 1946, PRO, FO 945/100

[193] Vgl. hierzu geheimes Preliminary Memorandum on the reformation of the German Police System as a long-term policy, 25. August 1944, PRO, FO 371/46817

[194] Gerade hierin erblickten die Briten nämlich einen Schwachpunkt ihres eigenen Polizeisystems, den sie aber möglichst bald auszumerzen gewillt waren. Erste Tendenzen, die auf eine Zusammenlegung kleiner lokaler Polizeieinheiten zu räumlich größeren abzielten, waren schon während des Krieges 1942 zu verzeichnen; eine angestrebte legislative Regelung erfolgte dann im britischen Polizeigesetz 1946. Vgl. ebd.; vgl. Schneider, Die Umgestaltung des Polizeirechts in der britischen Zone, S. 250

für geeignet, dort sog. "County Constabularies" bzw. sog. "Urban Forces" zu errichten, wobei die County Constabularies generell aus einer Fusion von Gendarmerieeinheiten innerhalb eines Regierungsbezirks mit Teilen der Schutzpolizei in Städten oder Stadtkreisen, die die Bedingung für die Schaffung eigener Stadtkreispolizeieinheiten nicht erfüllten, hervorgehen sollten. Die praktische Bewältigung der Dezentralisierung schloß aber zugleich auch eine adäquate Beantwortung der Frage nach übergeordneter lokaler Aufsicht über die Polizeieinheiten ein. Ungewohnt kompliziert mutete die Briten freilich die dreigliedrige deutsche Organisation der Polizeibehörden in Landes-, Kreis- und Ortspolizeibehörden an, weshalb sie es für wüschenswert hielten, "to replace these by some suitable form of Committee representative of the Police District" und zwar "roughly on the lines of the British Standing Joint Committee for the County"[195]. Das war nicht weiter erstaunlich, da es in Übereinstimmung mit der langfristigen apodiktischen politischen Leitlinie galt, nicht nur "to make the police the trusted servants of the public", sondern insbesondere auch "to bring them under a definite measure of democratic control"[196]. Infolgedessen hielt man "serious legislative changes" für erforderlich, um die Aufgabenfelder sowohl der Polizeibehörden als auch der Polizeichefs sorgfältig zu definieren: Übergeordnete polizeibehördliche Verantwortlichkeit hinsichtlich allgemeiner politischer und finanzieller polizeilicher Belange und direkte Zuständigkeit der Chief Officers of Police für Kommando, Disziplin und Kontrolle ihrer jeweiligen Polizeieinheit. Zumindest theoretisch rechnete man indes durchaus mit künftigen spezifischen Schwierigkeiten, die Deutschen von der Notwendigkeit der geplanten strukturellen Umgestaltung zu überzeugen, wenn diese sich erst einmal konkret mit der Etablierung von Polizeiausschüssen auf Regierungsbezirksebene konfrontiert sähen, da dadurch mit einem Schlag das traditionelle und historisch gewachsene System von Verantwortlichkeiten der Landräte in den Land- und der Oberbürgermeister in den Stadtkreisen für die Verwaltung der Polizei beseitigt würde. Wenn auch die Dezentralisierungspläne im britischen Lager offensichtlich von breitem Konsens getragen waren, gab es schon sehr früh doch auch vereinzelte Stimmen, die dieses Axiom zwar nicht in Frage stellten, wohl aber sorgfältige Erwägungen anmahnten, so der Soziologieprofessor T.H. Marshall, Leiter der German Section des F.O.R.D., der in einem Memorandum Ende 1943 darauf verwies, daß die deutsche Geschichte keinerlei Belege für den vermeintlichen Autonomismus, eine zentralisierte Polizei fördere als Instrumentarium notwendigerweise die Entstehung eines autoritären bzw. militaristischen Staates, liefere.[197] Vielmehr bedinge ein autoritäres politi-

---

[195] Geheimes Preliminary Memorandum on the reformation of the German Police System as a long-term policy, 25. August 1944, PRO, FO 371/46817
Gemäß dem preußischen Polizeiverwaltungsgesetz vom 01. Juni 1931, Abschnitt I., §§ 2 und 3, waren die Regierungspräsidenten die Landespolizeibehörden, die Landräte in den Landkreisen und die Bürgermeister in den Stadtkreisen die Kreispolizeibehörden sowie die Bürgermeister die Ortspolizeibehörden. Preuß. GS Nr. 21, 06. Juni 1931
[196] Geheimes Memorandum: The Re-organisation of the German Police System in the British Zone, 04. April 1946, PRO, FO 945/100
[197] Vgl. geheimes Meorandum: Some aspects on the post war administration of Germany, 30. Dezember 1943, Kopie an Central Department FO, selbes Datum, PRO, FO 371/39116

sches System eine zentralisierte Polizei, während das Fehlen einer zentralisierten Polizei viel eher zur Errichtung zusätzlicher militärischer Formationen ermutige bzw. vermehrt auf die bestehenden zurückgreifen lasse. Ob ein Staat jedoch einer zentralisierten Polizei bedürfe, hänge letztlich von seiner politischen Struktur und Stabilität ab, Faktoren also, die im Hinblick auf das staatliche Schicksal Nachkriegsdeutschlands 1943 noch in den Sternen standen. Falls Deutschland künftig eine bundesstaatliche Struktur aufweisen würde, so sinnierte Marshall, ihm zudem möglicherweise eine zentralisierte Polizei zur Verfügung stände, so könnten die Länder dieses Bundes mit lediglich lokalen Polizeien analog dem englischen Modell aller Voraussicht nach wohl oder übel leben, ihre Abhängigkeit von der "Reichspolizei" in Notstandsfällen wäre dann jedoch so gravierend, daß sie potentiellen, ihre Autonomie bedrohenden zentralistischen Tendenzen wohl kaum würden wehren können. Letzten Endes empfahl Marshall für Deutschland trotz zukünftiger staatlich-struktureller Imponderabilien vorsichtig abschätzend die Zulassung einer "centralised police force, limited in numbers and in equipment, to both the central and State governments"[198]. Der planerische Dreh- und Angelpunkt, um den im Foreign Office die Gedankenarbeit kreiste, kam im Grunde in der zentralen Frage zum Ausdruck, ob örtliche nicht-militärische Polizei auch nach dem britischen Rückzug noch ausreichend sein würde, ein Problem, von dem man genau wußte, daß von seiner Lösung die konkrete Zukunft der deutschen Polizei abhing, zu dessen Bewältigung man sich in der Planungsphase gegen Kriegsende allerdings noch nicht in der Lage sah.[199] Halland verfocht derweil kontinuierlich die These von der bedingungslosen Notwendigkeit der Formierung von "representative committees" nach Maßgabe des englischen Typus, "to bring the police system under some degree of popular or democratic control"[200]. Zudem mußte nun in diesem System die Position einer höheren Kontrollinstanz ministerieller Provenienz eindeutig geklärt werden, somit also die Beziehung zwischen ministerieller und örtlicher Polizeibehörde im Hinblick auf die Kontrolle der Polizei. Dabei galt es a priori übermäßige Intervention der ministeriellen Kontrollbehörde in den Zuständigkeitsbereich örtlicher Verantwortlichkeiten, wie sie von den auf Polizeibezirksebene einzurichtenden Committees ausgeübt werden sollten, auszuschalten, um einer Unterminierung der demokratischen Überwachung des Polizeisystems nicht Vorschub zu leisten. Von einer Partnerschaft zwischen zentraler und örtlicher Polizeibehörde, wie sie sich seit 1856 kontinuierlich zu einem festen Bestandteil des britischen Systems entwickelt hatte, war vielmehr die Rede; eine solche Partnerschaft verbiete es, eine autonome örtliche Polizeibehörde als "subordinate agency of the Ministry" zu betrachten. Ein Polizeiausschuß benötige deshalb "a clearly defined sphere of absolute responsibility as a representative body which the Minister should not invade except for the most co-

---

[198] Ebd.
[199] Vgl. vertrauliches Schreiben J.M. Troutbeck, German Section FO, an G.H.R. Halland, C.C.G.(BE), PS Branch, 01. März 1945, PRO, FO 371/46817
[200] Geheimes Memorandum: The Re-organisation of the German Police System in the British Zone, 04. April 1946, PRO, FO 945/100

gent reasons"[201]. Aufgrund der Vorausplanung und insbesondere erster Nachkriegserfahrungen in Deutschland im Zuge der Neustrukturierung der Polizei in der britischen Zone, hatte man sich britischerseits wohl mit dem Gedanken vertraut gemacht, daß offensichtlich eine längere Zeitspanne "of firm tutelage" notwengig sein würde, um die Deutschen in die Lage zu versetzen ("to teach"), das neue Polizeisystem zum Erfolg führen zu können, rechnete man doch mit dem Bestreben auf deutscher Seite, die Position des zuständigen Ministers gegenüber den Polizeiausschüssen aufzuwerten und diese dann auf das Niveau bloßer Instrumente ministerieller Politik zu reduzieren. Vor allem für den Bereich der kleineren Länder sah man diese Gefahr wegen der direkten Instanzenbeziehung Polizeiausschuß-Minister überproportional gegeben. Aus britischer Sicht hätte die Anwendung des vertrauten eigenen Systems ministerieller Polizeikontrolle auf die deutschen Bedingungen zumindest theoretisch eine verhältnismäßig einfache Angelegenheit sein können, hätte da nicht "the intermediate level of government in the shape of the proposed Länder" die Sache verkompliziert. Vor dem Hintergrund der britischen Polizeistruktur (180 örtliche Polizeibezirke/Polizeibehörden und Polizeichefs mit mehr als 60000 Polizeibeamten bei einer Gesamtbevölkerung von 40 Mio.) sahen die Pläne für die britische Zone lediglich 39 Polizeibezirke/Polizeiausschüsse und Polizeichefs bei einer Größenordnung von 40000 Polizeibeamten und einer Zonenbevölkerung von 20 Mio. vor, die unter der Aufsicht eines für die gesamte Zone zuständigen (!) Minister of Public Safety - mit Befugnissen ähnlich denen des britischen Home Secretary - stehen sollten.[202] "Control" wurde in diesem Konnex verstanden als klar per Gesetz definierte Möglichkeit administrativer und finanzieller "supervision", woraus dann indirekt die Unabhängigkeit bzw. Immunität des Polizeibeamten gegenüber jedweder Einflußnahme, sei es durch zentrale, sei es durch örtliche Behörden, gefolgert werden konnte, was wiederum bedeutete, daß ein Polizeibeamter bei der Ausübung seiner Aufgaben als "law enforcement officer" keiner unmittelbaren Anweisung, was er zu tun und zu lassen habe, unterliegen sollte bzw. durfte.[203]
Dem Anschein nach hatte die Mitverantwortlichkeit der Regierungen der britischen Zonenländer für die Aufrechterhaltung von Recht und Ordnung binnen dieses Konzepts, wenn überhaupt, dann lediglich mittelbar ihren Niederschlag gefunden. D.h. einer Landesregierung wäre einzig die Möglichkeit geblieben, sollte sie zu dem Schluß kommen, ein Gesetz werde von der Polizei nicht adäquat zur Geltung gebracht, bei der ministeriellen "Zonenzentrale" vorstellig zu werden, die dann aufgrund ihrer Befugnisse nach eingehender Untersuchung entsprechend hätte aktiv werden können.
Was sich in der "grauen" Theorie stringent und situationsadäquat darbot, mußte sich in der Praxis jedoch erst noch als funktionsfähig erweisen. Angesichts des tiefgreifenden staatlichen und gesellschaftlichen Chaos der "Stunde Null" und im Umgang mit der vorgefundenen Situation verständlicher Anlaufschwierigkeiten -

---

[201] Ebd.
[202] Siehe Abb. 3, S. 63 und ebenso Kap. II/2.
[203] Vgl. geheimes Memorandum: The Re-organisation of the German Police System in the British Zone, 04. April 1946, PRO, FO 945/100

begründet sicherlich auch in vereinzeltem Mißmanagement aufgrund mangelnder personeller Qualifikationen insbesondere auf den unteren Ebenen - erscheint Hüttenbergers generalisierende negative Mutmaßung, die Briten hätten "in den ersten Monaten nach der Kapitulation keine festen Vorstellungen, geschweige denn durchdachte Richtlinien, besessen"[204], durchaus verständlich, wenngleich auch das Bemühen britischerseits, die ersten besatzungspolitischen Maßnahmen nach 1945 bezüglich der Reorganisation des deutschen Polizeiwesens aus den planerischen Überlegungen während des Krieges abzuleiten, klar gesehen werden muß. Daß die Briten zu schnellem Handeln entschlossen waren, ist offenkundig. Bereits die erstmals am 18. September 1944 verkündete SHAEF-Proklamation Nr. 1 explizierte, daß der Militärgouveneur die oberste legislative, exekutive und judikative Gewalt und die daraus resultierenden Befugnisse innehabe, so daß gemäß dieser Proklamation auch die totale administrative und exekutive Kontrolle der deutschen Polizei und Feuerwehr bei der Militärregierung lag.[205]
Die eigentliche zielgerichtete Reorganisation der deutschen Polizei begann, als 1945 in der britischen Besatzungszone neu instituierte Polizeieinheiten an die Stelle der Reichspolizei traten. Grundlage des Vorgehens der Besatzungsmacht bildete die von der Militärregierung am 25. September 1945 erlassene "Instruction on the Reorganisation of the German Police System in the British Zone"[206], die alle wesentlichen Intentionen und in Angriff zu nehmenden Maßnahmen der Neugestaltung des deutschen Polizeiaufbaus skizzierte. Zu den Hauptzielen in diesem zentralen Dokument zählten die Eliminierung der Nazibefehlsgewalt auf allen gesellschaftlichen Ebenen, die allgemeine Entnazifizierung, die Entmilitarisierung und Entwaffnung der Polizei, die Reform der polizeilichen Ausbildung und der Dienstbedingungen, die Begrenzung der Zuständigkeit der Polizei auf rein polizeiliche Aufgabenfelder, der völlige Verzicht der Polizei auf richterliche und legislative Gewalt[207] sowie die Sicherung vor gesetzwidrigen Verhaftungen und vor dem Festhalten in Polizeiarrest.

---

[204] Nordrhein-Westfalen und die Entstehung seiner parlamentarischen Demokratie, S. 181; vgl. auch ebd., S. 182-185
[205] Siehe Befugnisse der Public Safety, Oktober 1948, NRW HStAD, NW 152/12-13
[206] BAOR/38708/30/G(SDO 1 b) dokumentiert in Pioch, Das Polizeirecht einschließlich der Polizeiorganisation, S. 193-196, Anlage 5; siehe auch Schreiben: Setting up of Local Police Authorities, C.C.G.(BE), PS Branch Bünde an Legal Division, 22. November 1945, PRO, FO 945/100
[207] Via Polizeiverordnungen (Police Orders), Polizeiverfügungen (Specific Police Orders), gebührenpflichtige Verwarnungen (Warning Fees) und Strafverfügungen (Penal Orders) hatte die Polizei bis dato "richterliche und gesetzgeberische" Funktionen ausgeübt, die nunmehr durch die Besatzungsmacht aufgehoben wurden. Aber: aufgrund des teilweisen Mangels an Justizeinrichtungen gewährte die Mil.Reg. jedoch eine temporär begrenzte Ausnahme von § 14 der Anordnung vom 25. September 1945, indem sie beschloß, "einen Teil der augenblicklichen auszuübenden gesetzgebenden Gewalt dort durch die Polizei beizubehalten, ... wo sie zur Zeit schon zur Ausübung gelangt", wohlgemerkt, "nur auf Verkehrsunfälle beschränkt". Der Erlaß derartiger Strafverfügungen fiel - während der Übergangszeit (!) - in den Zuständigkeitsbereich der Polizeibehörden und durfte keinesfalls in die Hände der Polizeichefs gelegt werden.
Schreiben betr. Instruktion der Militärregierung über die Reorganisation des deutschen Polizeisystems in der britischen Zone, NRW HStA D, NW 152/1-2; vgl. NRW HStA D, RWN 15/4

Nachdem auch die Befehlsgewalt des deutschen Reiches durch diese Anordnung der Besatzungsmacht beseitigt worden war, womit die Abschaffung der Schutzpolizei des Reiches, der Gendarmerie und der Kriminalpolizei als staatlicher Organisationen einherging, war der Weg frei für die strukturelle Neuorganisation der deutschen Polizei entsprechend dem britischen Muster. In Großstädten mit mehr als 100000 Einwohnern wurden gesonderte Stadtkreis-Polizeieinheiten einschließlich Verkehrs-, Kriminal- und Verwaltungspolizeieinheiten unter der Leitung eines Polizeibefehlshabers geschaffen. Parallel hierzu entstand in jedem Regierungsbezirk[208] ebenfalls je eine eigene (Regierungsbezirks-)Polizeieinheit aus Teilen der Gendarmerie und Schutzpolizei kleinerer Stadtkreise (weniger als 100000 Einwohner) mit diversen Abteilungen und Unterabteilungen.[209] Wie geplant hatte die Besatzungsmacht hiermit also de facto die angelsächsische "Borough"- und "County"-Police-Struktur auf deutschen Boden übertragen. Da sich die Gestaltung des neuen Polizeisystems unübersehbar eng an die Grundsätze des britischen Systems anlehnte, ergab sich nunmehr die Notwendigkeit der Etablierung von Local Police Authorities (Polizeibehörden), die analog dem Vorbild der englischen und walisischen Standing Joint Committees als "Polizeiausschüsse" bezeichnet wurden. Nach Lage der Dinge hatten sich die Briten dazu entschlossen, in den Stadtkreisbezirken die Oberbürgermeister (!) und in den Regierungsbezirken die Regierungspräsidenten[210] als Übergangspolizeibehörde einzusetzen[211], da eine übereilte und unbedachte Konstituierung der aus Mitgliedern der Magistrate und möglicherweise auch aus Repräsentanten der Gerichte[212]

In England wurden Polizeiverordnungen unter besonderen Bedingungen von den Grafschafts- und Stadtvertretungen, nicht etwa von Polizeiausschüssen, beschlossen.
Vgl. Schneider, Die Umgestaltung des Polizeirechts in der britischen Zone, S. 253
[208] Die Länder Lippe, Braunschweig und Oldenburg wurden als Regierungsbezirke betrachtet.
[209] Gemäß der Mil.Gov. Instruction vom 25. September 1945 wurde die Polizei in der britischen Zone wie folgt organisiert:
18 RB Civil Police Forces,
22 Stadtkreis Civil Police Forces,
5 Waterways Police Forces,
6 Railway Police Forces.
Siehe Report of the Commission on the Police System in the British Zone of Germany an Lord Pakenham, 07. Januar 1948, PRO, FO 1013/137
[210] In Hamburg war der Regierende Bürgermeister, in den Ländern Oldenburg und Braunschweig der Innenminister und im Land Lippe der Landespräsident die örtliche Polizeibehörde.
[211] Siehe Secret Memorandum: The Re-organisation of the German Police System in the British Zone von G.H.R. Halland, IG PS Branch, 04. April 1946, PRO, FO 945/100; vgl. Schreiben Mil.Reg. Westfalen an Oberpräsident Provinz Westfalen, 16. April 1946, NRW HStA D, NW 152/19-20
Der Oberpräsident selbst wurde vorübergehend als örtliche Polizeibehörde für die Wasserschutzpolizei Münster eingesetzt. Von der Mil.Reg. wurde ihm ausdrücklich der Erlaß von Instruktionen an die Polizeichefs und Polizeibehörden untersagt.
Vgl. Schreiben HQ Mil.Gov. Westfalen Region an Oberpräsident Westfalen, 06. März 1946, PRO, FO 1013/130
[212] Darüber, ob auch wie in England (Laien-)Richter in den Polizeiausschüssen vertreten sein sollten, waren sich die Briten abschließend noch nicht einig. In einem Schreiben der PS Branch Bünde an die Legal Division vom 22. November 1945 (PRO, FO 945/100) hieß es dazu:"It is not

sich rekrutierenden Polizeiausschüsse nicht zuletzt aufgrund personalpolitischer Entscheidungen wenig ratsam erschien und zudem in kürzester Zeit kaum zu leisten war. Allerdings sollten die temporären Polizeibehörden baldmöglichst durch ordnungsgemäß errichtete ständige Polizeiausschüsse ersetzt werden. Unter der Oberaufsicht der Militärregierung stehend und unabhängig von der örtlichen Volksvertretung waren sie für die administrative "Kontrolle" der Polizei (Besoldung, Beschaffung von Unterkünften, Uniformen und Ausrüstung) verantwortlich, während den ebenfalls von der Militärregierung überwachten Polizeichefs die Zuständigkeit für Disziplin, Beförderungen, Ernennungen und die Führung des permanten Dienstbetriebs ihrer Polizeieinheit übertragen wurde.

Schon 1946 änderte sich diese provisorische Situation. Faktisch war die "Verselbständigung der Polizeichefs und ihre Loslösung von der allgemeinen Verwaltung" erfolgt, und "das Polizeiwesen ... ganz auf die Polizeichefs abgestellt und auf diese übergeleitet"[213]. Damit wurde eine Entwicklung in Gang gesetzt, die Innenminister Menzel vor dem nordrhein-westfälischen Landtag rückblickend als "Weg der Zersplitterung, ... Weg der Atomisierung der polizeilichen Kräfte" bezeichnete, der die Polizei letztlich den Weisungen des Innenministers und der Kontrolle durch den Landtag direkt entzog.[214] Vermittels der polizeilichen Kompetenzenauffächerung zwischen Polizeiausschuß und Polizeichef und darüber hinaus der Abschaffung der Verwaltungspolizei als besonderer Organisation innerhalb des Polizeisystems durch die Funktionsverlagerung auf die zivile Verwaltung war in praxi ein völlig neuer Zustand geschaffen worden, der nicht nur eine Schmälerung der bisherigen staatlich-administrativen Polizeigewalt bedeutete, sondern gleichzeitig auch deutlich das Ende des überkommenen deutschen Polizeisystems markierte, für die Zwecke der Militärregierung "to ensure the effective democratisation of the German police" freilich geeignet war.[215] Als am 19. November 1945 die Oberpräsidenten und Ministerpräsidenten der britischen Zone in Detmold konferierten, nutzte Inspector General Halland, C.C.G.(BE) Public Safety, die Gelegenheit, um diesen das grundlegend Neue der

---

known at present whether it is intended to appoint in Germany any official corresponding to the English lay justices." Die PS Branch befürwortete jedoch grundsätzlich die Repräsentanz von Richtern in den Polizeiausschüssen. Hüttenberger (Nordrhein-Westfalen und die Entstehung seiner parlamentarischen Demokratie, S. 187) nimmt dies indes schon als gegeben an.

[213] Siegfried Middelhaufe, Der derzeitige Stand der Gesetzgebung auf dem Gebiete des Polizeirechts mit besonderer Berücksichtigung des Landes Nordrhein-Westfalen, S. 29 (Druckschrift in: Nachlaß Middelhaufe, NRW HStA D, RWN 15/9)

[214] Rede des Innenministers über Polizeifragen in der Sitzung des Landtags von Nordrhein-Westfalen am 13. Januar 1949 (Druckschrift in: Nachlaß Middelhaufe, NRW HStA D, RWN 15/1-2, hier: S. 4; im folgenden beziehen sich die Seitenangaben immer auf diese Druckschrift.) Als verantwortlicher Minister gab Menzel in seiner Rede einen knappen und informativen Überblick über die Polizeiverhandlungen mit der Mil.Reg. und die dabei auftauchenden Probleme aus deutscher Sicht.

[215] Schreiben C.C.G.(BE), PS Bünde an Legal Division, 22. November 1945, PRO, FO 945/100; vgl. auch Hüttenberger, Nordrhein-Westfalen und die Entstehung seiner parlamentarischen Demokratie, S. 187

bereits eingeleiteten Reorganisation der Polizei zu kommentieren.[216] Über die Zielrichtung und Entschlossenheit der Besatzungsmacht ließ Halland dabei keinen Zweifel aufkommen. Es sei der feste Wille der Briten, die Polizei in eine demokratisch kontrollierte zivile Körperschaft von "trusted servants of the public" umzuformen und mit der alten deutschen Tradition paramilitärischer "guardians of the citizens" zu brechen.[217] Deshalb hätten vorrangig zwei Umstrukturierungsmaßnahmen von fundamentaler Bedeutung für die Entwicklung eines demokratisch kontrollierten Polizeigefüges eingeleitet werden müssen: Zum einen die Dezentralisierung der Polizei durch Gründung von 40 im Rahmen des Gesetzes unter der Leitung weitgehend autonomer Polizeichefs stehender Polizeieinheiten in der britischen Zone; dadurch sei numehr "national command of the police" ausgeschaltet worden. Zum anderen die Errichtung lokaler Polizeibehörden in form von "statutory committees of a representative charakter", deren Aufbau, Funktionen und Vollmachten explizit per Gesetz geregelt sein müßten und deren Zuständigkeitsbereich ausschließlich Befugnisse administrativ-finanzieller Art umfassen dürfe.[218] Um innerhalb dieses Systems polizeilicher Dezentralisierung größtmögliche Effizienz, Einheitlichkeit der Dienstbedingungen und Arbeitsmethoden sowie die Koordinierung gemeinsamen Vorgehens zu gewährleisten, müsse überdies eine zivile Polizeiabteilung auf höherer administrativer Ebene geschaffen werden, die "higher control" über die Polizei ausübe, der ferner auch die Bestätigung der Ernennung von Polizeichefs und die Zuständigkeit bei Petitionen einzelner Polizeibeamter in Disziplinarfällen obliege. Später wurde dann im Zuge der Konstituierung der Länder eine spezielle Abteilung in den Innenministerien eingerichtet; in Nordrhein-Westfalen war dies die Abteilung IV "Öffentliche Sicherheit". Vorläufig jedoch galt:"In the formative period all these functions will, however, be closely controlled by Military Government."[219] Und prinzipiell sowieso:"Mil.Gov. will have power for the time being to approve or veto *all* acts of local police authorities."[220]
Ausgehend von den bis dato grundgelegten Strukturen des neuen deutschen Polizeisystems erwogen die Briten eine Spezifizierung und Weiterentwicklung einer Reihe dieser Initialmaßnahmen quasi als "safeguards for the future", die indirekt schon Prioritätsanforderungen an künftige Gesetzeswerke erwarten ließen. Im einzelnen galten als diskussionsrelevant: Verfassungsmäßiger Status des Polizeibeamten sowie dessen gesetzlich legitimierte Befugnisse, Vollmachten

---

[216] Vgl. Address by the Inspector General, Public Safety, on the Reorganisation of the German Police, to conference of Oberpräsidenten and Ministerpräsidenten in the British Zone, at Detmold on the 19th November, 1945, PRO, FO 945/100
[217] Vgl. auch Memorandum on the German Police System, November 1944, PRO, FO 945/100 sowie Reusch, Deutsches Berufsbeamtentum und britische Besatzung 1943-1947, S. 196
[218] Vgl. zudem: Setting up of Local Police Authorities, C.C.G.(BE), PS Bünde an Legal Division, 22. November 1945, PRO, FO 945/100
[219] Address by the Inspector General, Public Safety, on the Reorganisation of the German Police, to the conference of Oberpräsidenten and Ministerpräsidenten in the British Zone, at Detmold on the 19th November, 1945, PRO, FO 945/100
[220] Setting up of Local Police Authorities, C.C.G.(BE), PS Bünde an Legal Division, 22. November 1945, PRO, FO 945/100

und Zuständigkeiten des Polizeichefs, Polizeieinheit und -bezirk, Stellung der örtlichen Polizeibehörde, ministerielle Überwachung der Polizei, zukünftige Bedingungen für den Polizeidienst.[221] Den Deutschen oblag nunmehr die verpflichtende Aufgabe, die Vorgaben der Besatzungsmacht aufzugreifen und in legislatorischer Form für die Praxis praktikabel zu machen. Nordrhein-Westfalen kam als Kernland der britischen Zone in diesem Prozeß zweifelsohne eine Schlüsselrolle zu.
Offenbar ahnten die Briten längst die Konsequenzen ihres Vorhabens, deren Tragweite schien ihnen vollends freilich erst sukzessive bewußt zu werden, wie ein britischer Untersuchungsbericht durchblicken ließ:"The English system was something new to Germany and in many respects foreign to their mentality. The idea of Police Committees and Chiefs of Police with independent functions was an innovation. The idea of the policeman as the friend and servant of the community was a minor revolution in a Germany where he has always been regarded as an 'enemy of the public' and an instrument of the State. The ideal of co-operation between the police and the public would have to be taught and taught slowly."
Jedenfalls lautete fortan das Motto der Besatzungsbehörde in puncto deutsches Polizeisystem:"... giving the new machine time to work."[222]

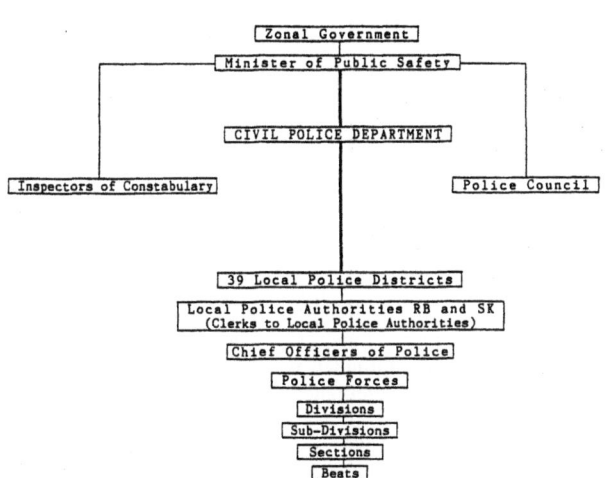

Abb. 3 Quelle: PRO, FO 945/100 (modifizierte Darstellung)

---

[221] Vgl. geheimes Memorandum: The Re-organisation of the German Police System in the British Zone, 04. April 1946, PRO, FO 945/100
[222] Report of the Commission on the Police System of the British Zone of Germany an Lord Pakenham, 07. Januar 1948, PRO, FO 1013/137

2. Exkurs: Eigenart des britischen Polizeisystems nach dem Zweiten Weltkrieg

An dieser Stelle seien nun noch einige Bemerkungen eingefügt, die versuchen, dem Wesen des angelsächsischen Polizeisystems und seinen Besonderheiten in den Nachkriegsjahren auf die Spur zu kommen und dessen vermeintliche Vorbildhaftigkeit für den mehrjährigen Aufbauprozeß des deutschen Polizeiwesens erkennbar zu machen. Um das Eigentliche des britischen Polizeisystems, seine mitunter komplexen und komplizierten, der deutschen Polizeitradition so diametral engegenstehenden Strukturen nachvollziehen und ihm gerecht werden zu können, muß man sich bewußt machen, daß dessen Ursprünge, wie die vieler britischer Institutionen, weit in die Vergangenheit zurückreichen, es gleichsam als empirisches, eher zufälliges Ergebnis "of a gradual growth from early Saxon times"[223] denn als Resultat konsequenter Planung betrachtet werden muß.[224] Ruft man sich fernerhin in Erinnerung, was der britische Militärgouverneur Robertson am 07. April 1948 vor dem nordrhein-westfälischen Landtag über die Polizei sagte, so war diese Aussage nicht nur zukunftsprogrammatisch für die neue deutsche Polizei zu verstehen, sondern ließ zugleich auch durchblicken, welchem Ideal das britische Polizeisystem verpflichtet war:"Es ist unser Ziel und auch das Ihre, daß die Polizeigewalt eine demokratische Kraft darstellt, die ein Diener der Öffentlichkeit und Beschirmer der demokratischen Freiheit ist. Die Polizei muß schlagkräftig, diszipliniert und unparteiisch sein, sie muß in der Lage sein, erfolgreich gegen asoziale Elemente aufzutreten, und sie muß dem Einfluß von Privatpersonen, politischen Parteien oder organisierten Gruppen entrückt sein."[225] Bis heute ist ein markantes Kennzeichen der britischen Polizei der wohl jedem Englandreisenden von Angesicht bekannte, traditionellerweise unbewaffnete[226] Constable, besser bekannt unter seiner umgangssprachlichen Bezeichnung "Bobby", ein Schutzpolizist, dessen ziviler Status innerhalb des Polizeisystems einen herausgehobenen Stellenwert besitzt, der im besonderen darin gründet, daß er als "representative citizen who performs in a paid and professional capacity duties which the whole body of citizens have powers and certain important obligations to perform at Common Law"[227] anerkannt und nicht als verlängerter Arm zentraler oder lokaler Behörden empfunden wird. Und weil er jemand aus dem Volk ist, der den professionell-polizeilichen Dienst für und im Auftrag

---

[223] Notes on the British Police System (= Anhang 'C' zum geheimen Memorandum: The Reorganisation of the German Police System in the British Zone, 04. April 1946), PRO, FO 945/100

[224] Vgl. Schneider, Die Umgestaltung des Polizeirechts in der britischen Zone, S. 246
Zu den geschichtlichen Wurzeln des britischen Polizeisystems siehe beispielsweise E.W. Lotz, Gedanken zum neuen Polizeirecht, in: Die Polizei, Nr. 5/6 Juni 1948, S. 49f., ebenso den Überblick in Pioch, Das Polizeirecht einschließlich der Polizeiorganisation, S. 79f.

[225] Stenographischer Bericht der 40. Landtagssitzung, 07. April 1948, S. 270

[226] Unbewaffnet bedeutet ohne Schußwaffe, lediglich mit einem Schlagstock ausgerüstet.

[227] Notes on the British Police System, PRO, FO 945/100

seiner ihm gleichberechtigten Mitbürger - die im Grunde alle selbst polizeiliche Machtbefugnisse haben, diese aber unter den Bedingungen der modernen Zivilisation freilich nicht gemeinsam ausüben können - versieht, ist er populär, und auch das ganze Polizeisystem an sich muß notwendigerweise populär sein, auf das Volksempfinden Rücksicht nehmen, um sich des Rückhalts in der Bevölkerung sicher zu sein. Folglich ist jene Polizei vortrefflich, die " 'ein Maximum von Schutz gewährt gegenüber einem Minimum von Einmischung in die gesetzlich gewährleistete Freiheit des Individuums' "[228]. Nicht ohne Stolz erwähnte denn auch die Besatzungsmacht, daß die höfliche, zuverlässige, stets zuvorkommende und schützende Haltung des Constable gegenüber dem Bürger maßgeblich zum Erfolg des englischen Polizeisystems im allgemeinen und zu einem vertrauensvollen Verhältnis zwischen Polizei und Öffentlichkeit im besonderen beigetragen habe.[229] Für den Briten ist seine Polizei, wie Lautenschläger prägnant bemerkt, "eine recht konkrete Sache", d.h. eine Schutzmannschaft, deren Aufgabe die Aufrechterhaltung von Sicherheit und Ordnung im Staate ist, weshalb ihre Vollmachten einer genauen gesetzlichen Regelung bedürfen, die aber zugleich auch diszipliniert, angemessen besoldet und von der Ausstattung her up to date sein müsse.[230] Hüttenberger führt diese typisch britische Perspektive auf eine spezifische Staatsauffassung zurück, die "den Staat nicht, wie die Deutschen, als eine übergeordnete, von Gesellschaft und Bürgern getrennte Obrigkeit ansah, sondern vielmehr als eine aus der Bürgerschaft sich herausentwickelnde Institution, in der Verwaltungsakte eben nicht mit den Mitteln der Polizei durchzusetzen sind"[231].

Ihre eigentliche Entstehung verdankt die moderne britische Polizeiorganisation der Peel'schen Reform, benannt nach dem damaligen Innenminister Sir Robert Peel, der 1829 eine längst überfällige Neuorganisation der Londoner Polizei in Angriff nahm, nachdem er schon zuvor in seiner Funktion als Staatssekretär von Irland am dortigen Aufbau neuer Polizeiformationen (Royal Irish Constabulary) erfolgreich beteiligt war.[232] Die englische und walisische Polizei, die im September 1939 eine Gesamtstärke von 65846 Polizeibeamten[233] aufwies, gliederte sich in einzelne Polizeieinheiten (Forces), d.h. einzelne Abteilungen von Polizeibeamten, deren Aufgabensphäre sich auf die Aufrechterhaltung von Gesetz und Ordnung sowie die Prävention und Aufdeckung von Straftaten in einem separaten Police District, dem sie zugeordnet sind, erstreckte. Ein solcher Polizeibezirk, von denen es zum selben Zeitpunkt 181 gab, stand jeweils unter der Leitung eines Chief Officer of Police, auch Chief Constable genannt, und besaß seinen eigenen Finanzfonds (Fund) zur Begleichung polizeilicher Aufwendungen. Zudem hatte

---

[228] Karl Lautenschläger, Das Wesen der englischen Polizei, in: Die Polizei, Nr. 1/2 April 1948, S. 12
[229] Vgl. Notes on the British Police System, PRO, FO 945/100
[230] Das Wesen der englischen Polizei, S. 12
[231] Nordrhein-Westfalen und die Entstehung seiner parlamentarischen Demokratie, S. 187; vgl. auch Werkentin, Der Wiederaufbau der Polizei in Nordrhein-Westfalen, S. 149
[232] Vgl. Lautenschläger, Das Wesen der englischen Polizei, S. 12
[233] Siehe Notes on the British Police System, PRO, FO 945/100; auch im folgenden wird hierauf wiederholt bezug genommen.

jede Polizeieinheit einen Administrative Service: Criminal Investigation Department, Special Branch, Traffic Branch etc. Für England und Wales können vier Arten von Polizeibezirken unterschieden werden: City of London (Stadtkern), Metropolitan Police District (Großraum London)[234], County Police District (Grafschaft) und City/Borough Police District (Großstädte). Die Polizeieinheiten dieser Districts waren alle autonome Einrichtungen und unterstanden keiner zentralen Lenkung.[235] Von den 181 Polizeibezirken im Jahre 1939 besaßen 180 - ausgenommen der Metropolitan Police District - einen Polizeiausschuß ("representative statutory body") mit der primären Zuständigkeit für die Versorgung der Polizeieinheit: Im Borough Police District das Watch Committee, im County Police District das Standing Joint Committee und speziell in der City of London der Common Council. Diese Polizeiausschüsse wurden als Local Police Authority (Polizeibehörde) bezeichnet. Historisch bedingt bestanden zwischen Standing Joint Committee und Watch Committee hinsichtlich Befugnissen und Zusammensetzung allerdings Unterschiede, die teilweise auf Bestimmungen aus der ersten Hälfte des 19. Jahrhunderts zurückgehen. Durch die Municipal Corporations Acts von 1835 und 1882 wurde den Boroughs das Recht zur Unterhaltung eigener Polizeieinheiten eingeräumt und zudem festgelegt, daß die Stadtvertretung (Municipal Council) ein Watch Committee bestimmen müsse, dessen Mitglieder dem Municipal Council angehören, aber auf maximal ein Drittel - mindestens jedoch drei - begrenzt sein mußten.[236] Als selbständige gesetzliche Körperschaft war das Watch Committee für die Sicherung der Leistungsfähigkeit der Police Force verantwortlich, wählte den Chef der Polizei, ernannte die Polizeibeamten der Einheit, war zuständig für deren Beförderungen und Versetzungen und leitete als Disziplinary Authority auf rechtlicher Basis in notwendigen Fällen auch Disziplinarmaßnahmen ein. Was finanzielle Belange angeht, so war das Watch Committee von der Stadtvertretung abhängig. Ein Beamter des Magistrats erfüllte in der Regel die Aufgabe eines Geschäftsführers ohne Arbeitsstab, indem er die Sitzungen des Polizeiausschusses - die häufiger als die der Standing Joint Committees stattfinden - vorbereitete und protokollierte.[237]

Anders als in den Boroughs hat sich seit dem 12. Jahrhundert die Entwicklung in den Grafschaften vollzogen. Dort bildete sich im Laufe der Zeit ein System heraus, in dem die Kontrolle über die Polizei sowie über andere Angelegenheiten örtlicher Behörden auf das Amt des Friedensrichters (Justice of the Peace) übergegangen ist. Ursprünglich erschien diese Methode individueller und persönlicher Kontrolle wohl vor allem wegen der zerstreut liegenden Bezirke als die einzig

---

[234] Gebiete des London County Council, County of Middlesex, Teile der Counties of Kent, Surrey, Hertfordshire und Essex und noch andere Metropolitan Boroughs.
[235] Vgl. Karl Brunke, So sah ich England und seine Polizei, in: Die Polizei, Nr. 7/8 Juli 1948, S. 90
[236] Zumindest erstaunlich ist, daß auch der Bürgermeister als Gemeindeverfassungsorgan Mitglied des Polizeiausschusses war, ein Umstand, der für Deutschland als sehr problematisch angesehen wurde. Siehe S. 74f. dieser Arbeit
[237] Vgl. Brunke, So sah ich England und seine Polizei, Nr. 9/10 August 1948, S. 111. Brunke weist zudem darauf hin, daß dem englischen Polizeiausschußsystem ein Typus von Geschäftsführer, wie er für Deutschland geplant wurde, fremd sei.

adäquate, bis dann 1888 durch die Local Government Act in allen Grafschaften County Councils als representative Government etabliert wurden. Als von 1839 bis 1856 sukzessive organisierte Polizeieinheiten ins Leben gerufen wurden, lag es nahe, den Justice of the Peace an den unteren Grafschaftsgerichten als zuständige Polizeibehörde für die County Police einzusetzen. Im weiteren Verlauf der Entwicklung wurden dann eigenständige Körperschaften, die sog. Standing Joint Committees, errichtet, da eine Subordination der Polizeieinheiten unter die County Councils für nicht geeignet erachtet wurde. Diese Standing Joint Committees setzten sich zur einen Hälfte aus Friedensrichtern und zur anderen Hälfte aus County Councillors, die vom County Council bestimmt wurden, zusammen. Aber im Gegensatz zum Watch Committee des Borough-Polizeibezirks war das Standing Joint Committee finanziell unabhängig vom County Council, besaß jedoch keine disziplinarrechtlichen Befugnisse; diese übte hier ausschließlich der Chief Constable aus, dem auch die Personalentscheidungen oblagen.[238]
Eine Sonderstellung nahm indes der Metropolitan Police District - er umfaßt ein Gebiet von 700 Quadratmeilen - ein, weil es dort keine lokale Polizeibehörde in Form eines Polizeiausschusses gab, wie dies ja für die Borough- und County-Polizeibezirke charakteristisch war. Hier oblagen Leitung und Kontrolle vielmehr dem Innenminister (Home Secretary), der in Personalunion sowohl zentrale als auch örtliche Polizeibehörde der Metropolitan Police (besser bekannt als "Scotland Yard", seit 1967 "New Scotland Yard") war und seine Aufgaben durch einen von der Krone ernannten Commissioner und Assistant Commissioners ausführen ließ. Abgesehen von ihrer eigentlichen Bestimmung, Recht und Ordnung aufrecht zu erhalten, sind der Metropolitan Police auch eigens Funktionen von nationaler Relevanz, beispielsweise der Schutz der königlichen Personen und des Parlaments, überantwortet. Unübersehbar trägt die Metropolitan Police somit als einzige Züge einer staatlichen Polizei, was jedoch nicht bedeutet, daß die Briten grundsätzlich beabsichtigten, "to set up a rigid State system of Police within the Metropolitan Police District"[239]. Im Gegenteil, diese Methode wurde als - typisch britischer - Kompromiß verstanden, der Metropolitan Police als größter Municipal Force im Land in einem gewissen Maße auch national belangvolle Obliegenheiten zu übertragen, freilich nicht ohne ihr quasi als Dienstleistungsausgleich eine jährliche finanzielle Sonderzuweisung von 100000 Pfund Sterling zu gewähren und zwecks Besoldung des Commissioners und der Assistant Commissioners außerdem einen extra Zuschuß. Für die gesamte Finanzverwaltung der Metropolitan Police ist ein unabhängiger Receiver verantwortlich. Darüber hinaus unterliegt der Metropolitan Police Fund einer Prüfung durch das Public Accounts Committee des House of Commons, also einer demokratischen Parlamentskontrolle.
Ähnlich dem Polizeisystem der Boroughs und Counties war wiederum das der City of London organisiert, d.h. auch hier existierte ein spezieller Polizeiausschuß des Common Council; geführt wurde die City Police Force jedoch nicht

---

[238] Vgl. hierzu die analogen Bestimmungen der VO Nr. 135 der Mil.Reg.
[239] Notes on the British Police System, PRO, FO 945/100

von einem Chief Constable, sondern von einem durch den Innenminister im Auftrag der Krone bestätigten Commissioner.[240]
Ob Borough, County, London City oder Metropolitan Police, gemeinsam ist allen Police Forces der gleichsam als "all-round man" seinen Dienst leistende Constable, ohne daß grundsätzliche Unterschiede - abgesehen von erforderlichen Spezialisierungen, die aber keine Machterweiterung nach sich ziehen - hinsichtlich Status, Dienstbedingungen und Grundausbildung erkennbar sind. Gerade hierin erblickten die Briten einen ungeheuer positiven Gegensatz zum deutschen Polizeisystem vor der Reorganisation:"A sharp contrast can be drawn here with the German system, with its separate branches, subject to separate chains of control, such as the Schutzpolizei, the Gendarmerie, Kriminalpolizei, Gestapo, Sicherheitsdienst, Administrative Police and so on."[241] Jeder britische Polizeibeamte hat unabhängig von seinem Dienstgrad das Amt eines Constable inne. Britischem Verständnis zufolge ist er und soll er sein "public servant", dessen Befugnisse durch Common Law genauestens definiert und eng begrenzt sind. Privilegien besitzt der englische Constable keine, vielmehr haftet er für die Gesetzmäßigkeit seiner Diensthandlungen persönlich. Und dennoch: Als "officer of the Crown", der im Namen des königlichen Souveräns handelt, besitzt er zumindest vordergründig ein gewisses Prestige, wenn auch primär hierdurch zum Ausdruck kommt, "daß die Krone der alleinige, höchste Beziehungspunkt ist, von dem sich alle polizeiliche Tätigkeit ableitet" und dem englischen Polizeiwesen trotz geringer zentraler Direktion Zusammenhalt und Einheit gewährleistet.[242]
Es stellt sich nunmehr die Frage, welche Rolle einer höheren staatlichen Instanz innerhalb des britischen Polizeisystems, das von seiner grundlegenden Struktur her unübersehbar eine Angelegenheit der lokalen Selbstverwaltung war, zugemessen wurde. Wie gesehen, zählte - mit Ausnahme des Metropolitan Police Districts - die Gewährleistung der Leistungsfähigkeit ihrer Polizeieinheiten zu den vorrangigen Aufgaben der lokalen Polizeibehörden. Weil aber das Überleben eines Staates an die Aufrechterhaltung von Recht und Ordnung gebunden ist, war es nur konsequent, "some degree of central supervision and co-ordination" in den Polizeiaufbau zu integrieren. Diese oberste zentrale Kontrollfunktion nimmt in England der Home Secretary wahr, dem im Home Office "a strong" Police Department mit Zivilbediensteten und drei vom König - gemäß der County and Borough Act von 1856 - ernannten Inspectors of Constabulary zur Verfügung steht.[243] Die Inspectors of Constabulary inspizieren die örtlichen Police Forces und erstatten dem Home Secretary über deren Zustand und Leistungsfähigkeit Bericht. Im Falle konstatierter Mängel obliegt dem Home Secretary das Recht, staatliche Subventionen ganz oder teilweise einzubehalten. Um sich über die Wirksamkeit dieser Maßnahme Klarheit zu verschaffen, ist ein kurzer Blick auf das eigentümliche Finanzierungssystem der britischen Polizeiorganisation

---

[240] Vgl. Schneider, Die Umgestaltung des Polizeirechts in der britischen Zone, S. 248f.
[241] Notes on the British Police System, PRO, FO 945/100
[242] Schneider, Die Umgestaltung des Polizeirechts in der britischen Zone, S. 257f.
[243] Notes on the British Police System, PRO, FO 945/100

nötig.[244] Bekanntlich besaß jede einzelne Police Force ihren eigenen Finanzfonds, aus dem alle polizeilichen Aufwendungen bestritten werden mußten. Abgesehen von geringfügigen Einnahmen etwa durch Erhebung von Strafgeldern wird der Haushalt einer Polizeieinheit mehrheitlich zu gleichen Teilen von der örtlichen Selbstverwaltungskörperschaft - die allein freilich finanziell überfordert wäre - und dem Home Office finanziert.[245] Konkret bedeutete dies, daß sich die Polizeieinheiten durch ordnungsgemäßes Wohlverhalten und angemessene Leistung den jährlichen Staatszuschuß, auf den sie zur Deckung ihrer Kosten unbedingt angewiesen sind, "verdienen" müssen. Für die Gemeinden bestand die Möglichkeit der Finanzierung ihres fünfzigprozentigen Beitrags zum Polizeietat der Forces durch Erhebung von Steuern. Über dieses System der Exchequer Grants wurde dem Home Secretary die Möglichkeit "eine(r) unmittelbare(n) und verdeckte(n) Einwirkung auf das lokale und regionale Polizeiwesen" eröffnet, denn seinen "Wünschen, Auskünften, Anregungen und Ratschlägen" werden die Polizeiausschüsse und ihre Einheiten aufgrund finanzieller Abhängigkeit von der Zentralinstanz nachkommen müssen.[246] Allerdings hatte der Innenminister zumindest in den ersten Nachkriegsjahren bis 1948 offensichtlich keine Veranlassung, dieses Mittel der Einflußnahme einzusetzen.[247] Weiterhin war dem Home Secretary per Polizeigesetz (Police Act 1919) die Bestätigung der Polizeichefs anheimgegeben, die Autorisierung zum Erlaß allgemeiner Bestimmungen bezüglich kooperativer Hilfeleistungen zwischen den einzelnen Polizeieinheiten sowie statutory regulations über Dienstbedingungen, Ausrüstung, Beförderungen und Besoldung übertragen, die Zustimmung des Police Councils, eines nationalen Gremiums der örtlichen Polizeibehörden, der Polizeichefs und der Police Federation (Interessenvertretung der Polizeibeamten), vorausgesetzt. Ein auch nur oberflächlicher Vergleich mit den Polizeibefugnissen eines deutschen Innenministers der Weimarer Ära brachte hier indes schon ein deutliches Machtgefälle zuungunsten des britischen Home Secretary zutage.
Zur Gewährleistung landesweiter Einheitlichkeit wurde die Pensionsregelung für Polizeibeamte durch die Police Pensions Act von 1921 festgeschrieben. Im Falle der Entlassung aus ihrer Polizeieinheit oder bei vermeintlich ungerechtfertigter Disziplinarstrafe haben britische Polizeibeamte zudem ein Appellationsrecht - geregelt in der Police Appeals Act von 1927 - an den Home Secretary. Regelmäßige Konferenzen der Chief Officers und Chief Detective Officers jeweils im Rahmen speziell eingerichteter co-ordination districts - insgesamt acht - sollten eine enge

---

[244] Vgl. hierzu: Schneider, Die Umgestaltung des Polizeirechts in der britischen Zone, S. 251f.; vgl. auch Brunke, So sah ich England und seine Polizei, Nr. 9/10, S. 111
[245] Ein Beispiel mag dies verdeutlichen: Der gesamte Polizeietat der 524 Mann starken Constabulary des County Devon (Gesamteinwohnerzahl 449476) hatte für 1938/39 ein Volumen von 208914 Pfund Sterling. Abzüglich eigener Einkünfte von 14511 Pfund Sterling standen der County Police Force 194403 Pfund Sterling an Zuschüssen zur Verfügung, die je zu 50% von der Local Authority der Grafschaft und der Central Government finanziert wurden. Damit konnten Aufwendungen hauptsächlich für Besoldung, Kleidung, Ausrüstung, Gebäude, Pensionen und Gratifikationen abgedeckt werden. Vgl. Notes on the British Police System, PRO, FO 945/100
[246] Schneider, Die Umgestaltung des Polizeirechts in der britischen Zone, S. 259
[247] So die Auskunft von Brunke, So sah ich England und seine Polizei, Nr. 9/10, S. 111

Zusammenarbeit zwischen den Polizeieinheiten fördern. Außerdem standen die örtlichen Polizeiausschüsse und ihre Befehlshaber in ständigem Kontakt mit dem Police Department im Home Office. Schließlich sollten auch die häufigen Inspektionsbesuche der Inspectors of Constabulary bei den Police Forces ihren Teil zu einem übergreifenden Zusammenwirken beitragen.
Abschließend sollen die Kernmerkmale, die das Wesentliche des britischen Polizeisystems in den Nachkriegsjahren - das im übrigen auch seine Wirkung auf die Dominions und Gebiete des ehemaligen Empire nicht verfehlt hat - im Zeitraum dieser Untersuchung ausmachten, kurz resümiert werden[248]:
1. Großbritannien kennt keine staatliche Polizeiorganisation, ebenso existiert auch keine zentrale Kontrolle über die Chefs der einzelnen Polizeieinheiten.
2. Kennzeichnend für das angelsächsische Polizeiwesen ist vielmehr ein Polizeiausschußsystem auf der Ebene örtlicher Polizeibezirke (Borough/County).
3. In diesem System hat der primär für die Verbrechensprävention eigenverantwortliche "civilian" Constable als friedlicher und kooperativer "servant" der Öffentlichkeit und Crown Officer innerhalb seines Reviers in Zusammenarbeit mit seiner Einheit, jedoch unabhängig von direkter zentraler Kontrolle, seinen festen Platz.
4. Polizeiangelegenheiten von überregionalem Belang werden von der Metropolitan Police wahrgenommen.
5. "Close and traditional partnership between local and central Authority beeing a strong and unique feature of the british system."
Für den britischen Polizeifachmann erschien freilich ein Vergleich dieses eigenen "simple system" (siehe Abb. 4) mit dem "elaborate and rigid system of executive control over the German Police set up at the Reich level by the Nazi Party since 1933" für sich selbst zu sprechen.[249] "Subordination" ist dem britischen Polizeiwesen ein Fremdbegriff.[250]

---

[248] Vgl. wiederum: Notes on the British Police System, PRO, FO 945/100
[249] Ebd.
[250] Vgl. Schneider, Die Umgestaltung des Polizeirechts in der britischen Zone, S. 249

British Police Controls: Central and Local

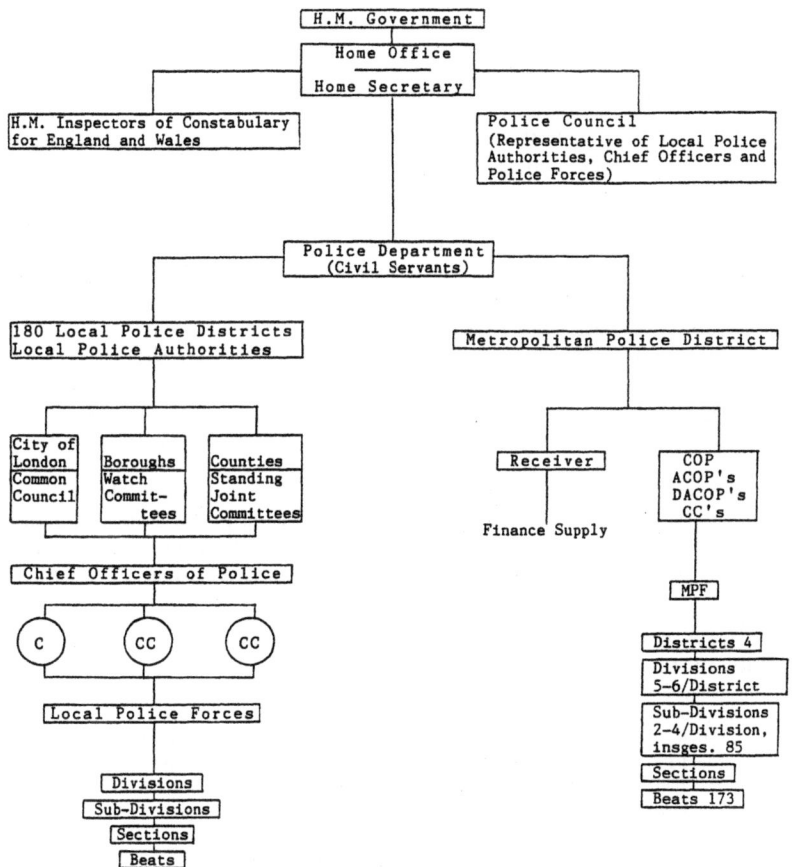

Abkürzungen:
C = Commissioner, CC = Chief Constable, COP = Commissioner of Police,
ACOP = Assistant Commissioner of Police, DACOP = Deputy Assistant
Commissioner of Police, MFP = Metropolitan Police Force

Abb. 4   Quelle: PRO, FO 945/100 (modifizierte Darstellung)

3. "Memorandum zur Anleitung für die Landesregierung für die Übernahme der Verantwortlichkeit für Verwaltung und Aufrechterhaltung der deutschen Polizei und Feuerwehr"

Mit der Verordnung Nr. 57 der Militärregierung war die Voraussetzung und Grundlage für die deutsche Nachkriegsgesetzgebung geschaffen, mit dem zeitgleich übergebenen Memorandum waren die Richtlinien für ein zu schaffendes deutsches Polizeigesetz vorgegeben. In besagter Denkschrift vom 30. November 1946 gab die Militärregierung ihre Entscheidungen bezüglich des deutschen Polizeiwesens bekannt.[251] So sollte der Landesregierung die Verantwortlichkeit im Bereich der Polizeiverwaltung und -unterhaltung übertragen werden. Als Termin für das Inkrafttreten des Beschlusses war der 01. Januar 1947 vorgesehen. Die Militärregierung wünschte eine Beibehaltung des bis dato schon bestehenden, von ihr aufgebauten Systems separater lokaler Polizeieinheiten - die Aufstellung dieser Police Forces begann in der britischen Zone am 01. Oktober 1945[252] -, zu deren Verwaltung und Gewährleistung ihrer Leistungsfähigkeit nunmehr die Schaffung örtlicher Polizeibehörden als notwendiger Folgeschritt erachtet wurde. Diesen wurde ganz offiziell der Status einer autonomen Körperschaft zugeschrieben, d.h. sie durften "unter keinen Umständen als blosse Nebenstellen oder Instrumente der Landesregierung"[253] gelten. Was die Bildung dieser lokalen Polizeiausschüsse anbelangt, so wurden nähere Einzelheiten in der dem Polizeimemorandum als Anlage 'A' beigefügten Entwurfsverordnung über die Errichtung von Polizeiausschüssen dargelegt.[254] Da sich die Militärregierung zur Übertra-

---

[251] Vgl. NRW HStA D, NW 179/12, Bl. 7-15
[252] Vgl. Pioch, Das Polizeirecht einschließlich der Polizeiorganisation, S. 82
[253] NRW HStA D, NW 179/12, Bl. 7
[254] Die Aufgaben eines Polizeiausschusses definierte die Entwurfsverordnung unter Ziffer 7., Abschnitt (1), wie folgt:
"Ein Polizei-Ausschuss ist hinsichtlich seines eigenen Polizeibezirks verantwortlich für die Polizeieinheit und Polizeiangelegenheiten sowie für die Angelegenheiten des Ausschusses selbst und insbesondere (jedoch nicht ausschliesslich) für folgende Angelegenheiten:
(a) Den Leistungsgrad der Polizei
(b) Die Stärke der Polizei
(c) Die Unterbringung und sonstige Betreuung der Mitglieder der Polizei
(d) Die Ernennung, Ernennungsbedingungen oder Entlassungen des Chefs der Polizei aus seinem Amte infolge schlechter Führung oder mangelhafter Leistung
(e) Die Ernennung, Ernennungsbedingungen oder Beendigung des Amtes eines gesetzlich qualifizierten Sekretärs (Clerk) des Polizei-Ausschusses oder eines unter diesem arbeitenden Stabes oder anderer etwaiger Beamter oder sonstiger Mitarbeiter
(f) Bürounterbringung für den Clerk und seinen Mitarbeiterstab
(g) Hausbeschaffungen für Sitzungen des Polizei-Ausschusses
(h) Vorbereitungen von eingehenden Haushaltsplänen für Ausgaben und deren Vorlage höheren Orts
(i) Die Rückzahlung von Geldern, die dem Polizei-Ausschuss gewährt oder sonstwie von diesem eingenommen worden sind
(j) Eine genaue Buchführung und Verwahrung von Quittungen über alles eingegangene oder ausgezahlte Geld und die Vorlage dieser Bücher zur Prüfung durch höhere Behörden."

gung der Befugnisse auf dem Gebiet des Polizeiwesens auf die Landesregierung entschieden hatte, sah sie es als ratsam an, "den Erlass dieser Verordnung hinauszuschieben und diesen bedeutsamen Schritt von der Landes-Regierung selbst unternehmen zu lassen"[255], wobei die Militärregierung besonders auf die Beachtung der in ihrer Entwurfsverordnung dargelegten Wahlmethode und Zuständigkeit der Polizeiausschüsse hinwies. Die Wahl der Polizeiausschüsse erfolgte zwar durch die Vertretungskörperschaften der Landkreise bzw. Städte, diese waren jedoch "auf keinen Fall in irgeneiner Weise den Kreisvertretern oder anderen Selbstverwaltungsorganen untergeordnet"[256]. Dem Kreistag oblag das Recht, ein von ihm gewähltes Polizeiausschußmitglied aufzufordern, die Ansichten des Kreises im Polizeiausschuß zu vertreten. Dieses Recht wurde jedoch dadurch eingeschränkt bzw. in der Praxis so gut wie bedeutungslos, weil es dem Mitglied des Polizeiausschusses überlassen blieb, nach eigenem "pflichtgemäßen Ermessen für das öffentliche Interesse zu handeln und abzustimmen"[257]. Middelhaufe berichtet in diesem Zusammenhang, daß es strittig gewesen sei, ob Mitglieder der Polizeiausschüsse den Vertretungskörperschaften angehören mußten oder auch aus der Bevölkerung gewählt werden konnten, weil die Aussage des Polizeimemorandums unter Ziffer 4 - Die Polizeiausschüsse "sind auf demokratischer Basis aus rechtschaffenen und einflußreichen Männern zu bilden, die als wirkliche Vertreter der Bevölkerung des jeweiligen Kreises angesehen werden können und verantwortlich und unparteiisch bei der Erfüllung ihrer Pflichten handeln werden." - nicht exakt war. Mehrfach hatte Deputy Inspector General Nottingham vom Public Safety Department die These vertreten, daß Mitglieder der Polizeiausschüsse aus den Reihen der Vertretungskörperschaften gewählt werden müßten.[258] Obwohl bereits im Zuge der Vorverhandlungen mit der Militärregierung über die Polizeiübergangsverordnung ausdrücklich eine Einigung dahingehend erzielt worden war, die Worte "aus der Mitte" (der Vertretungskörperschaften) nicht in den Text der Polizeiübergangsverordnung aufzunehmen, womit man sich der schleswig-holsteinischen Regelung[259] anschloß, beharrte Nottingham weiterhin auf seinem zum Memorandum und der Polizeiübergangsverordnung konträren Standpunkt:"Während nach dem Gesetz von Schleswig-Holstein die Mitglieder des Polizei-Ausschusses keine Mitglieder des Rates zu sein brauchen, so wird darauf aufmerksam gemacht, daß, soweit es dieses Land angeht, es gewünscht wird, daß Mitglieder des Polizei-Ausschusses gewählte Mitglieder des Rates

---

NRW HStA D, NW 179/12, Bl. 14
[255] Ebd., Bl. 7, 12-15
[256] Ebd., Bl. 7f., 12, 14
[257] § 11 Satzung für den Polizeiausschuß der Stadtkreis-(Regierungsbezirks-)Polizei.
[258] Vgl. Ansprache in der Polizeischule Wuppertal am 28. Februar 1947; vgl. ferner Fernschreiben vom 21. Februar 1947 und Protokoll Nr. 17 über die Besprechung zwischen Innenminister Menzel und DIG Nottingham, 03. März 1947, NRW HStA D, NW 152/11
[259] Das schleswig-holsteinische Polizeigesetz vom 04. Januar 1947 definierte in § 3, daß Polizeiausschußmitglieder "von den Vertretungskörperschaften der zugehörigen Stadt- und Landkreise aus der Bevölkerung gewählt werden".

sind."[260] Die in dieser Angelegenheit schwierigen Verhandlungen lassen um so mehr erstaunen, als die Militärregierung sich in ihrem Memorandum in bezug auf die Zusammensetzung der Polizeiausschüsse sehr kulant geäußert hatte:"Hinsichtlich der tatsächlichen Zusammensetzung der Polizeiausschüsse ist man übereingekommen, dass den Landesministern ein gewisser Spielraum gewährt werden sollte, um ihre Ansichten vorzubringen, und dass es nicht erforderlich ist, sich streng an das System der 'indirekten Wahl' durch die Kreisvertreter zu halten, wie es in der Entwurfsverordnung der Militärregierung vorgesehen ist." Darauf hinweisend verteidigte Innenminister Menzel unmißverständlich das Resultat der Vorgespräche:" Ich bin daher nicht in der Lage, ihrer Anregung zu folgen und die Selbstverwaltungskörperschaften anzuweisen, entgegen dieser klaren Gesetzesvorschrift nur Mitglieder der Vertretungskörperschaften zu wählen. Auch vermag ich nicht die Übergangsverordnung durch Anweisung an die Städte und Kreise in Ihrem Sinne auszulegen, die mit dem Gesetz im Einklang stehen."[261] Jedoch in Anbetracht der insistierenden Haltung Nottinghams, die erneut in einer Unterredung am 03. März 1947 zum Ausdruck kam, erklärte sich Innenminister Menzel schließlich "nach längerer Aussprache" zu einem an die Polizeiausschüsse adressierten Erlaß bereit, demzufolge die Mitglieder eines Polizeiausschusses auf der Basis der §§ 3 und 4[262] der Polizeiausschußsatzung zur Polizeiübergangsverordnung zugleich auch Mitglieder der Vertretungskörperschaften sein sollten, aber nicht zwingend notwendig sein mußten.[263] Letzten Endes gab sich Menzel mit dieser Modalität nicht zufrieden und wurde erneut initiativ. In einem fernmündlichen Gespräch mit Mr. Parker erinnerte er noch einmal an die Aussage des Memorandums der Militärregierung und das auf dieser Basis erzielte Einvernehmen über den die Wahl der Polizeiausschüsse betreffenden Wortlaut der Polizeiübergangsverordnung. So gab Menzel aufgrund dessen zu bedenken, welch "schlechten politischen Endruck" es vor dem Landtag machen würde, falls "das Gesetz ausgerechnet wegen dieser Fassung, die auf englischen Wunsch zurückgeht, abgelehnt werden würde"[264]. Eine zufriedenstellende Aussage hierüber gab schließlich erst das vorläufige Polizeigesetz von 1949.[265] Anlaß zum Dissens gab darüber hinaus ebenfalls die Überlegung, ob Landräte

---

[260] Schreiben DIG Nottingham an Innenminister Menzel, 15. März 1947, NRW HSta D, NW 152/11

[261] Schreiben Innenminister Menzel an Mil.Reg., (19.) Februar 1947, NRW HSta D, NW 152/11

[262] § 3:"Die Mitglieder des Ausschusses werden von den Vertretungskörperschaften der Stadt (des Kreises) mit Stimmenmehrheit gewählt." § 4 betraf die Amtsdauer der Polizeiausschußmitglieder. GVOBl. NRW Nr. 23, 30. August 1947, S. 167

[263] Vgl. Protokoll Nr. 17 über die Besprechung zwischen Innenminister Menzel und DIG Nottingham, 03. März 1947, NRW HSta D, NW 152/11. Menzel sagte Nottingham zu, ihm diesen Erlaß vor Veröffentlichung vorzulegen.

[264] Schreiben Innenminister Menzel an Ministerialdirigent Middelhaufe, 16. Juli 1947, NRW HSta D, NW 152/11. Auf Menzels Bitte hin, Berlin über diesen Sachverhalt zu informieren, sicherte Mr. Parker dem Innenminister zu, er werde Major Emck entsprechend unterrichten.

[265] Vgl. hierzu Siegfried Middelhaufe, Der derzeitige Stand der Gesetzgebung auf dem Gebiete des Polizeirechts mit besonderer Berücksichtigung des Landes Nordrhein-Westfalen, in: Polizeirecht im neuen Deutschland, Münster 1949, S. 30f.

und Oberbürgermeister in die Polizeiausschüsse gewählt werden sollten. Nachdem bekannt geworden war, daß vereinzelt Oberbürgermeister zwangsläufig auch die Funktion des Polizeiausschußvorsitzenden übernommen hatten, betonte man im Public Safety Department, die Wahl eines Oberbürgermeisters oder gar eines Oberstadtdirektors zum Vorsitzenden eines Polizeiausschusses komme nicht in Betracht, um eine drohende Manipulation der Polizei durch die lokale Politik von vornherein auszuschließen[266]; gemäß demokratischen Gepflogenheiten müßten die Polizeiausschüsse ergo als unabhängige Körperschaften dem Einfluß der Vertretungskörperschaften entzogen, frei von jeglicher parteipolitischer Indoktrination sein.[267]

Detailliert legte das Memorandum die Zuständigkeiten des Innenministers gegenüber den Polizeiausschüssen, die von Angelegenheiten wie Dienstbedingungen, Disziplinarvorschriften, Genehmigung und Bereitstellung von Finanzanweisungen und Polizeikostenzuschüssen bis hin zur Genehmigung von Ernennungen der Polizeichefs - mit Zustimmung des Gouverneurs - reichten, fest, die aufgrund einer Anweisung der Militärregierung Gegenstand der deutschen Polizeigesetzgebung sein mußten.[268] Zur Beratung des Innenministers sollte nach englischem und walisischem Vorbild ein sog. Polizeirat aus Vertretern der örtlichen Polizeiausschüsse, der Polizeichefs und eines - falls gegründet - Polizeiverbandes eingerichtet werden, ohne dessen Zustimmung keine Anordnungen der Landesregierung über Dienstbedingungen möglich wären. Informationen über den Stand der Leistungsfähigkeit der örtlichen Polizeieinheiten sollten dem Innenminister von einem eigens dafür zuständigen offiziellen Organ, dem Polizeiinspektorat, zur Verfügung gestellt werden.[269]

Schließlich hatte die Militärregierung beschlossen, daß das Zonale Kriminalamt in Hamburg zur Verwaltung der Kriminalakten der gesamten britischen Zone unter der Kontrolle des hamburgischen Senats weiterzuführen sei, da dies der in England üblichen Führung des National-Crime-Records in New Scotland Yard entsprach.[270]

---

[266] Vgl. Fernschreiben DIG Nottingham, 21. Februar 1947, NRW HStA D, NW 152/11; vgl. ferner Erläuterung der Verantwortlichkeiten, die nach der mit Anordnung Nr. 1 abgeänderten VO Nr. 57 auf das Land und die Kommunalverwaltungen übertragen sind, Ziff. 22, NRW HStA D, NW 53/398II
[267] Vgl. Schreiben DIG Nottingham an Innenministerium NRW, 02. April 1947, NRW HStA D, NW 53/404, Bl. 143; vgl. hierzu auch Innenminister Menzel, Landtagsrede 13. Januar 1949, S. 9
[268] Vgl. NRW HStA D, NW 179/12, Bl. 8
[269] Vgl. ebd., Bl. 8f.
[270] Vgl. ebd., Bl. 10

4. Polizeiübergangsverordnung vom 20. Dezember 1946

Insbesondere die britische Besatzungsmacht neigte ja bekanntlich dazu, den heimischen Verhältnissen Vorbildfunktion zuzuschreiben, "die Einrichtungen ihres Landes auf die Besatzungszone zu übertragen"[271]. Das geschah auch im Falle des Polizeiwesens, dessen Nachkriegsentwicklung über Jahre hinweg maßgeblich durch die Erfahrungen der Besatzungsmacht und die angelsächsische Polizeitradition geprägt und beeinflußt wurde.[272] Zum Ausdruck kommt dieses britische Bestreben vor allem in dem Anschreiben zu dem von Gouverneur Asbury an den nordrhein-westfälischen Ministerpräsidenten Amelunxen übersandten Memorandum:"Das Memorandum über diese Angelegenheit ... (Polizeiwesen, d.Verf.) enthält die Grundsätze und Verfahren, wonach die Polizei in England aufgebaut ist, nämlich auf der Grundlage demokratischer Kontrolle, die die Möglichkeit des Missbrauchs der Polizeibefugnisse durch eine Einzelperson oder eine Behörde ausschließt und sicherstellt, daß die Rechte und Interessen aller Bürger gewahrt werden."[273]

Gemäß dem Willen der Militärregierung war der Innenminister mit Unterstützung seiner zuständigen Beamten dazu angehalten, ein Landespolizeigesetz auszuarbeiten. Wie bekannt, sollte die Gesetzgebungsbefugnis zum 01. Januar 1947 auf den Landtag übergehen. Aufgrund der geringen Zeitspanne von nur vier Wochen - ab Inkrafttreten der Verordnung Nr. 57 - war dies jedoch sachadäquat nicht durchführbar. Um zu diesem Zeitpunkt aber bereits eine gesetzliche Regelung des Polizeiwesens vorliegen zu haben, wurde die Landesregierung zum Erlaß einer provisorischen Verordnung aufgefordert, nach der "sie die Verantwortung für die Deutsche Polizei mit Wirkung vom 1.1.47 übernehmen"[274] konnte. Die von der Militärregierung mit dem Polizeimemorandum einschließlich der Entwurfsverordnung aufgestellten Grundsätze bildeten den vorgegebenen Rahmen, an dem sich sowohl die Polizeiübergangsverordnung als auch das spätere Polizeigesetz zu orientieren hatten. Die absolute Verbindlichkeit dieser Richtlinien brachte Gouverneur Asbury gegenüber Ministerpräsident Amelunxen zum Ausdruck:"Ich bin sicher, daß Sie mit mir einer Meinung sind in dieser Angelegenheit und dem Minister, dessen Aufgabe der Entwurf der Gesetze ist, und den Mitgliedern des Landtages, die für ihre Billigung zuständig sind, die unbedingte Notwendigkeit nahelegen, sich an die von uns festgelegten Grundsätze zu halten."[275] Die Militärregierung erwartete von der Landesregierung die Inangriffnahme von "Sofortmaßnahmen" zur Einsetzung der örtlichen Polizeiausschüsse und Bildung

---

[271] Middelhaufe, Der derzeitige Stand der Gesetzgebung auf dem Gebiete des Polizeirechts, S. 28
[272] Vgl. Pioch, Das Polizeirecht, S. 79
[273] Schreiben vom 07. Dezember 1946, NRW HStA D, NW 179/12, Bl. 2; vgl. auch Bl. 5
[274] Ebd., Bl. 11, 14. Befristung dieser Verfügung auf maximal ein Jahr ab dem Datum der Landtagswahl vom 30. März 1947.
[275] Ebd., Bl. 2; vgl. auch Bl. 11

der Verwaltungseinrichtungen für die Polizeikontrolle, sowie zum Aufbau eines Polizeibeirats und -inspektorats.[276] Den Deutschen war jetzt die Möglichkeit gegeben, "auf dem Gebiete der Polizei zum mindesten einen Teil der Zuständigkeiten zu erhalten", zumal die ehemaligen Provinzialregierungen, dann die nordrhein-westfälische Landesregierung kurz nach dem deutschen Zusammenbruch dies als baldmöglichst zu verwirklichendes Ziel ins Auge gefaßt hatten; auch Städtetag und Städtebund sprachen sich dafür aus.[277] Das nun in Angriff genommene Gesetzesvorhaben konnte freilich nur dann gelingen und das Placet der Militärregierung erhalten, wenn deren Vorgaben genauestens beachtet würden. Im Innenministerium war man infolgedessen bemüht, nach Möglichkeit eine Synthese aus den im britischen Memorandum dargelegten Forderungen und den Vorstellungen deutscherseits vom Aufbau der Polizei in Nordrhein-Westfalen herzustellen, ein Vorhaben, das quasi der Quadratur des Kreises gleichkam. Ein Vergleich zwischen der Polizeiübergangsverordnung und dem britischen Memorandum zeigt, daß die Übergangsverordnung im wesentlichen auf den Vorgaben der Militärregierung beruhte. Die Ausführungen über Polizeiausschüsse, Befehlshaber der Polizei, Polizeisenat und Polizeiinspektorat wurden in nuce voll und ganz durch das Memorandum gedeckt. Ferner war die der Polizeiübergangsverordnung angefügte Satzung für den Polizeiausschuß der Stadtkreis-/Regierungsbezirks-Polizei nahezu identisch mit der Entwurfsverordnung 'A' zum Memorandum.[278]
Die Polizeiübergangsverordnung, auf der Basis des Memorandums der Militärregierung geschaffen, trug demzufolge den essentiellen, von der britischen Besatzungsmacht postulierten Prinzipien der Demokratisierung durch die Organisation von Polizeiausschüssen und der Dezentralisierung durch die Gliederung des Landes Nordrhein-Westfalen in einzelne autonome Regierungsbezirks- und Stadtkreisbereiche Rechnung, wobei die Briten grundsätzlich davon ausgegangen waren, daß durch eine Aufteilung der Kompetenzen zwischen den weitgehend voneinander unabhängigen, sich aber gegenseitig im Gleichgewicht haltenden Instan-

---

[276] Vgl. ebd., hier Bl. 11 sowie auch Bl. 8f.
[277] Schreiben Innenminister an Landtagspräsident in Düsseldorf, 11. Dezember 1946, NRW HStA D, NW 152/7
[278] Der Aussage Middelhaufes (Der derzeitige Stand der Gesetzgebung auf dem Gebiete des Polizeirechts, S. 29), "daß zahlreiche Bestimmungen des Memorandums in einer schlechten Übersetzung wörtlich übernommen werden mußten, wobei die Mil.-Reg. nicht geneigt war, andere, für uns Deutsche klarere Formulierungen zuzulassen", kann insofern nicht ganz zugestimmt werden, als in der Polizeiübergangsverordnung die wörtliche Übernahme der z.T. schlechten und dadurch mißverständlichen Übersetzung (des Memorandums) durch Überführung in klarere Formulierungen vermieden wurde; der Wortlaut änderte sich dadurch freilich nicht sehr wesentlich. Nur solche Formulierungen des Memorandums, die von der Verständlichkeit her eindeutig waren, wurden in die Polizeiübergangsverordnung auch so übernommen. Das galt insbesondere für die dieser Verordnung beigefügte Satzung des Innenministers nach § 4.
Von den Briten wurde indes eine Formulierung der Polizeiübergangsverordnung bemängelt, die keine zuverlässige Wiedergabe des Sinngehaltes sei. So besitze beispielsweise der verwendete Ausdruck "supervisory authority"/"Aufsichtsbehörde" (§ 10) in beiden Sprachen eine differente Bedeutung. Von den Deutschen werde dieser Begriff im Sinne direkter exekutiver Kontrolle interpretiert. Vgl. PRO, FO 1013/137

zen Polizeiausschuß, Polizeichef und Innenminister ein Machtvakuum vermieden und somit ein möglicher politischer Mißbrauch der Polizei durch berechnende Sonderinteressen einzelner oder auf den eigenen Vorteil bedachter Gruppenintentionen ausgeschlossen werden könne.[279] Zugleich war sie, wie der Name schon sagt, eine Übergangslösung, die aufgrund ihrer überstürzten Entstehung und einiger inhaltlicher Desiderate zurecht mit Middelhaufe als "schnelle Notlösung" charakterisiert werden kann.[280]

Britischerseits konnte man mit dem bis dato Erreichten soweit ganz zufrieden sein, hatten die Deutschen doch mit der Polizeiübergangsverordnung einen ersten eigenen Schritt der Grundsteinlegung für ein legitim fundiertes anglophiles Polizeisystem auf deutschen Boden getan, das generell mit den britischen Erwartungen korrespondierte, obgleich man aufgrund der überstürzten Gesetzgebung - zu der ja bekanntlich die nordrhein-westfälischen Landesgesetzgeber von der Militärregierung gedrängt worden waren - über einige unpräzise Formulierungen resp. unzufriedenstellende Verordnungsbestandteile weniger erfreut war.[281] Ein interner britischer Mängelbericht nannte folgende Gesichtspunkte[282]:

1. Der Polizeichef ist verpflichtet, den Polizeiausschuß auf Verlangen mit Informationen über Vorgänge innerhalb seines Dienstbereiches zu versorgen. Aus diesem Grunde erscheint eine solche Befugnis, z.B. der Einsichtnahme in die Kriminalakten, die auch jedem politisch gesinnten Ausschußmitglied zusteht, potentiell gefährlich.

2. Der Polizeisenat, der den Anspruch erhebt, ein Repräsentativorgan der örtlichen Polizeiausschüsse und aller Dienstgrade der Polizeieinheiten zu sein, sowie als Beratungsgremium dem Innenminister zur Seite zu stehen, ist ein vom Landtag gewähltes Organ und nicht, wie in England, ein von Mitgliedern der verschiedenen "police interests", die er repräsentiert, bestimmtes. Aufgrund dieser Vorschrift kann die politische Landtagsmajorität die Konstitution des Polizeisenats beeinflussen.

3. Der Innenminister ist zum Erlaß von Richtlinien und Ausführungsbestimmungen berechtigt. Es fehlt jedoch ein Hinweis auf einen klar begrenzten Ermessensspielraum dieser Richtlinien, die deshalb u.U. die Form von Exekutivanweisungen an die Polizeichefs erhalten könnten.

---

[279] Vgl. Pioch, Das Polizeirecht, S. 87. Auch Ebsworth (Restoring Democracy in Germany, S. 180) spricht davon, daß "a carefully worked out balance of powers" zwischen Innenminister, Polizeiausschuß und Polizeichef die Kontrolle der Polizeieinheiten ermöglichen sollte.
[280] Middelhaufe, Der derzeitige Stand der Gesetzgebung auf dem Gebiete des Polizeirechts, S. 29. Dort auch Hinweis, daß bereits 48 Stunden nach Übergabe des Memorandums dem Kabinett ein Entwurf vorgelegt wurde, den der Hauptausschuß des Landtages am 11. Dezember 1947 billigte. Aufgrund dessen plädiert Middelhaufe dafür, an diese Fassung der Polizeiübergangsverordnung nicht allzu strenge Maßstäbe anzulegen.
[281] Vgl. Schreiben CGSO J.H.A. Emck an RCO, 25. März 1948, PRO, FO 1013/137
[282] Vgl. Report of the Commission on the Police System of the British Zone of Germany an Lord Pakenham, 07. Januar 1948, PRO, FO 1013/137; vgl. ferner §§ 9, 10, 12 der Polizeiübergangsverordnung

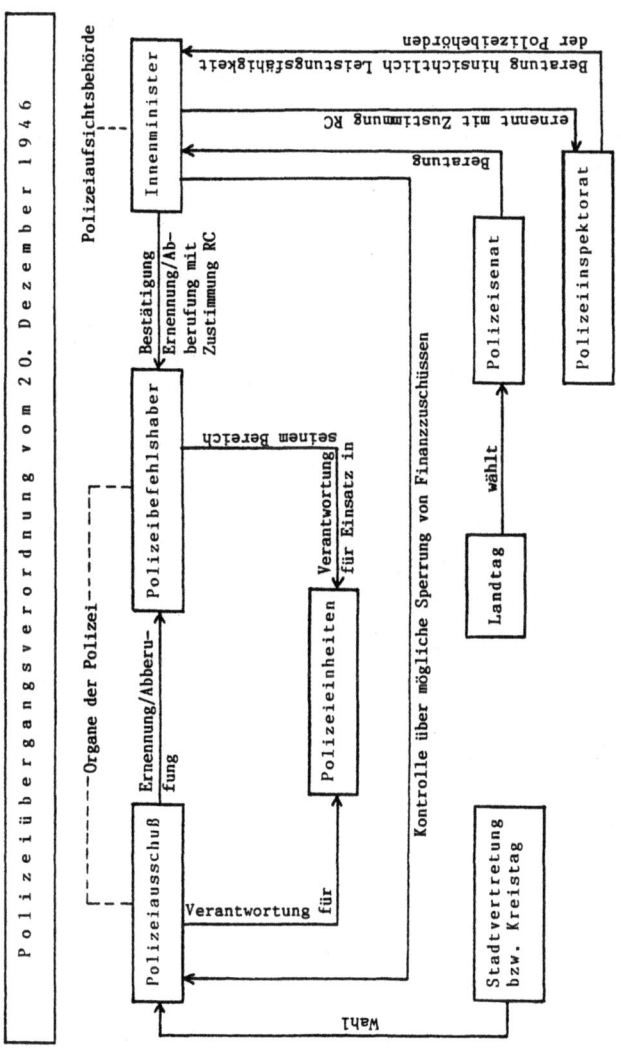

Abb. 5

Dennoch bot diese Übergangsverordnung "die Möglichkeit einer parlamentarischen Kontrolle der Polizei und ihren teilweisen Wiedereinbau in die deutsche Verwaltung" über die Wahl der Polizeiausschüsse durch Stadt- bzw. Kreisvertretung.[283] Gleiches galt hingegen nicht für die Polizeibefehlshaber, die nur indirekt - aufgrund ihrer Wahl über die Polizeiausschüsse - mit der Verwaltung verbunden waren. Gegenüber den Polizeiausschüssen waren die Polizeibefehlshaber weitestgehend autonom; ein Anweisungsrecht in Exekutivangelegenheiten stand den Polizeiausschüssen nicht zu. Abgesehen von der Möglichkeit der Abberufung eines Polizeichefs in Fällen der Nichterfüllung von Gesetzen oder Unfähigkeit, besaßen sie keinerlei Einflußmöglichkeiten auf einen Polizeibefehlshaber.[284] Während die Aufgaben der Polizeiausschüsse sowohl im Memorandum als auch dann in der Polizeiübergangsverordnung detailliert aufgeführt wurden, waren die Angaben hinsichtlich der Funktion der Polizeibefehlshaber als Exekutive relativ knapp und generell gehalten, so daß eine Kompetenzabgrenzung nicht klar erkennbar war.[285]

Als Polizeiaufsichtsbehörde wurde der Innenminister eingesetzt, wobei sich seine Kontrollfunktion in der Streichung von finanziellen Zuschüssen im Falle von Pflichtversäumnissen der Polizeibehörden erschöpfte. Explizit wird in dem Polizeimemorandum betont,"dass er keine andere Kontrolle über die Polizei hat"[286]. Hierin zeigt sich nur zu deutlich die Inkonsequenz der britischen Militärregierung, die in der Diskrepanz zwischen der theoretischen Verantwortlichkeit des Innenministers und seiner praktisch unzureichenden Handlungsbefugnis offen zutage trat. Gegenüber dem Landtagspräsidenten bezeichnete Innenminister Menzel diese Methode als "ein für die deutschen Verhältnisse neuartiges Mittel der Polizeiaufsicht", hob aber gleichzeitig hervor, daß es bei richtiger Handhabung ein "ausreichendes Mittel für die Aufsichtsbehörde" bis zum Zeitpunkt des Inkrafttretens eines endgültigen Polizeigesetzes sei.[287] Diese optimistische Perspektive seiner ihm durch die Polizeiübergangsverordnung zugestandenen Kontrollbefugnis revidierte Menzel alsbald aufgrund der in der Praxis auftretenden Probleme. In Retrospektive auf die zweijährigen Erfahrungen mit der Polizeiübergangsverordnung stellte er in seiner Rede vor dem Landtag am 13. Januar 1949 - vier Monate vor Veröffentlichung des vorläufigen Polizeigesetzes - fest:"Es war klar, daß die Mängel eines solchen, etwas schematisch von Großbritannien hierher übertragenen Systems alsbald hervortreten mußten. Sie traten zunächst darin hervor, daß keine klaren Abgrenzungen zwischen den Kompetenzen der Polizeiausschüsse und der Polizeichefs gegeben waren, auch nicht in der Wirtschaftsführung. Sie traten ferner in dem Mangel jedes Weisungsrechtes hervor."[288] Es stellt sich nun die Frage, ob es tatsächlich erst einer Ausführung der Polizeiübergangsverordnung bedurfte, um deren Schwachstellen zu diagnostizieren oder, ob diese nicht schon im Ausarbeitungsstadium hätten erkannt und ver-

---

[283] Schreiben Innenminister an Landtagspräsident, 11. Dezember 1946, NRW HStA D, NW 152/7
[284] Vgl. ebd.
[285] Vgl. Innenminister Menzel, Landtagsrede 13. Januar 1949, S. 5; vgl. auch Middelhaufe, Der derzeitige Stand der Gesetzgebung auf dem Gebiete des Polizeirechts, S. 30
[286] NRW HStA D, NW 179/12, Bl. 9
[287] Schreiben Innenminister an Landtagspräsident, 11. Dezember 1946, NRW HStA D, NW 152/7
[288] Innenminister Menzel, Landtagsrede 13. Januar 1949, S. 5

mieden werden können. Hier gilt es freilich einerseits die kurze Zeitspanne zwischen Vorlage und Verabschiedung des Entwurfs und andererseits vor allem die in die Verordnung einzubeziehenden britischen Richtlinien zu bedenken.[289] Innenminister Menzel wies in seiner bereits erwähnten Landtagsrede darauf hin, daß "vielen" Politikern damals schon bewußt gewesen sei, daß "es (die Polizeiübergangsverordnung, d. Verf.) nicht so funktionieren konnte, wie man es vielleicht seitens der Militärregierung hoffte und annahm"[290]. Die Vorbehalte beispielsweise des Kölner Regierungsrates Höhn gegen "eine völlige Nachkonstruktion des englischen Polizeiwesens" reichten sogar soweit, daß er deshalb auch ein Scheitern der Demokratie im Nachkriegsdeutschland für nicht ausgeschlossen hielt.[291] Wider besseres Wissen scheinen die zuständigen nordrhein-westfälischen Politiker jedenfalls aus dem Bestreben heraus, die sich bietende Chance zur Überführung der Polizei in deutsche Zuständigkeit nicht zu verspielen, gehandelt zu haben, da sich für sie keine realistische Alternative abzeichnete, wollte man die Gesetzesvorlage nicht dem Risiko des britischen Vetos aussetzen. Dennoch hatte der Landtag am 28. November 1947 einen Vorstoß gewagt und den § 10 der Polizeiübergangsverordnung per Verordnung mit einstimmigem Votum dahingehend geändert, daß dem Innenminister in Notfällen ein verstärktes Weisungsrecht gegenüber den Polizeibefehlshabern zuerkannt wurde.[292] Bereits am 02. Oktober 1947 hatte Konrad Adenauer in seiner Funktion als Abgeordneter der CDU im nordrhein-westfälischen Landtag die im Hinblick auf die geplante Gesetzesänderung einmütige Willenserklärung aller Parlamentsparteien in der 14. Sitzung des Landtages präzise artikuliert:"Sämtliche Parteien dieses Hauses haben mich beauftragt, nachdem der Herr Innenminister schon im Hauptausschuß die gleichen Erklärungen abgegeben hat, die Landesregierung zu ersuchen, bei der britischen Militärregierung alle geeignet erscheinenden Schritte zu tun, um eine straffere Zusammenfassung und Leitung der Polizei in diesen Zeiten der Not wie der gegenwärtigen, zu erreichen und der Landesregierung zu erklären, daß sie das ganze Haus hinter sich weiß."[293] Generell kann die Erkenntnis der Parlamentarier, die ihren sichtbaren Ausdruck schließlich in der Neufassung des § 10 fand, auf folgende stringente These zurückgeführt werden:"Ist der Staat Träger der Polizeigewalt, dann folgt daraus zwingend, daß ihm auch ein *uneingeschränktes Weisungsrecht* gegenüber allen nachgeordneten Polizeibehörden zustehen muß."[294] Darüber hinaus manifestierten auch die Ministerpräsidenten der Länder der britischen Zone während ihrer Konferenz in Flensburg am 22. November 1947 per Resolution die Notwendigkeit einer Autorisationserweiterung für die

---

[289] Vgl. oben S. 76f. und Anm. 280
[290] Innenminister Menzel, Landtagsrede 13. Januar 1949, S. 4
[291] Zur Umgestaltung der Polizei, S. 4
[292] Der § 10 erhielt aufgrund des Landtagsbeschlusses folgende abgeänderte Fassung:"Aufsichtsbehörde ist der Minister des Innern. Er ist befugt, bei Notständen, deren Auswirkung über den Bereich einer SK- oder RB-Polizei hinausgeht, unmittelbar Weisungen über die Notwendigkeit und den Umfang des polizeilichen Einsatzes zu geben." LD II-183, S. 7
[293] Begründung der VO vom 28. November 1947 zur Änderung des § 10 der Polizeiübergangsverordnung, PRO, FO 1013/1967
[294] Adolf Flecken, Probleme einer modernen Polizei, in: Der öffentliche Dienst 11/1951, S. 215

Innenminister im Sinne eines direkten Weisungsrechts. In ihrer Entschließung, die grundsätzliche Signifikanz für die Fundierung der Adaption des § 10 der Polizeiübergangsverordnung besaß, brachten die Regierungschefs zum Ausdruck, daß sich die Verantwortung für die Aufrechterhaltung von Ruhe und Ordnung tragenden Länderinnenminister der Polizei, die ja die öffentliche Sicherheit und Ordnung durch gesetzlichen Auftrag gewährleisten solle, zur Erfüllung ihrer Aufgaben bedienen müßten. Dies setze jedoch primär voraus, "dass sie gegenüber ihrer Polizei als letzte und höchste Instanz auch ein Aufsichts- und Weisungsrecht besitzen"[295]. Daraus leiteten die Ministerpräsidenten zunächst die Forderung nach allgemeinen Befugnissen für die Innenminister ab[296], die sie dann bei Vorliegen besonderer Notstände auf polizeilichem Gebiet oder anderer zwingender Gründe durch folgende "Sonderrechte" unbedingt erweitert wissen wollten: Die Innenminister müßten autorisiert sein, "die Polizeieinheiten des Landes unmittelbar mit Weisungen zu versehen, Polizeikräfte unter einem von ihnen zu bestimmenden Führer zwecks überörtlichen Einsatzes zusammenzuziehen, sich als unfähig erweisende Polizeiführer aller Dienstgrade bis zum Abteilungsführer einschliesslich ihres Amtes zu entheben und die frei gewordenen Stellen für die Dauer der Polizeiaktion kommissarisch zu besetzen."[297] An ihrer Überzeugung von der Richtigkeit solcher Forderungen ließen die Länderchefs keinen Zweifel aufkommen, glaubten sie doch aufgrund ihrer Verantwortung für einen ökonomischen, kulturellen und demokratischen Neuanfang und im Bewußtsein potentieller Bedrohungen des Wiederaufbaus angesichts nationaler Entbehrungen, so handeln zu müssen. Überdeutlich brachte man auf deutscher Seite damit die Intention zum Ausdruck, an die Tradition des preußischen Polizeiverwaltungsgesetzes von 1931 anzuknüpfen. Erst vor diesem Background wird die Brisanz des deutschen Vorhabens aus britischer Perspektive offenbar, denn das preußische Polizeiverwaltungsgesetz vom 01. Juni 1931 gewährte dem für die Aufrechterhaltung von Recht und Ordnung verantwortlichen Innenminister, der als oberste Landespolizeidienstbehörde die allgemeine Dienstaufsicht über die Polizeibehörden (Landes-, Kreis-, Ortspolizeibehörden) im Benehmen mit dem fachlich zuständigen Minister durchführte, ein generelles Weisungsrecht gegenüber allen ihm subalternen Polizeibehörden.[298] Der § 11 des preußischen Polizeiverwaltungsgesetzes schrieb dieses Recht fest:"Die Polizeiaufsichtsbehörden können innerhalb ihrer Zuständigkeit den ihrer Aufsicht unterstellten Polizeibehörden Anweisungen erteilen. Die Polizeibehörden haben diesen Anweisungen Folge zu leisten." Gerade die exponierte Stellung des Innenministers innerhalb der preußischen Po-

---

[295] Entwurf einer Entschließung zu: "Aufsichts- und Weisungsrecht des Ministers des Innern", NRW HStA D, NW 152/11; auch in: PRO, FO 1013/1967
[296] "1. den Erlass von allgemeinen Richtlinien für den Polizeidienst,
2. die Aufsicht über Ausbildung und Einsatzbereitschaft der Polizei,
3. die Genehmigung der Polizeihaushalts- und Stellenpläne,
4. die Ernennung oder Bestätigung der Wahl der massgeblichen Polizeiführer,
5. die Entscheidung über Dienstaufsichtsbeschwerden aller Art in letzter Instanz." Ebd.
[297] Ebd.
[298] Vgl. § 10 preuß. PVG, Preuß. GS Nr. 21, 06. Juni 1931, S. 79; vgl. auch Flecken, Probleme einer modernen Polizei, S. 215

lizeiorganisation, die es ihm ermöglichte, nicht nur direkt via Anweisungen in polizeiliche Angelegenheiten einzugreifen, sondern auch indirekt über den Regierungspräsidenten als Landespolizeibehörde Einfluß zu nehmen, war den Briten in besonderer Weise ein Dorn im Auge, erblickten sie in dieser Struktur des Weimarer Polizeisystems doch einen entscheidenden Schwachpunkt, der sie noch dazu unbritisch und unvernünftig anmutete.[299]
Da jedoch eine offizielle Reaktion des Gouverneurs ausblieb, konnte die beschlossene Änderung nicht rechtswirksam werden.[300] Britischerseits zollte man dieser vom Landtag beschlossenen Gesetzesänderung indes sehr wohl kritische Aufmerksamkeit. Vertreter des Regional Governmental Office sowie der Departments Legal und Governmental Structure debattierten am 18. März 1948 über die Änderung des § 10 der Polizeiübergangsverordnung mit dem Ergebnis, dem Regional Commissioner die Ablehnung der in Rede stehenden Gesetzesänderung vorzuschlagen. Man beteuerte inoffiziell sein Bedauern über diese Ablehnung angesichts des Grundtenors britischer Besatzungspolitik, alle mit den allgemeinen Prinzipien konformen deutschen Gesetze zu genehmigen, was jedoch in der Realität selten der Fall war und scharfe Proteste der Deutschen provozierte. Die relativ späte interne Reaktion der Besatzungsbehörden, die den Deutschen verborgen blieb, resultierte deren Angaben zufolge zum einen aus dem Mißverständnis, - welches erst nach der Vorlage der Landtagsverordnung zur Genehmigung durch den Gouverneur am 10. Februar 1948 offenbar wurde - es handele sich hierbei um ein Gesetz, das drei Lesungen im Landtag erfordere, obwohl die Änderung realiter die Form einer Verordnung besaß, die gemäß der Parlamentspraxis nach einer Lesung beschlußfähig war, zum anderen aus der Notwendigkeit, die Veröffentlichung der Militärregierungsverordnung Nr. 135, die essentielle Prinzipien für die deutsche Polizei darlegen sollte, abzuwarten, da zuvor nicht sichergestellt werden konnte, ob die Gesetzesänderung genehmigungsfähig sein würde.[301] In der Tat konstatierten die Briten schnell eine Inkompatibilität des variierten § 10 der Polizeiübergangsverordnung mit den Bestimmungen der erst rund drei Monate später erlassenen Verordnung Nr. 135. Bedeutete die Adaption des § 10 für die nordrhein-westfälischen Landesgesetzgeber eine zwingend notwendige Maßnahme, um die Tätigkeit des Innenministers als oberste Polizeiaufsichtsbehörde in vollem Umfange zu garantieren, so sah man im Governmental

---

[299] Vgl. Ebsworth, Restoring Democracy in Germany, S. 176f.
[300] Vgl. Begründung Polizeigesetz, NRW HStA D, NW 152/24-25; vgl. auch Innenminister Menzel, Landtagsrede 13. Januar 1949, S. 6. Im Rahmen einer Besprechung am 12. Dezember 1947, zu der auch Ministerialdirigent Middelhaufe, Regierungsrat Seidel und zeitweilig auch General Pollock anwesend waren, hatte Innenminister Menzel DIG Miller darüber informiert, daß der Beschluß zur Änderung des § 10 der Polizeiübergangsverordnung vom Landtag in seiner letzten Sitzung einstimmig gefaßt wurde und eine vorherige Unterrichtung der Mil. Reg. bedauerlicherweise nicht mehr möglich gewesen sei. DIG Miller verwies indes darauf, daß möglicherweise mit dem Veto der Mil. Reg. gegen diesen Landtagsbeschluß gerechnet werden müsse. Vgl. Protokoll Nr. 54, NRW HStA D, NW 152/11
[301] Vgl. Schreiben CGSO J.H.A. Emck an RGO, 22. März 1948, PRO, FO 1013/203. Diese Korrespondenz trug den Vermerk "Secret", der am 23. März 1948 von C.T.R. Gordon, R.G.O., handschriftlich gestrichen wurde.

Structure Department darin eine in England unbekannte inadäquate ministerielle Machtausdehnung ("power of operational control"), die es dem Innenminister ermögliche, "to issue direct operational instructions to Police Chiefs when an emergency has developed with effects beyond the area of jurisdiction of a single police force", damit die Grenzlinie des Erlaubten überschreite und deshalb in Opposition zur Public Safety policy stehe.[302] Ebenso lehnte auch das Land Public Safety Department alle Bestrebungen, die Befugnisse des Innenministers jenseits der Definitionen der Verordnung Nr. 135 auszudehnen, kategorisch ab, deutete man doch hier die Modifizierung des § 10 der Polizeiübergangsverordnung als Versuch, im Falle eines Notstandes "full executive control of the Police Force by the Minister of the Interior"[303] zu usurpieren, während man auf deutscher Seite gerade mit der Beschränkung des Weisungsrechts auf Notstandszeiten zum Ausdruck bringen wollte, "daß in keiner Weise beabsichtigt ... (sei), in den normal verlaufenden Dienstbetrieb der Polizeibehörden einzugreifen"[304]. Das Land Legal Department vertrat unter Bezugnahme auf den Artikel V, Absatz 14(c) der Verordnung Nr. 135 sogar die Ansicht, die unkonkrete und "extremely wide" Formulierung des abgeänderten § 10 "does not provide for anything in the nature of a scheme or the circumstances in which the powers might be exercised", sei ergo aufgrund der Inkonvergenz mit der in der Verordnung Nr. 135 skizzierten politischen Linie "extremely dangerous" und folglich strikt abzulehnen. Noch dazu war man dort davon überzeugt, daß die dem Innenminister durch den neuen § 10 gewährte Befugnis zu speziell sei, so daß die beschlossene Abänderung eher eine Beschränkung denn die intendierte Ausweitung der ministeriellen Autorisation als ganzes bedinge, indem sie lediglich "one particular power" des Innenministers nenne.[305] Indes erscheint die Legitimität des britischen Vorgehens, eine vom Landesparlament verabschiedete Gesetzesnovelle vor dem Hintergrund einer erst drei Monate später erlassenen - den Parlamentariern folglich zum Zeitpunkt der Legislation nicht präsenten - Militärregierungsverordnung rückwirkend zu beurteilen, zumindest fraglich. So verwundert es denn nicht sonderlich, daß auch die Besatzungsbehörde intern die Problematik ihrer eigenen unorthodoxen Methode registrierte, ohne jedoch aus dieser Erkenntnis adäquate Konsequenzen abzuleiten. Zum Ausdruck kommt dieses Eingeständnis explizit in einem Schreiben des Chief Governmental Structure Officers J.H.A. Emck an den Regional Governmental Officer vom 22. März 1948:"It is also probable that resentment will be expressed to the dissent to a Landtag enactment of November 1947 on the grounds that it conflicts with a Military Government Ordinance of March

---

[302] Ebd. Gemeint ist hier die Bestimmung des Artikels V, Ziffer 14. (c) der VO Nr. 135, die die Befugnisse des Innenministers wie folgt definierte: Der Minister ist zuständig und verantwortlich für "die Aufstellung und Inkraftsetzung eines Planes für die angemessene Verstärkung der Polizeieinheiten in solchen Fällen, in denen die Hilfsmittel der einzelnen Einheit zur Bekämpfung eines Notstandes nicht ausreichen". ABl. der Mil.Reg. Dtld, Brit. Kontrollgebiet, Nr. 23, S. 715
[303] Schreiben DIG Miller, PS, an RGO, 27. Februar 1948, PRO, FO 1013/203
[304] Kurze Begründung für die Notwendigkeit der Änderung des § 10 der Übergangsverordnung über den vorläufigen Aufbau der Polizei, NRW HStA D, NW 152/11
[305] Schreiben J.W. Lasky, LEGAL, an RGO, 25. März 1948, PRO, FO 1013/203

1948."[306] Eine Bewertung der Modifizierung des § 10 der Polizeiübergangsverordnung hätte methodisch korrekt vielmehr auf der Basis der Bestimmungen des Polizeimemorandums vom 30. November 1946 erfolgen können. Letztendlich lag die Verantwortlichkeit für die mangelnde Funktionsfähigkeit der Polizeiübergangsverordnung aus deutscher Sicht bei der Besatzungsmacht, die mit Hilfe ihrer Anweisungen versuchte, das bewährte britische Polizeisystem unter Mißachtung der gänzlich anderen deutschen Ausgangsbedingungen in ihrer Zone zu etablieren.[307]

In seiner Sitzung am 20. Dezember 1946 verabschiedete der Landtag von Nordrhein-Westfalen die "Übergangsverordnung über einen vorläufigen Aufbau der Polizei". Auf Anweisung der Militärregierung mußte die Polizeiübergangsverordnung jedoch dahingehend abgeändert werden, daß die Worte "der Militärregierung" und "des Militärgouverneurs" in den §§ 7 und 11 durch "des Gouverneurs" zu ersetzen waren. Ausgeführt wurde diese geringfügige Korrektur am 06. März 1947 durch einen Landtagsbeschluß.[308] Am 20. Januar 1947 erbat Innenminister Menzel telefonisch Auskunft beim Hauptquartier der Militärregierung in Düsseldorf über die ausstehende Genehmigung der Polizeiübergangsverordnung, die er am 04. Januar 1947 beantragt hatte. Mr. Parker, Hauptdolmetscher der Militärregierung, teilte ihm daraufhin mit, daß die Zustimmung des Gouverneurs zur Polizeiübergangsverordnung nur eine Frage von Tagen sei. Ferner wurde auch die Frage des Ministers, "ob auf Grund dieser fernmündlichen Zusage weitergearbeitet werden könne", bejaht, nachdem zuvor Rücksprache mit Major Emck gehalten worden war. Die dem Innenminister zugesagte alsbaldige schriftliche Zustimmung zur Polizeiübergangsverordnung blieb indes aus, so daß Menzel sich erneut unter Bezugnahme auf die fernmündliche Unterredung an die Militärregierung wandte, worauf er jetzt von Dolmetscher Leon darüber informiert wurde, daß die Genehmigung nur unter der Bedingung der Änderung der §§ 7 und 11 der Übergangsverordnung erfolgen könne. Daraufhin übersandte der Minister der Militärregierung die Polizeiübergangsverordnung in der Form der vom Landtag abgeänderten Fassung mit der Bitte um Genehmigung durch den Gouverneur. Doch diese blieb erneut aus. Vielmehr wurden dem Innenminister Anfang April 1947 die Verfahrensvorschriften vom 12. März 1947 für die formelle Gesetzesgenehmigung durch den Regional Commissioner übermittelt. Es war der Wunsch der Militärregierung, daß die Unterlagen für die Genehmigung der Polizeiübergangsverordnung entsprechend diesem Prozedere eingereicht würden, obwohl Menzel schon Wochen zuvor das Placet des Gouverneurs beantragt hatte. Am 02. Mai 1947 reichte Menzel dann die Polizeiübergangsverordnung unter Beifügung einer Bescheinigung und eines Kommentars des Justizministers - mit beglaubigten Unterschriften versehen - und dem Hinweis auf die im Memorandum bereits ent-

---

[306] PRO, FO 1013/203. Duplikate dieses Schreibens wurden dem DIG, PS sowie LEGAL übersandt.
[307] Vgl. Innenminister Menzel, Landtagsrede 13. Januar 1949, S. 5
[308] Vgl. Schreiben Innenminister an Ministerpräsident, 13. März 1947 und 02. Mai 1947; hier und zum folgenden vor allem Schreiben Innenminister an Ministerpräsident, 27. Mai 1947, NRW HStA D, NW 152/7. Der Name von CGSO Emck wurde hier fälschlicherweise als "Empt" angegeben.

haltenen Ziele und Gründe erneut ein. Eine Woche später, am 09. Mai 1947, wurde der Innenminister von der Gesetzesabteilung des Gouverneurs darauf aufmerksam gemacht, daß die benötigten Gesetzesunterlagen jeweils in vierfacher Ausfertigung vorzulegen seien. Die dem Regional Commissioner's Office zur Genehmigung durch den Gouverneur von Innenminister Menzel wiederum am 14. Mai 1947 unterbreitete Polizeiübergangsverordnung wurde an die Adresse des Ministerpräsidenten zurückgereicht. Der Regional Commissioner begründete diesen Schritt mit der Feststellung, daß die ihm vorgelegten Dokumente mit dem Verfahren zur Vorlage von Gesetzen "gänzlich in Widerspruch" ständen. Mit Nachdruck wurde Ministerpräsident Amelunxen auf sechs Regelwidrigkeiten formaler Art hingewiesen. Der von Innenminister Menzel am 14. Mai 1947 eingereichten Polizeiübergangsverordnung waren die Stellungnahmen des Justizministers in vierfacher Ausfertigung - mit Unterschrift des stellvertretenden Justizministers - anweisungsgemäß beigefügt. In dem Schreiben des Regional Commissioner's Office - datiert vom 13. Mai 1947, so daß dieses sich mit dem des Innenministers kreuzte - heißt es expressis verbis:
"Es ist unbedingt erforderlich, daß mir alle Gesetze in der richtigen Form und auf dem vorgeschriebenen Dienstwege eingereicht werden und ich möchte in diesem Falle Ihre Aufmerksamkeit dringend auf nachfolgende Regelwidrigkeiten lenken: a) Es hätten unserer Dienststelle von dem Gesetz und von sämtlichen Unterlagen 4 Exemplare in englisch und deutsch eingereicht werden müssen. Stattdessen wurde einem Offizier im Public Safety Department durch einen Beamten des Innenministeriums von dem Gesetz nur ein Exemplar in deutsch und von bestimmten beigefügten Dokumenten nur je eine Abschrift in englisch und deutsch ausgehändigt. b) Die dem Gesetz als Anhang beigefügte Satzung entspricht nicht der vom Landtag angenommenen Satzung. c) Die Änderungen in den §§ 7 und 11 des Gesetzes, die vom Landtag auf der Sitzung am 6. März 1947 beschlossen wurden, sind in dem jetzt eingereichten Exemplar in Form einer Bleistiftverbesserung angegeben. d) Die mit ihrer Unterschrift und der Unterschrift des Ministers desjenigen Ministeriums, das das Gesetz befürwortet hat, versehene Erklärung über 'Ziele und Gründe' liegt nicht vor. e) Weder das deutsche noch das englische Exemplar der Bescheinigung des Justizministers ist unterschrieben. f) Der der Bescheinigung des Justizministers beigefügte Kommentar ist ebenfalls nicht unterzeichnet."[309]
Trotz dieser Unregelmäßigkeiten bei der Vorlage der Verordnung erteilte der Gouverneur "im Hinblick auf die bereits eingetretene Verzögerung in der Veröffentlichung" am 28. Juli 1947 seine Genehmigung.[310] Hier zeigte sich in exem-

---

[309] Darüber hinaus mahnte Asbury eindringlich die vom Innenminister zugesagte Information über die künftigen Pläne betreffend die Abrechnung von Polizeikonten an. Es handelte sich hier um eine Spezifizierung des § 9 (k) der Satzung für den Polizeiausschuß der Stadtkreis-(Regierungsbezirks-)Polizei, gegen den die zuständige Abteilung der Militärregierung Einspruch erhoben hatte. Schreiben RC an Ministerpräsident, 13. Mai 1947, NRW HStA D, NW 152/7; siehe auch Schreiben Innenminister an Ministerpräsident, 27. Mai 1947, ebd.
[310] Schreiben Gouverneur an Ministerpräsident, 28. Juli 1947, NRW HStA D, NW 152/7. Der Hinweis von Hüttenberger (Nordrhein-Westfalen und die Entstehung seiner parlamentarischen

plarischer Weise die minutiöse Haltung der Militärregierung auf dem Gebiete der Genehmigung deutscher Gesetze, die besonders im vorliegenden Falle den Eindruck der Pedanterie erweckt.[311]

5. Verordnung Nr. 135 der Militärregierung: "Deutsche Polizei"

Wenn auch die Polizeiübergangsverordnung noch weit davon entfernt war, den deutschen Idealvorstellungen einer gesetzlichen Regelung des Polizeiwesens zu entsprechen, so hatten die deutschen Politiker doch zunächst einen wichtigen Schritt auf dem Weg hin zu einer für ihre Vorstellungen befriedigenden und effektiven Lösung getan und in der damaligen Situation Maximales erreicht. Nun galt es, darauf aufbauend die Ausarbeitung eines Polizeigesetzes in Angriff zu nehmen und zu versuchen, die noch unerfüllten deutschen Wünsche zu realisieren. Die Chancen hierfür erschienen zunächst keinesfalls völlig aussichtslos zu sein, ganz im Gegenteil, der Landtagsbeschluß zur Abänderung des § 10 der Polizeiübergangsverordnung beflügelte anfangs die Hoffnung der nordrhein-westfälischen Politiker, doch noch ein zufriedenstellendes, den deutschen situativen Gegebenheiten adäquates Polizeigesetz ins Leben rufen zu können. Unterdessen erließ die Militärregierung in dieser Planungsphase völlig überraschend und "ohne vorherige Anhörung deutscher Stellen"[312] mit Wirkung vom 01. März 1948 ihre berühmt-berüchtigte Verordnung Nr. 135 unter dem Titel "Deutsche Polizei", die nicht geringe Verwirrung und Ratlosigkeit hervorrufen und das britisch-deutsche Verhältnis temporär nachhaltig belasten sollte. Jedenfalls waren damit zunächst alle Hoffnungen auf ein genuin deutsches Polizeigesetz zunichte gemacht.

Eine britische Untersuchungskommission war zuvor nach gezielter Analyse der zonalen Polizeiorganisation vor Ort zu dem Ergebnis gelangt, daß die devolution of power in bezug auf das Polizeiwesen verfrüht erfolgt sei, was nicht nur zur Konsequenz habe, daß Polizeigesetze, schon bevor deren demokratische Grundsätze von den Landesregierungen, den Polizeiausschüssen, aber auch der deutschen Öffentlichkeit adäquat nachvollziehbar seien, verabschiedet wurden, sondern auch, daß den Polizeiausschüssen und den Polizeichefs ihre jeweilige Destination unklar sei, was wiederum zu reziproken Konflikten führe. Vor diesem Hintergrund und der Prüfung des Entwurfs der Verordnung Nr. 135 empfahl die Kommission in ihrem Bericht an den Chancellor of the Duchy of Lancaster und

---

Demokratie, S. 290), die VO sei von der britischen Kontrollkommission in Berlin am 28. Juli 1948 genehmigt worden, ist unkorrekt.
[311] Vgl. die Vermutungen von Hüttenberger (Nordrhein-Westfalen und die Entstehung seiner parlamentarischen Demokratie, S. 290). Da der Zeitfaktor bei der Verabschiedung eines Polizeigesetzes im bisherigen Denken der Briten eine nicht unwesentliche Rolle spielte (Vgl. etwa S. 135 u. 139 dieser Arbeit), kann hier wohl eine bewußte britische Verzögerungstaktik ausgeschlossen werden.
[312] Begründung Polizeigesetz, 1. Grundsätzliches, NRW HStA D, NW 152/24-25

Deutschlandminister, Lord Pakenham, die Deutschen zur Erfüllung dieser Basisbestimmungen zu verpflichten, da sie zudem von der ihrer Ansicht nach begründeten Hoffnung ausging, nur ein unbeirrtes Festhalten an den Prinzipien der Militärregierungsverordnung und die Zurverfügungstellung qualifizierter Public Safety Officers durch die Control Commission werde das Überleben der eingeführten demokratischen Polizeiorganisation sichern. Eine substantielle Schwächung der britischen Supervision hingegen führe mit ziemlicher Sicherheit dazu, daß das jetzige Polizeisystem in Strukturen, die vor 1933 bestanden und den Aufstieg der NSDAP und ihrer Geheimpolizei erleichtert hätten, zurückfallen werde.[313]

Bestürzt zeigten sich die Mitglieder von Regierung und Hauptausschuß des nordrhein-westfälischen Landtages sowohl über den Inhalt der Verordnung, in der die Militärregierung erneut "die wesentlichen Grundsätze über die Polizei der Länder"[314] festlegte, als auch über die Tatsache, daß offensichtlich bewußt verantwortliche deutsche Stellen zuvor nicht konsultiert wurden. Unter diesen Bedingungen wurde Innenminister Menzel als zuständiger Fachminister vom Kabinett und dem Landtagshauptausschuß nach eingehender Erörterung einstimmig am 22. März 1948 beauftragt, der Militärregierung die ernsten deutschen Bedenken bezüglich der Verordnung Nr. 135 vorzutragen. In seiner Eigenschaft als maßgeblich betroffener Minister schien es Menzel ein besonderes Anliegen zu sein, diesen Auftrag tags darauf zu erfüllen.[315] Die Problematik und konzeptionelle Unausgewogenheit, die die Verordnung insbesondere aus deutscher Sicht implizierte, führte er Regional Commissioner Bishop in extenso thesenartig vor Augen[316]:

1. Es sei nicht plausibel, warum die Militärregierung die von ihr im Juli 1947 approbierte Polizeiübergangsverordnung vom 20. Dezember 1946 durch die Ver-

---

[313] Vgl. Report of the Commission on the Police System of the British Zone of Germany an Lord Pakenham, 07. Januar 1948, PRO, FO 1013/137. Die Kommission erhielt von Lord Pakenham am 19. November 1947 den Auftrag, das Polizeisystem der britischen Zone, die Effizienz der Polizeieinheiten und die diesbezügliche Kontrollfunktion der PSO's zu untersuchen. Vom 02.-14. Dezember 1947 bereiste die Untersuchungskommission (Mr. F. A. Newsam, Mr. Theobald Mathew, Mr. S. J. Baker und Mr. W. C. Johnson) die britische Zone, wobei sie gewünschten Informationen durch intensive Gespräche mit PSO's, RC's oder DRC's, principal Officers einschließlich Reg. Gov. Officers, R.B. Commanders, Kreis Group Commanders, Kreis Resident Officers, German officials: Ministers (Gespräch mit Innenminister Menzel in Düsseldorf am 03. Dezember 1947), Civil Servants, Police Committees und Chiefs of Police erhielt. Niemals - Ausnahmen bestätigen die Regel - habe man den Eindruck gehabt, die vielen Interviewaussagen seien bloße Lippenbekenntnisse zu demokratischen Grundpositionen gewesen oder daß die gewährten Vollmachten in Abwesenheit einer Kontrollinstanz dann zur Durchführung kontradiktorischer Ansichten genützt würden. Diesbezügliche Verdachtsmomente glaubten die Kommissionsmitglieder jedoch - nicht zuletzt aufgrund einiger Hinweise von PSO's und German Chief Officers of Police - im Blick auf die Polizeiverwaltung durch die Landesregierungen zu erkennen.
[314] Präambel der VO Nr. 135, ABl. Mil.Reg. Nr. 23, S. 713
[315] Bishop bat in dieser Unterredung mit Menzel am 23. März 1948, an der auch Ministerpräsident Arnold teilnahm, den ihm vorgetragenen Protest auch in schriftlicher Form zur Weiterleitung an General Robertson vorzulegen. Vgl. Schreiben Innenminister Menzel an Landtagspräsident in Düsseldorf, 24. März 1948, NRW HStA D, NW 152/26
[316] Schreiben Innenminister Menzel an RC Bishop, 23. März 1948, PRO, FO 1013/407

ordnung Nr. 135 rückwirkend ab 01. März 1948 ohne ersichtlichen Grund in einigen Kernpunkten de facto revidiere. Dadurch sei zudem der explizite Standpunkt des Militärgouverneurs gänzlich außer acht gelassen worden. In einem in der "Welt" am 07. Februar 1948 erschienenen Interview unter dem Titel "Funktioniert die Polizei?" hatte Robertson eine Stellungnahme zur Organisation der Polizei abgegeben, wonach "die Verantwortung der Länder der Britischen Zone zur absoluten Farce geworden wäre, wenn wir ihnen nicht die Verfügungsgewalt über die Polizei zugestanden hätten. Sie hätten dann auch keine Verantwortung übernommen." Zu dieser Äußerung bezog der Innenminister in einem Leserbrief unter der gleichlautenden Überschrift am 17. Februar 1948 ebenfalls in der "Welt" kritisch Stellung. Menzel stimmte zunächst der Aussage des Militärgouverneurs völlig zu, beklagte aber zugleich, daß das versprochene Verfügungsrecht in Wirklichkeit immer noch ein Desiderat sei und den Ländern der britischen Zone im wesentlichen lediglich das ungenügende Recht finanzieller Überwachung der Polizei eingeräumt worden sei, was aber letztlich dazu führe, "daß die den Ländern übertragenen Verantwortungen nicht voll übernommen werden können, weil sie eben nicht die Verfügungsgewalt über die Polizei bekommen haben". Für die Mitglieder des parlamentarischen Hauptausschusses sowie der Regierung sei es sehr frustrierend, daß ihre Gesetzesinitiativen von der Militärregierung derartig gering geschätzt würden. Ganz abgesehen davon seien "dadurch jetzt für die etwaige Durchführung der neuen VO durch den Landtag erhebliche psychologische Schwierigkeiten bereitet worden". In der Tat gingen "die Vorschriften der VO 135 so bis in die Einzelheiten hinein, daß von einer deutschen gesetzgeberischen Initiative nicht mehr gesprochen werden" könne.

2. Während die Polizei laut Verfügung der Verordnung Nr. 57 in die Zuständigkeit der deutschen Gesetzgebung und Verwaltung übergegangen sei, lasse die vage Formulierung der Präambel der Verordnung Nr. 135 keine eindeutige Schlußfolgerung zu, ob eine diesbezügliche Änderung der Verordnung Nr. 57 vorgesehen sei oder nicht, so daß eine Klarstellung hier not tue.

3. Aus der Verordnung Nr. 135 resultiere zum einen eine nicht geringe Reduzierung der bis dato gültigen Befugnisse der Polizeiausschüsse[317], verbunden mit der Streichung jeglicher Inspizierung parlamentarisch-demokratischer Art. Abgesehen von der Auswahl, Ernennung und Entlassung des Polizeichefs und der Mitwirkung bei der Ernennung von Beamten höheren Dienstgrades - ab dem Range eines Polizeioberrates - werde den Polizeiausschüssen, die bisher die Personalpolitik vom Polizeiinspektor an aufwärts dominiert hätten, jegliches Recht auf Ernennungen und Beförderungen entzogen; eine parteiische und unter Umständen arbiträre Personalpolitik eines Polizeichefs sei zu befürchten. Während die Verordnung Nr. 135 unter Ziffer 10. a) die Verantwortlichkeit des Polizeiausschusses für eine leistungsfähige Polizei in seinem Zuständigkeitsgebiet postuliere, werde ihm durch Ziffer 12 sodann "das Recht der Aufsicht über das Auftreten und Verhalten, die Tätigkeit und die Verwaltung der Polizei" versagt. Die be-

---

[317] Zurecht sieht Pioch in dieser deutlichen Prioritätenverlagerung der Zuständigkeiten von den Polizeiausschüssen auf die Polizeichefs einen Kontrast zu dem demokratischen Trend der Neuregelung seit 1945. Vgl. Das Polizeirecht, S. 84f.

sagten Bestimmungen seien kontradiktorisch, "denn die Verantwortung einer Einzelperson oder einer Körperschaft ... (könne) nicht größer sein als ihre Zuständigkeit". Weil die Verfügungsgewalt der Polizeiausschüsse fortan derart minimal sei, müsse ernstlich mit einem Interessenschwund an der weiteren Kooperation in den Polizeiausschüssen seitens der Mitglieder gerechnet werden. Unter Polizeifachleuten wurde unterdessen bereits von Entrechtung der Polizeiausschüsse und Pflichtenauferlegung gesprochen.[318]
4. Ferner sei es eine Disparität in sich, wenn die Militärregierung dem Innenminister nach Artikel V, Ziffer 14, "die letzte Verantwortung für die Aufrechterhaltung von Recht und Ordnung" übertrage, ihm aber gleichzeitig durch die Bestimmung des Artikels V, Ziffer 15, den Eingriff "in die Ueberwachung der Polizei in bezug auf ihre Tätigkeit, ihre Ausbildung und Ausrüstung, ihre Verwaltung und Disziplin" verwehre. Der Landtagshauptausschuß und das Kabinett sähen diesen Umstand "als unmöglich an". Würde dem Innenminister eine Einflußmöglichkeit auf die Exekutive - auch in Notfällen - verweigert, könne er folglich auch nicht für deren vorschriftsmäßige Wirksamkeit haftbar gemacht werden, denn *"Zuständigkeits- und Verantwortungsbereich ... (müßten) identisch sein"*. Des weiteren werde durch die Bestimmung unter Ziffer 14. i), die besage, daß der Innenminister "für die Vorlage der notwendigen Ausführungsgesetzgebung zu den die Polizei betreffenden Verordnungen, Verfügungen und anderen Anordnungen der Militärregierung" ... "zuständig und verantwortlich" sei, "die restlose Ausschaltung der deutschen Verantwortung" manifestiert. Maßgeblich sei, daß hierdurch "die einzelnen Dienststellen der MilReg ermächtigt werden, nach wie vor nicht nur durch allgemeine Verordnungen, sondern auch durch Maßnahmen im Einzelfall in die polizeiliche Tätigkeit einzugreifen. *Damit wird festgelegt, daß für das Funktionieren der Polizei und ihre gesamte Tätigkeit künftig keine deutsche zivile Dienststelle verantwortlich ist."*
5. Die Verordnung - gesetzt den Fall, sie behielte ihre Gültigkeit - gewähre den Polizeichefs eine Machtposition, für deren ordnungsgemäße Anwendung sie niemandem Rechenschaft abzulegen hätten.
Aus diesen Anmerkungen eruierte Menzel drei Schlußfolgerungen, zu denen der Landtag nach Ansicht des Hauptausschusses gelangen könnte[319]:
a) Die Verordnung Nr. 135 ist so konzipiert, daß einerseits Landtag oder Innenminister nicht "die Verantwortung für die Aufrechterhaltung von Recht und Ordnung" übernehmen, andererseits ein Polizeiausschuß nicht die "Aufrechterhaltung einer leistungsfähigen Polizei" gewährleisten kann.
b) Aufgrund der minuziösen Verpflichtungen der Direktive erscheint die Polizei erneut - wie vor dem 01. Januar 1947 - in die Zuständigkeit der britischen Besatzungsmacht übergegangen zu sein.
c) Da aller Voraussicht nach die Bereitschaft zur Zusammenarbeit in den Polizeiausschüssen erlöschen wird, werden diese Gremien ihre Tätigkeit über kurz oder lang einstellen müssen.

---

[318] Vgl. Lotz, Gedanken zum neuen Polizeirecht, S. 50
[319] Vgl. Schreiben Innenminister Menzel an RC Bishop, 23. März 1948, PRO, FO 1013/407

Seine Erörterung schloß Menzel mit einer skeptischen Bemerkung - "Mit einem solchen Verfahren, die von den Landtagen beschlossenen und selbst von der Mil.Reg. genehmigten Gesetze ohne jede vorherige Fühlungnahme mit den Deutschen achtlos beiseite zu schieben, wird zwangsläufig eine Schwächung des demokratischen Verantwortungsgefühls bei den Deutschen herbeigeführt." -, jedoch nicht, ohne auf folgende, in der Formulierung anklagende, Fragen von der Militärregierung eine Antwort zu erbitten:"Wie ist diese Verlautbarung zu vereinbaren mit dem Übergehen aller deutschen Stellen bei der VO 135? Warum ist der Zonenbeirat nicht vorher gehört worden? Sieht sich die Kontrollkommission in der Lage, die praktische Durchführung der VO 135 solange auszusetzen, bis ihr eine Stellungnahme des Zonenbeirats mit etwaigen Abänderungsvorschlägen zugegangen ist?"[320] Im übrigen hatte der Zonenbeirat die Kontrollkommission wiederholt um beratende Einbeziehung in den Entscheidungsprozeß wichtiger Anordnungen gebeten. Obwohl dem Zonenbeirat diesbezüglich Zusicherungen gemacht worden waren, fand dennoch die gewünschte Kooperation in einigen Fällen nicht statt, was von Seiten der Kontrollkommission mit dem Argument besonderer Dringlichkeit des Erlasses gerechtfertigt wurde. Analoge Bedingungen, die bereits nach wenigen Monaten eine akute Reformbedürftigkeit erfordert hätten, lagen im Falle der Verordnung Nr. 135 allerdings nicht vor, so daß vor allem in Anbetracht der erst kürzlich erfolgten Genehmigung der Polizeiübergangsverordnung ein derartiger britischer Übereifer für deutsche Stellen nicht nur nicht einsichtig war, sondern ihnen vielmehr suspekt vorkommen mußte.[321]
Reflektiert man indes über Sinn und Zweck der Verordnung Nr. 135 angesichts des bereits vorliegenden Polizeimemorandums vom 30. November 1946 und der bestehenden Polizeiübergangsverordnung vom 20. Dezember 1946, dann lassen sich die Motive der Briten, die sie zum Erlaß der folgenreichen Verordnung bewegten, im wesentlichen auf folgende Prinzipien reduzieren, die zugleich die Antworten des Gouverneurs wiedergeben, die Menzel auf den in seiner Unterredung mit Bishop diesem persönlich vorgetragenen Kommentar zur Verordnung Nr. 135 erhielt[322]:
- Eine parteipolitisch unabhängige Polizei als unabdingbare Voraussetzung für eine Demokratisierung Deutschlands.
- Verhütung politischen Mißbrauchs der Polizeigewalt durch Vermeidung zentraler Einflußmöglichkeiten (besonders Weisungsrecht des Innenministers).
- Das auf diesen Grundsätzen beruhende, gut funktionierende englische Polizeisystem als 'Kopiervorlage' für deutsche Verhältnisse.
Ganz im Geiste der britischen Besatzungskonzeption ging Bishop dabei in apodiktischer Manier von der induktiven Schlußfolgerung aus, daß die Transferierung dieser, in England anerkannten und bewährten Maximen "auf Deutschland ... daher zur Folge ... (hätte), auch hier eine Polizei aufzubauen, die diesen An-

---
[320] Einwendungen Innenminister Menzels vom 23. März 1948 an RC Bishop betreffend die VO Nr. 135, Abschrift für die Mitglieder des Landtagshauptausschusses vom 24. März 1948, NRW HStA D, NW 152/26
[321] Vgl. ebd.
[322] Vgl. ebd.; vgl. ebenso Innenminister Menzel, Landtagsrede 13. Januar 1949, S. 7

forderungen entspreche(n) (würde)"[323]. Menzel hatte - wie es wohl seine Art war - unterdessen schnell die Argumentation des Regional Commissioners als unlogisch demaskiert und schickte sich an, diese ad absurdum zu führen.[324] Gerade weil das Ziel einer demokratischen Polizei auch deutscherseits unbestritten sei, bat er Bishop, seine "Einwendungen zu berücksichtigen". Einleuchtend erörterte der Innenminister, daß Bishops Grundsatzdarlegungen die Edition der Verordnung Nr. 135 ohne vorherige Konsultation deutscher Behörden nicht hinreichend rechtfertigten. Vielmehr hätte "die Stärkung der demokratischen Idee und die Erziehung der Deutschen zur Selbstverantwortung ... gerade eine solche Beteiligung der Deutschen" zwingend geboten. Da *"die Ausdrucksform eines politischen Prinzips ... in jeder Nation naturnotwendig verschieden"* sei, sei es ein Trugschluß, zu meinen, die Realisierung der Demokratisierung in Deutschland müsse unbedingt in Kongruenz zur englischen gestaltet werden. Gleiches forderte Menzel auch für den Aufbau einer demokratischen Prinzipien verpflichteten Polizei. Pointiert verdeutlichte er, daß die Nichtbeachtung dieses Grundsatzes dann die Schlußfolgerung nahelegen würde, daß der deutschen Erfordernissen konvergentere Aufbau der Polizei in der amerikanischen und französischen Zone den notwendigen demokratischen Maximen und Intentionen widerspräche. Die in Deutschland zur Zeit bestehende Organisation einer vom Volk bzw. von den gewählten Organen des Parlaments nicht kontrollierten Polizei erinnere fatal an das System der "Polizeiformationen" im Hitler-Deutschland. Im übrigen brachte er im Gespräch mit Regional Commissioner Bishop noch die vermeintliche Unterstützung der Verordnung Nr. 135 durch die KPD ins Spiel, die bloß darauf spekuliere, daß sich durch die endgültige Bestätigung der Verordnung ihre Chance zur Kontrolle über die Polizeieinheiten erhöhe, eine Argumentation, der man im Land Public Safety Department indes wenig Glaubwürdigkeit beimaß, da die KPD in der Landtagssitzung am 02. und 03. Juni 1948 in einem Antrag den Innenminister darum ersucht hatte, über Verhandlungen mit der Militärregierung eine Annulierung der Verordnung Nr. 135 zu erreichen.[325] Summa summarum verband Menzel sein vernichtendes Urteil über die Verordnung Nr. 135 mit der indirekten, quasi prophetisch mahnenden, Bitte um deren Außerkraftsetzung, die an dieser Stelle auch ihrer grundsätzlichen Formulierung zitiert werden soll: "Deutschland, vor allem Preußen, hatte vor 1933 eine in der gesamten Welt als gut anerkannte Polizei. *Sie* hat dem Nationalsozialismus am längsten widerstanden, und nur weil die viel stärkere und besser bewaffnete deutsche Wehrmacht 1932 auf Seiten der 'Regierung Papen' stand und 1933 für Hitler eintrat, mußte sie dieser Übermacht weichen. Hätten wir in Deutschland bereits 1933 das jetzt in der VO vorgeschriebene Polizeisystem gehabt, dann wäre der Nationalsozialismus durch die in einigen Gebietsteilen Deutschlands (Ostpreußen, Pommern usw., große Teile Bayerns) vorhanden gewesenen nationalsozialistischen Mehrheiten viel eher in die Polizei eingedrungen, um von hier aus das übrige Staatsge-

---

[323] Ebd., Schreiben Innenminister Menzel an RC Bishop, 23. März 1948, PRO, FO 1013/407
[324] Siehe ebd. zum folgenden
[325] Vgl. Ergebnisprotokoll RC's meeting with the Minister of the Interior discussing Ordinance 135, PS, 19. Juni 1948, PRO, FO 1013/379

füge zu untergraben. Der Hinweis auf die Entwicklung in England erscheint mir nicht ohne weiteres schlüssig. Die englische Geschichte kann mit der deutschen innerpolitischen Entwicklung nicht verglichen werden. Eine schematische Übertragung britischer Regulative, gewachsen aus einer jahrhundertelangen insularen Entwicklung, auf die verworrenen Verhältnisse Deutschlands, enthält die unabwendbare Gefahr eines Scheiterns unserer Bemühungen um eine den deutschen Bedingungen entsprechende Form kontinentaler Demokratie. Der Weg zu einer kontinentalen und damit auch deutschen Demokratie wird in Vielem anders verlaufen müssen, als es in England seit mehreren Jahrhunderten auf Grund seiner insularen Verhältnisse geschehen ist."

Zum Zwecke des Beweises der Richtigkeit seiner Argumentation verwies Menzel schließlich noch darauf, daß es auch in England offenkundig Pläne[326] mit dem Ziel einer Konsolidierung der Rechte von Polizeiausschüssen gebe und daß die Delegierung eines direkten polizeilichen Weisungsrechtes an den Innenminister in Notstandssituationen dort bereits existiere und per Gesetz aus dem Jahre 1920 und 1939 verankert sei. Was aber für England recht sei, müsse für die problembelastete britische Zone billig sein.[327]

Allem Anschein nach waren die Briten von der entschlossenen und massiven Kritik der deutschen Landespolitiker - allen voran der nordrhein-westfälische Innenminister Menzel - an der Polizeidirektive sehr überrascht, so daß sie stante pede begannen, "to examine the problem raised by the Land authorithies' rejection of Ordinance No. 135"[328]. Unvermutet enthüllten die Resultate dieser internen Untersuchung der deutschen Proteste, daß die kurzfristig erlassene Verordnung Nr. 135 selbst innerhalb der Besatzungsbehörden nicht unumstritten war und zu Irritationen bis hin zur Ablehnung führte. Vor allem die kritischen Stimmen, die im Land Governmental Structure Department laut wurden, wiesen erstaunliche Parallelen zu den Einwänden der nordrhein-westfälischen Landesregierung und des Landtagshauptausschusses auf. Man war dort zu der Auffassung gelangt, daß die in Rede stehende Direktive aus verfassungsrechtlicher Perspektive eine Reihe von Kardinalfehlern aufweise und letztendlich eine reaktionäre Maßnahme ("a most retrograde step"[329]) darstelle. So bemängelte man zum einen nicht nur die versäumte Beratung mit den verantwortlichen Deutschen vor dem Erlaß der Verordnung, sondern ebenso das fehlende Agreement mit den Regional Commissioners, zum anderen die Mißachtung der Verordnung Nr. 57 durch

---

[326] Von derartigen Tendenzen hatte sich Menzel während eines jüngst zurückliegenden Englandaufenthaltes überzeugen können. In England besaß der Innenminister zudem das Recht, im Falle mangelnder Funktionstüchtigkeit der Polizei, die finanziellen Zuschüsse der Polizeiausschüsse einzubehalten, was *dort(!)* positiv *bewirkte*, daß die Gemeinden und counties zur Kompensation der ausbleibenden Staatssubventionen ihre Steuern erhöhen müßten und praktisch zum Einlenken gegenüber der Regierung gezwungen seien. Vgl. Menzel, Funktioniert die Polizei?, in: "Die Welt" Nr. 20, 17. Februar 1948, S. 2
[327] Innenminister Menzel bat RC Bishop um eine alsbaldige Entscheidung in besagter Angelegenheit, damit er den Landtagshauptausschuß unterrichten könne und eine Klarstellung noch vor der nächsten Landtagssitzung vom 5.-7. April 1948 herbeigeführt werde.
[328] Schreiben CGSO J.H.A. Emck an RCO, 25. März 1948, PRO, FO 1013/407
[329] Ebd.; vgl. auch zum folgenden

Festlegung "wesentlicher Grundsätze über die Polizei der Länder ... ungeachtet
der Tatsache, daß dieser Gegenstand im Anhang D der Verordnung Nr.
57 nicht aufgeführt ist" (Präambel Verordnung Nr. 135), noch dazu befürchtete man die
Verunsicherung der Deutschen, die sich auf die zuvor verkündete Politik verlassen
hätten. Bereits gegen Ende 1947 hatte eine Konferenz von Vertretern diverser
Military Government Departments das Faktum erörtert, bisweilen aufgefordert zu
werden, auf gewissen Prinzipien auch bezüglich nicht vorbehaltener Sachverhalte
zu insistieren. Nach Auskunft der Legal Division sollte dies stets durch Überzeugung
geschehen. Eine Korrektur der Verordnung Nr. 57 etwa in der Form, daß
der betreffende Sachgegenstand dem Anhang 'D' zugeordnet werde, wurde hingegen
als letztes Mittel angesehen.[330] Darüber hinaus richtete sich die Kritik des
Land Governmental Structure Departments gegen die gröbliche Überschreitung
des theoretischen Anspruchs, lediglich "fundamental principles" aufzustellen,
durch das in praxi vorgelegte, den Ansprüchen der Public Safety Branch genügende,
detaillierte Strukturschema einer Polizeiorganisation. Schließlich hatte
man auch dort die Problematik des Artikels V, Absatz 14. (i), erkannt, aufgrund
dessen der Innenminister zum bloßen exekutiven Werkzeug der Militärregierung
degradiert wurde.

Am 22. März 1948 bekannte Chief Governmental Structure Officer Emck in einem
Schreiben an den Regional Governmental Officer unumwunden, daß weder
in der amerikanischen und französichen noch in der russischen Zone ein Versuch
unternommen wurde, "to impose a system which disallows Ministerial control of
the police"[331]. Zugleich wagte er die These, die Verordnung Nr. 135 wäre für die
Deutschen möglicherweise akzeptabel gewesen, hätte man sie vor der Verabschiedung
der Polizeiübergangsverordnung durch den Landtag erlassen.[332] Bemerkenswert
ist zudem auch die Reaktion, mit der das Land Governmental
Structure Department Menzels Einspruch gegen die Auferlegung der britischen
Polizeisystems bewertete, indem man eingestand, daß dieses doch ein recht eigentümliches
sei, die Mehrzahl der europäischen Länder sich hingegen am französischen
Muster orientierten, demzufolge die kommunalen Polizeichefs vom
Präsidenten auf Empfehlung des Innenministers ernannt würden, der eine umfassende
Kontrolle über die Polizei durch die Präfekten der Departements und die
Bürgermeister in ihrer Eigenschaft als Staatsvertreter ausübe. Die zum französischen
Polizeiaufbau eine enge Konvergenz aufweisende frühere deutsche Polizeiorganisation,
die ja die Deutschen heute - unter Betonung stärkerer lokaler
demokratischer Kontrolle - wieder favorisierten und unter positiven Umständen
bereits realisiert hätten, charakterisierte die Besatzungsbehörde erstaunlicherweise
als nicht grundsätzlich undemokratisch, obwohl doch gerade dieses System zu
dem in der Verordnung Nr. 135 skizzierten kontradiktorisch war. De facto war
es für die Briten heikel, das deutscherseits angestrebte Polizeisystem, welches
aufgrund seiner allgemeinen Akzeptanz in zahlreichen demokratischen europäi-

---

[330] Vgl. Notes on the discussion of Ordinance No. 57 and Regulation No. 1 held in the RGO's office, 22. September 1947, PRO, FO 1013/218
[331] PRO, FO 1013/203; vgl. zudem Ebsworth, Restoring Democracy in Germany, S. 178
[332] Vgl. PRO, FO 1013/203

schen Staaten installiert war, offiziell als demokratiegefährlich nur deshalb zu disqualifizieren, weil eine Diskrepanz zum Regulativ Nr. 135 bestehe, das noch dazu laut Einschätzungen innerhalb der eigenen Reihen "far beyond the requirements of a measure designed to set forth fundamental principles"[333] gehe. Vor dem Hintergrund der auf Widerstand stoßenden eigenen politischen Route mag die Briten zudem auch eine Unterredung mit den amerikanischen Alliierten im OMGUS am 04. Mai 1948, bei der es um die Koordination britisch-amerikanischer Zonengesetzgebung, speziell der Polizeiorganisation, ging, nachdenklich gestimmt haben. Eine instruktive Aktennotiz gibt hierüber Aufschluß:"In the British Zone, if Ordinance No. 135 takes effect, the police will be subject to the control of Police Committees on the British pattern as it has evolved in England. The Land Ministers of the Interior will have only limited powers of control as set out in the Ordinance. In the American Zone on the other hand, the police are organised on a Kreis and Gemeinde level, and the rural police only are under the Land Minister of the Interior in each Land."[334] Nach Approbation des Entwurfs der Verordnung Nr. 135 war man im Foreign Office in London überdies bereits Anfang Februar 1948 der festen Überzeugung, daß sich die Bemühung, das britische Polizeisystem auf zonaler Ebene zu etablieren, als Fehlschlag erwiesen habe und man infolgedessen auch die Möglichkeit eines dem kontinentalen Erfahrungshorizont weniger fremden Organisationssystems in Betracht ziehen müsse.[335] Ebsworth setzt indes gedanklich noch früher an und geht davon aus, daß es ein großer Fehlgriff der Briten war, sich im Zuge der Verordnung Nr. 57 keine "police powers ... in some specific legislative form" vorzubehalten, denn dieses Versagen sei ein schwerer Schlag gegen die britischen Reformer gewesen, "who were training the new service to accept only one master - the law" und hätte, da die Situation für die Public Safety Branch immer unangenehmer geworden sei, schließlich zum Erlaß der Verordnung Nr. 135 geführt.[336]

Daß man sich im Land Governmental Structure Department die kritischen Darlegungen Menzels zu eigen machte, resultierte im wesentlichen aus der Phobie vor imponderablen Konsequenzen ("most unfortunate consequences"), die die insistierende Forcierung des Polizeidekrets zeitigen könnte. Im Eingriff der Verordnung Nr. 135 in die exklusiv dem Landtag vorbehaltene Gesetzgebungskompetenz auf dem Gebiete des Polizeiwesens erblickte man die reale Gefahr einer Leumundschädigung und eines potentiellen Prestigeverlustes der Militärregierung, zumal diese vor über einem Jahr ihre politische Konzeption der devolution of power mit Nachdruck proklamiert hatte.

Während ihrer Konferenz in Berlin am 12. März 1948 wurden die Land Governmental Structure Officers im übrigen davon in Kenntnis gesetzt, daß die devolution of power im Zuge des internationalen Entwicklungsprozesses "was likely to

---

[333] Schreiben CGSO J.H.A. Emck an RGO, 22. März 1948, PRO, FO 1013/203
[334] Schreiben GOVSC, HQ Berlin, an Chief Legal Division Berlin, 10. Mai 1948, PRO, FO 1049/1358; siehe auch Report of the Commission on the Police System of the British Zone of Germany an Lord Pakenham, 07. Januar 1948, PRO, FO 1013/137
[335] Vgl. vertrauliche Mitteilung aus dem FO, 06. Februar 1948, PRO, FO 1049/1358
[336] Ebsworth, Restoring Democracy in Germany, S. 178f.

accelerate to such an extent that a number of long-cherished principles of British Military Government in the governmental sphere might have to be cast overboard before long". Diese zu erwartende Entwicklung, die aller Wahrscheinlichkeit nach zu einer interalliierten Einigung hinsichtlich der "unreserved subjects" in Form einer Grundsatzerklärung führen werde, würde indes "the continued imposition of any purely British interpretation of fundamental principle" undurchführbar machen. Vor diesem Hintergrund vertrat man im Land Governmental Structure Department die Meinung, "that we must admit the contentions of Dr. Menzel and the Ministerpräsident", falls man bereit sei, in der Angelegenheit der Polizeiorganisation ehrenhaft zu handeln.[337] Angesichts des nachdrücklichen offiziellen Protests auf höchster Ebene erschien der Versuch einer Umstimmung der Deutschen auf britischer Seite wenig erfolgversprechend, zumal die Darlegungen Menzels, abgesehen von verschiedenen Einzelheiten, "fully justified" seien. Innerhalb der britischen Besatzungsbehörde war man sich nach reiflicher Beratung mit dem Land Public Safety Department augenscheinlich der Tatsache voll bewußt, in eine Sackgasse geraten zu sein, aus der es nur einen Ausweg gebe, nämlich die definitive Suspendierung der Verordnung Nr. 135. Jene dringende Empfehlung müsse dem Militärgouverneur auch auf die Gefahr hin erteilt werden, daß der Generalinspekteur der Polizei eine alternative Auffassung vertrete. Nichtsdestotrotz hegte man im Land Governmental Structure Department in Düsseldorf die Hoffnung, daß möglicherweise die "institutions developed along British lines will have by usage received the general acceptance of the Germans, when the time has come to bring our policy into sympathy with other Zones"[338].
Auf deutscher Seite insistierte man weiterhin unnachgiebig auf dem Standpunkt, daß die Gefahr politischen Mißbrauchs, die von einer durch die gewählten Organe der Volksvertretung nicht kontrollierten Polizei ausgehe, entschieden akuter sei, als die von einer durch zivile Stellen (Innenminister, Oberbürgermeister, Landräte) observierten. Menzel jedenfalls war entschlossen, gestärkt durch die Rückendeckung des Kabinetts und des Landtagshauptausschusses, am eingeschlagenen Kurs festzuhalten.[339] Die von Regional Commissioner Bishop deutlich bekräftigte britische Aversion gegenüber diesem Standpunkt im Gedächtnis, mag es den Betrachter zurecht erstaunen, daß die britische Perspektive besagten Sachverhaltes keineswegs so präzise negativ war, wie dies nach außen hin den Anschein hatte, sondern vielmehr von einer Ambivalenz, vielleicht sogar Unschlüssigkeit, gekennzeichnet war - freilich nicht offiziell, sondern nur intern -, die sich darin äußerte, daß man unter dem Sicherheitsgesichtspunkt durchaus Verständnis für Menzels Argument aufbrachte, eine "responsible and democratic Land Government may be more endangered by subversive influencing of individual police forces outside its direct control, than by the possibility of a Ministry controlling individual police forces falling into the hands of a political element

---

[337] Schreiben CGSO J.H.A. Emck an RCO, 25. März 1948, PRO, FO 1013/407; vgl. dies ebenfalls zum folgenden
[338] Schreiben CGSO an RGO, 22. März 1948, PRO, FO 1013/ 203
[339] Vgl. Innenminister Menzel, Landtagsrede 13. Januar 1949, S. 7f.

bent on destroying the democratic state"[340]. Indirekt bestätigt dies auch Ebsworth, der sich an die vielen Warnungen vor dem in seiner Position unabhängigen neuen britischen Typ eines Polizeibefehlshabers erinnert, der imstande wäre, gerade die Form der Autoritätshörigkeit, die man doch abschaffen wollte, zu festigen.[341] Die durch die Verordnung Nr. 135 verstärkte, schier unüberwindlich erscheinende britisch-deutsche Standpunktdivergenz - einige Polizeiausschüsse in der britischen Zone hatten bereits ihre Arbeit niedergelegt[342] - gab Anlaß sowohl zu ausgedehnten Korrespondenzen als auch zahlreichen persönlichen Unterredungen vor allem zwischen Regional Commissioner Bishop und Innenminister Menzel.[343] Entschiedene Proteste, von deutscher Seite gegen die verschärften Bedingungen der Verordnung Nr. 135 artikuliert, verhallten keineswegs ungehört, sondern bewirkten zunächst eine erste ausführliche öffentliche Stellungnahme des Militärgouverneurs Sir Brian Robertson vor dem nordrhein-westfälischen Landtag in Düsseldorf am 07. April 1948 u.a. zu Fragen der strittigen Polizeidirektive.[344] Angesichts des angespannten Verhältnisses zu den Deutschen war Robertson sichtlich darum bemüht, die Wogen des Disputs zu glätten, um den bereits eingetretenen Schaden nicht zuletzt für das britische Prestige einzugrenzen. Der Geist dieser Rede läßt erkennen, daß Robertson sich dabei der prekären Konstellation, in die sich die britische Besatzungsmacht hineinmanövriert hatte, vollends bewußt war. Demzufolge schien es ihm ein Anliegen, sowohl den Erlaß der Verordnung Nr. 135 zu rechtfertigen als auch einige diesbezügliche Klarstellungen vorzunehmen. So versicherte er, daß man die Prinzipien dieses Dekrets, dessen Einbeziehung in die Landespolizeigesetzgebung erwartet werde, keineswegs deshalb aufgestellt hätte, weil sie britisch seien, sondern da man diese Richtlinie ernsthaft für "fundamentally sound" in jedem Land einschließlich Deutschland halte.[345] Ferner bekräftigte der Militärgouverneur, daß die Verordnung Nr. 135 die Deutschen mitnichten ihrer durch die Militärregierungsverordnung Nr. 57 überantworteten Legislativbefugnisse im Bereich des Polizeiwesens beraube, vielmehr lege sie verschiedene Gesichtspunkte dar, welche der Regional Commissioner im künftigen Polizeigesetz wiederzufinden erwarte.[346] Obwohl hinsichtlich Sinn und Zweck resp. Nutzen der Verordnung Nr. 135 ja bereits ein latenter Konflikt schwelte, beteuerte Robertson dennoch eilends, es liege ihm

---

[340] Schreiben CGSO an RGO, 22. März 1948, PRO, FO 1013/203
[341] Vgl. Ebsworth, Restoring Democracy in Germany, S. 182
[342] Vgl. Lotz, Gedanken zum neuen Polizeirecht, S. 50
[343] Vgl. Flecken, Probleme einer modernen Polizei, S. 215
[344] Stenographischer Bericht der 40. Sitzung des Landtages am 07. April 1948, S. 270. Abgesehen von einigen einleitenden Bemerkungen wurde die Rede von Robertson in seiner Muttersprache gehalten, die ein Dolmetscher übersetzte. Eine Kopie der englischen Textfassung der Rede findet sich in PRO, FO 1013/379.
[345] Nach Ansicht der ATC Branch, Legal Division ZEO Herford, bildete die VO Nr. 135 die rechtliche Basis für eine bereits stattgefundene Entwicklung, nämlich die Konstituierung der Polizei als einer unabhängigen und zivilen Körperschaft außerhalb der deutschen Verwaltungsstruktur. Vgl. Schreiben ATC Branch (R.C. Swayne for Director) an PS Branch Bünde, 10. April 1948, PRO, FO 1013/198
[346] Siehe hierzu auch Begründung Polizeigesetz, 1. Grundsätzliches, NRW HStA D, NW 15/24-25

gänzlich fern, eine Auseinandersetzung zwischen ihm und den deutschen Volksvertretern wegen dieser Direktive heraufzubeschwören. Er sei sich, so betonte er, der deutschen Ablehnung verschiedener Aspekte der Verordnung bewußt, sei aber zugleich der Auffassung, daß diese Verstimmung zu einem beträchtlichen Teil auf einem Mißverständnis oder einer Fehlinterpretation der Verordnung beruhe und er infolgedessen auch keinesfalls so rigide sein wolle, in Anbetracht des vorliegenden Mehrheitsvotums aller großen Parteien im Düsseldorfer Landtag auf jedem Detail des Regulativs zu insistieren.[347] Sehr moderat und ganz in der Manier einer captatio benevolentiae machte Robertson, da er entschlossen war, den Deutschen zu trauen ("I am determined to trust you."), schließlich zwei signifikante Konzessionen:"Zunächst will ich Ihnen Zeit lassen, um Ihnen eine eingehende, nüchterne Diskussion unter sich und mit den Herren meines Stabes zu ermöglichen. Ich will nicht darauf bestehen, daß Ihr Gesetz vor Ende Juni vorgelegt werden soll, wenn Sie eine so lange Zeitspanne benötigen.[348] Zweitens will ich Herrn General Bishop bitten, eine weite und freizügige Auslegung der Verordnung 135 und besonders einiger darin enthaltener Einzelheiten zu handhaben." Robertson gab sich zuversichtlich, unter diesen Bedingungen das Problem gemeinsam mit den Deutschen bewältigen zu können. Die Offerte des guten Willens und der Kooperationsbereitschaft, mag sie vermutlich auch noch so aufrichtig gemeint gewesen sein, mußte jedoch - bedenkt man die Umstände der Veröffentlichung der Verordnung Nr. 135 - für die deutschen Zuhörer wohl einen leicht zynischen Beigeschmack haben.

Bishop seinerseits ging noch einen Schritt weiter, indem er Robertson eine formelle sechswöchige Suspendierung der Verordnung Nr. 135 vorschlug, um den Regional Commissioners, die ja ihrerseits, wenn überhaupt, nur unzureichend über die Bedingungen der Direktive in Kenntnis gesetzt worden waren, die Möglichkeit zu eröffnen, die Landesregierungen darüber zu informieren, daß innerhalb dieser Frist ein die britischen Prinzipien konkretisierendes Polizeigesetz zu verabschieden sei und daß im Falle der Nichterfüllung dieser Bedingung die Verordnung Nr. 135 dann landesweit in Kraft gesetzt würde.[349] Damit hoffte der Regional Commissioner, ohne den manifestierten Maximen untreu zu werden, die Kritik an der willkürlichen Oktroyierung der Verordnung entkräften zu können, ein freilich eher illusionäres als realitätsnahes und somit undurchführbares Unterfangen, da eine auch nur temporäre Rücknahme einer bereits veröffentlichten Militärregierungsverordnung dem Eingeständnis eigener Unzulänglichkeit gleichgekommen wäre.

---

[347] Dies war zudem um so erstaunlicher, da Robertson "sowohl von deutscher als von alliierter Seite selten mit sich handeln" ließ. Reusch, Sir Brian Robertson, S. 77
[348] Fälschlicherweise spricht Hüttenberger (Nordrhein-Westfalen und die Entstehung seiner parlamentarischen Demokratie, S. 295) davon, Robertson habe das Inkrafttreten der VO Nr. 135 ausgesetzt, obwohl es sich hier eindeutig lediglich um die Gewährung eines zeitlich befristeten Aufschubs handelte.
[349] Vertrauliches Telegramm RC Bishop an MG Robertson, 25. März 1948, PRO, FO 1049/1358

Unter dem Eindruck bzw. Druck der zurückliegenden Ereignisse[350] bemühte sich schließlich auch der für die Polizei der britischen Zone zuständige Generalinspekteur, Mr. O'Rorke, beflissentlich in seiner Rede vor den versammelten Polizeichefs der gesamten Zone in der Polizeischule in Hiltrup am 05. August 1948 um eine verspätete Legitimierung der substantiellen Prinzipien der Verordnung Nr. 135, indem er idealisierend deren generellen Modellcharakter für die Polizei eines jeden Staates hervorhob. O'Rorke nannte folgende elementare Grundsätze, die unverkennbar britischen Geistes sind: 1. The burden of responsibility, how that is shared and by whom it is borne (Chief of Police, Police Committee, Minister of the Interior). 2. Organisation and strength of the individual Police forces of the state (efficiency of the Police forces). 3. The character of the Police forces should be civilian and not military. 4. The Police official should be responsible to the law for everything he does. 5. Impartiality of the Police. Police are debarred from membership of political parties and from taking an active part in politics. 6. Police shall be the servants of the public and not their masters. 7. Need for efficiency. 8. Reliability in Police.[351] Entgegen dem relativ moderaten Grundton seiner plädoyerartigen Ansprache gipfelte die Konklusion dieser Rede, nachdem O'Rorke zuvor fast leidenschaftlich für die Errichtung einer Polizeivereinigung als Interessenvertretung der Polizeibeamten plädiert hatte, in Worten herber Kritik an den Polizeiabteilungen der Innenministerien, derzufolge die Police Departments manchmal der Ansicht seien, Experten auf dem Gebiete polizeilicher Belange zu sein, was sie wiederum zu der Auffassung verleite, zur Edition technischer Direktiven in genuin polizeilichen Angelegenheiten berufen zu sein. Den anwesenden Vertretern der Polizei warf der Inspector General vor, dies erlaubt zu haben, obwohl doch sie die eigentlichen "executive experts" seien, die ihr berufliches Fachwissen und ihre Erfahrung einbringen müßten, denn sie allein besäßen die nötige professionelle Qualifikation dazu. Um dies aber noch adäquater realisieren zu können, sei die Organisierung in einer "Association of Chiefs of Police" auf Landesebene, die gemeinsam ihre Konzepte forcieren, unabdingbar.[352] Es wird den Betrachter nun nicht sonderlich erstaunen, daß Innenminister Menzel einen derartigen Vorwurf gegen die Polizeiabteilungen nicht unwidersprochen hinnahm. Sachlich, jedoch im Ton bestimmt und mit einem leicht anklagenden Unterton brachte Menzel diesen Sachverhalt in einem Schreiben an Gouverneur Bishop am 13. August 1948 zur Sprache.[353] Darin hob der Innenminister hervor, daß er die offenen Worte des Generalinspekteurs der Polizei insofern sehr begrüße, als er davon ausgehe, daß dieser Anschuldigung belastendes Beweismaterial zugrunde liege, um dessen Bereitstellung Menzel Bishop sogleich bat, damit mögliche Übelstände beseitigt werden könnten, da ansonsten diese Kritik ihren zweifelsohne intendierten positiven Zweck verfehlen würde. Abgesehen davon

---

[350] Vgl. folgendes Kapitel
[351] Vgl. PRO, FO 1013/379; deutsche Übersetzung der Rede in: Die Polizei, Nr. 13 Oktober 1948, S. 150-153; vgl. auch Report of the Commission on the Police System of the British Zone an Lord Pakenham, 07. Januar 1948, PRO, FO 1013/137; siehe ebenso Kap. II/7., hier bes. S. 105
[352] Vgl. PRO, FO 1013/379
[353] Vgl. NRW HStA D, NW 152/26

hätte es Menzel begrüßt, wäre ihm und seinen Mitarbeitern dieses Monitum direkt bzw. über das Headquarter der Militärregierung in Düsseldorf vorgetragen worden und nicht, wie unglücklicherweise geschehen, auf indirektem Wege vor den Chefs der Polizei, für deren Gesamthaltung und Disziplin er auch gemäß Verordnung Nr. 135 die Verantwortung trage. Somit seien nicht nur er, sondern vielmehr noch die Polizeibefehlshaber in eine mißliche Situation gebracht worden, nicht zuletzt weil die fraglichen Bemerkungen des Polizeiinspekteurs ein potentielles Mißverständnis in sich bargen, demzufolge der Eindruck hätte entstehen können, als habe O'Rorke die Polizeichefs, noch dazu mit Hilfe einer neu zu gründenden Polizeivereinigung, gegen den Innenminister mobilisieren wollen. Aufgrund dessen ernstlich besorgt, sagte Menzel:"Ich würde es bei den grossen Sorgen, die mein Beruf mir bringt, für sehr misslich halten, wenn nunmehr auch auf dem Gebiete der polizeilichen Verantwortung meine Arbeit sehr - ich meine unnötig - erschwert würde."[354] Eine aufklärende Mitteilung zum Ausschluß etwaiger Mißdeutungen und damit verbunden möglicher Irritationen im sensiblen Bereich der öffentlichen Sicherheit, die der Minister sehr begrüßt hätte, ließ O'Rorke allerdings vermissen.

Aus einer analogen Erfahrung heraus ging man im Düsseldorfer Land Governmental Structure Department indes davon aus, die fristgerechte Ausführung der Verordnung Nr. 135 - gemäß der Order des Militärgouverneurs - werde ebenfalls nicht beachtet werden, zumal zwischen der gegenwärtig gültigen Polizeiübergangsverordnung und den wichtigsten Vorschriften der Verordnung Nr. 135 schon Kongruenz bestehe.[355]

Vor dem Hintergrund der Diskrepanz zwischen theoretisch Wünschenswertem und praktisch Erreichbarem schätzte man dort die Chance einer baldigen Präsentation eines für die Militärregierung befriedigenden neuen Polizeigesetzes bzw. einer Modifizierung der Polizeiübergangsverordnung im Blick auf Menzels unkooperative Haltung ("hostile attitude") als sehr gering ein, weil auch das Kabinett ihn einmütig unterstütze und der Ministerpräsident keinen Bruch der sensiblen Koalition riskieren wolle. In Ermangelung positiver Konditionen sahen die Briten ihren Handlungsspielraum zur Sicherstellung ihrer essentials ergo auf zwei Alternativen limitiert: Einerseits, auf die Durchsetzungskraft der Verordnung Nr. 135 in ihrer gegenwärtigen Fassung mit Hilfe der "powers of persuasion" ("veto") des Regional Commissioners zu vertrauen, andererseits die sofortige Erzwingbarkeit der Direktive via den Erlaß eines neuen Militärregierungsgesetzes einzuleiten. Obwohl die erste Alternative nach britischem Ermessen mit Sicherheit keine zufriedenstellende Realisierung der Verordnung Nr. 135 bis Ende Juni 1948 gewährleisten würde, empfahl man im Land Governmental Structure Department notgedrungen dennoch deren Anwendung, zumal die Umsetzung der zweiten

---

[354] Ebd.
[355] Vgl. Schreiben CGSO J.H.A. Emck, GOVS Düsseldorf, an GOVS Berlin, 19. April 1948, PRO, FO 1049/1358. Im Land Governmental Structure Department hatte man in diesem Zusammenhang den ähnlich gelagerten Fall der VO Nr. 103 (Bodenreform) vor Augen, die gleichermaßen ein präzises Zeitlimit (10. Dezember 1947) für die Durchführung der erforderlichen Gesetzgebung fixiert hatte, das der Landtag jedoch bis dato ungestraft ignorierte.

Handlungsmöglichkeit vollends indiskutabel erschien, da sie in eindeutiger Weise eine Reduzierung der deutschen Gesetzgebungskompetenz durch Korrektur der Verordnung Nr. 57 bewirkt hätte und letztlich im Widerspruch zur besatzungspolitischen Grundtendenz stand. Ganz abgesehen davon war sich die britische Besatzungsmacht, nachdem der nordrhein-westfälische Landtag nun überdeutlich seine Antipathie gegen eine Befehlsgesetzgebung bekundet hatte, im Grunde vollends darüber im klaren, keinerlei, in praxi effektive, Sanktionsmittel zu besitzen, mit deren Hilfe die Militärregierung oder die Landesregierung - falls diese einen solchen Schritt intendierte - eine vom Volk gewählte Körperschaft von 216 Deutschen zwingen könnte, Gesetzgebung auf Anweisung ad hoc durchzuführen.[356] Daß die Militärregierung den deutschen Politikern gar mit dem Erlaß eines eigenen Gesetzes gemäß der Verordnung Nr. 135 gedroht habe, falls diese nicht möglichst bald ein Gesetz verabschieden würden, wie Wego behauptet[357], läßt sich anhand der Akten nicht bestätigen.

Wenn auch die Konzession des Gouverneurs noch keineswegs die Aufhebung der Verordnung Nr. 135 zur Folge hatte, so war doch das Einlenken der Militärregierung ein Resultat, welches allen voran Innenminister Menzel als einen Etappensieg deutscher Politik des eigenständigen Weges zur Demokratie verbuchen konnte.[358] In dieser Situation schienen die Chancen für die Ausarbeitung eines Polizeigesetzes unter Berücksichtigung deutscher Erfordernisse nicht schlecht zu stehen. Bis zur Verabschiedung des vorläufigen Polizeigesetzes im Mai 1949 sollten jedoch noch langwierige und zähe Verhandlungen mit der Militärregierung nötig sein. Einen Meilenstein auf diesem Wege markierte zweifellos die Bad Meinberger Resolution der Innenminister der britischen Zone.

6. Exkurs: Zur Frage der Gültigkeit der Verordnung Nr. 135 der Militärregierung

Nachdem das aus den langwierigen deutsch-britischen Verhandlungen hervorgegangene erste nordrhein-westfälische Landespolizeigesetz in der Form der Polizeiübergangsverordnung vom 20. Dezember 1946 im Sommer 1947 von Gouverneur Asbury offiziell genehmigt worden war, schien es auf Landesebene zunächst wohl niemandem in den Sinn zu kommen, da man doch bisher - wenn auch oft widerstrebend - die britischen Bedingungen erfüllt hatte, daß sich die damit jetzt vorgegebenen Rahmenbedingungen für das künftige Polizeigesetz doch noch zu Ungunsten der deutschen Seite komplizieren könnten. Dies schien jedoch in der Tat dann der Fall zu sein, als die Verordnung Nr. 135 der Militärregierung "ohne Vorwarnung" dekretiert wurde, zumal nun der Anschein erweckt wurde, als

---
[356] Vgl. ebd.
[357] Vgl. Wego, Die Geschichte des Landeskriminalamtes Nordrhein-Westfalen, S. 40
[358] Erst am 04. Dezember 1950 hob der britische Hohe Kommissar die VO Nr. 135 der Mil.Reg. durch die VO Nr. 220 offiziell auf. ABl. AHK, S. 702

werde dadurch bereits Erreichtes ungültig gemacht oder doch zumindest in Frage gestellt und der weitere Gesetzesprozeß mit einer Hypothek neuer britischer Bestimmungen über Aufbau, Aufgaben, Zuständigkeiten und Befugnisse der Polizei belastet. Hiermit ist denn auch der eigentliche Kern des durch die Verordnung Nr. 135 aufgeworfenen Problems angesprochen. Dieses Grundproblem lag nicht so sehr in dem von den Deutschen vordergründig als britische Besatzungswillkür empfundenen Verordnungsakt an sich, der, zieht man u.a. die offensichtlich bewußte Umgehung deutscher Stellen in Betracht, durchaus nachvollziehbar ist, als vielmehr in der offen zutage tretenden erneuten Diskrepanz zwischen britischen Prinzipien und deutschen Wunschvorstellungen, die durch Reglementierung eines detaillierten Maßnahmenkataloges jegliche deutsche Eigeninitiative im Hinblick auf ein endgültiges Polizeigesetz im Keim zu ersticken drohte.[359] Anders gesagt, die Kernproblematik bestand in der latenten Befürchtung der deutschen Landespolitiker, zu guter Letzt mit ansehen zu müssen, wie der durch die Verordnung Nr. 57 der deutschen Legislativkompetenz definitiv überantwortete Bereich des Polizeiwesens von der britischen Besatzungsmacht nun via die Verordnung Nr. 135, quasi durch ein Hintertürchen, rückwirkend vollends vereinnahmt und die Landespolizeiorganisationen ergo noch britischer geprägt würden, als sie es bis dato schon waren. Hüttenberger führt die Aufregung der Länder der britischen Zone über die Verordnung Nr. 135 darauf zurück, daß diese "den empfindlichen Nerv ihrer machtpolitischen Ambitionen berührte"[360], ein Motiv, das in der Politik stets in Betracht gezogen werden muß, jedoch insofern relativierungsbedürftig ist, als der Protest der Länder unter nordrhein-westfälischer Führung sich legitimerweise primär gegen den - trotz anders lautender Versicherungen - augenscheinlich im Widerspruch zur Verordnung Nr. 57 stehenden Dirigismus der Verordnung Nr. 135 richtete, der die Legislative der Zonenländer in ihrer Autonomie eklatant in Frage stellen mußte. Wenn die Verordnung Nr. 135 über die Polizei selbst auch kein materielles Recht gab, so wertete Innenminister Menzel dieses Verfahren doch als Schritt, mit dem die Militärregierung "die Gesetzgebung in polizeilichen Angelegenheiten, wenn auch nicht formell, so doch materiell, wieder an sich gezogen" habe und damit nicht zuletzt "ein Präzedenzfall von unabsehbarer Tragweite geschaffen worden" sei[361]. Schließlich wirkte der bekannte Kommentar General Robertsons vor dem Landtag in Düsseldorf am 07. April 1948 klärend auf die Frage nach der Gültigkeit der Verordnung Nr. 135.[362] Denn nun war eindeutig definiert, daß die Verordnung Nr. 135 de iure die Bestimmungen der Verordnung Nr. 57 in keiner Weise antastete, die legislatorische Befugnis der Länder in Polizeifragen somit weiterhin gewährleistet blieb, jedoch

---

[359] Vgl. Innenminister Menzels Protestnote an RC Bishop, 23. März 1948, NRW HStA D, NW 152/26
[360] Hüttenberger, Nordrhein-Westfalen und die Entstehung seiner parlamentarischen Demokratie, S. 294
[361] Schreiben Innenminister Menzel an Landtagspräsidenten in Düsseldorf, 18. März 1948, NRW HStA D, NW 152/23
[362] Der nordrhein-westfälische Verfassungsausschuß hatte diese Frage erstmalig in der Sitzung am 16. März 1949 zum Gegenstand seiner Debatte gemacht. Vgl. Stellungnahme Menzels zur Frage der Gültigkeit der VO Nr. 135, NRW HStA D, NW 152/21-22

- und das war für den weiteren Verlauf der Polizeigesetzgebung von zentraler Bedeutung - de facto die Länderlegislation maßgeblich beeinflußte, indem sie die essentiellen Erwartungen der Briten an ein Polizeigesetz explizit darlegte. Zudem bestätigte auch Regional Governmental Officer MacDonald im Rahmen eines Meinungsaustauschs mit Innenminister Menzel am 13. August 1948 die Faktizität der bestehenden Rechtslage, an der die Verordnung Nr. 135 nichts ändere.[363] Die aus der mißverständlichen Formulierung der Präambel resultierende deutsche Fehlinterpretation dieser Verordnung als eines die Verordnung Nr. 57 außer Kraft setzenden Ediktes wurde somit korrigiert. Ergo handelte es sich bei der Verordnung Nr. 135 eben nicht um ein rückwärtsgewandtes Instrumentarium nachträglicher Zensur bereits bestehender genehmigter Gesetze, wohl aber um ein zukunftsorientiertes Basisdokument von Anforderungen an die Landespolizeigesetze in spe.

Noch am 18. März 1948 hatte Menzel in einem Informationsschreiben an alle nordrhein-westfälischen Landespolizeibehörden betont, die neue Verordnung Nr. 135 interpretiere die bestehenden deutschen Polizeigesetze und Übergangsverordnungen und annulliere sie insofern, als diese mit den Bestimmungen der Direktive unvereinbar seien, und infolgedessen um Erwartung näherer Anweisungen ersucht.[364] Umso bereitwilliger griff er nun Robertsons Rede auf und nahm diese zum willkommenen Anlaß für die Veröffentlichung eines neuerlichen Rundschreibens an die Polizeibehörden des Landes Nordrhein-Westfalen, um zu dokumentieren, daß sich entgegen bisheriger Befürchtungen an der Gültigkeit der Polizeiübergangsverordnung vom Dezember 1946 nichts geändert habe und somit bis auf weiteres keine Veranlassung bestehe, aufgrund der Verordnung Nr. 135 an die Polizeiausschüsse und an die Polizeichefs neue Forderungen zu stellen bzw. Direktiven zu erlassen. Die Militärregierung ihrerseits reagierte auf diesen ministeriellen Runderlaß, den man ihr noch am selben Tage in Kopie übersandt hatte, mit stillschweigender Zustimmung.[365]
Im Rahmen des deutsch-britischen Disputs um Geltung, Zweck und Sinn der Verordnung Nr. 135 gibt eine Korrespondenz zwischen Menzel und der Schriftleitung des Berliner "Tagesspiegel" offenkundig Aufschluß über die politische Strategie des nordrhein-westfälischen Innenministers und scheint zugleich implizit ein Beleg sowohl für das Autonomiestreben deutscher Landespolitik als auch die "latenten antibritischen Tendenzen der deutschen Polizeipolitik"[366], insbesondere in Nordrhein-Westfalen, zu sein. Nicht zuletzt die massiven deutschen Proteste gegen die britische Direktive hatten die Presse zu einer Bitte um Aufkärung veranlaßt, die Innenminister Menzel bereitwillig gab.[367] Unter der Bedingung absolut vertraulicher Behandlung informierte er den Schriftleiter des Berliner "Tagesspiegel" über britische Aktion und deutsche Reaktion im Ringen um

---

[363] Vgl. Vermerk über die Besprechung, 16. August 1948, NRW HStA D, NW 152/23
[364] Vgl. NRW HStA D, NW 152/23
[365] Vgl. Runderlaß, 10. April 1948, NRW HStA D, NW 152/23
[366] Hüttenberger, Nordrhein-Westfalen und die Entstehung seiner parlamentarischen Demokratie, S. 292
[367] Vgl. Schreiben Innenminister Menzel an Herrn Reger, Schriftleitung des "Tagesspiegel" in Berlin-Tempelhof, 03. Juni 1948, NRW HStA D, NW 152/23

die Verordnung Nr. 135. Zudem erbat Menzel die Zusicherung, erst im Falle des Scheiterns seiner Bemühungen, mit der Militärregierung zu einem für die Deutschen erfolgversprechenden Resultat zu gelangen, eine Veröffentlichung seiner Informationen vorzunehmen, da andernfalls die Gefahr bestände, durch voreilige Presseveröffentlichungen das überdies schon angespannte deutsch-britische Verhältnis zusätzlich zu belasten und die britische Haltung noch zu verhärten und somit einen Modus operandi zu blockieren. Vielmehr intendierte Menzel, die Presse erst nach einem faktischen Mißerfolg der Gespräche in seine taktischen Überlegungen zu involvieren, indem er dann um Unterstützung der deutschen Position gegenüber der britischen Militärregierung durch entsprechende Pressemeldungen bat, die aber schließlich angesichts des britischen Einlenkens, das Menzel selbstbewußt als persönlichen Erfolg verbuchte, obsolet wurden.

7. Die Resolution der Innenminister der britischen Zone von Bad Meinberg und die Stellungnahme der Militärregierung

Konsequenterweise setzte man britischerseits den mit Robertsons Konzession bezüglich der Handhabe der Verordnung Nr. 135 eingeleiteten Kurs der Deeskalation fort. So empfahl Mr. Miller, Deputy Inspector General im Land Public Safety Department, Innenminister Menzel im Rahmen einer Besprechung am 05. März 1948 grundsätzliche, durch die Verordnung Nr. 135 aufgeworfene Fragen auf der Tagung der Polizeiabteilungsleiter der Innenministerien der britischen Zonenländer am 12. März im Lippischen Bad Meinberg mit Generalinspekteur O'Rorke zu erörtern, wobei es sachdienlich sei, diesem dann konkrete Fragen vorzulegen.[368] Der Leiter der Polizeiabteilung im nordrhein-westfälischen Innenministerium eröffnete die Beratung der Verordnung Nr. 135 in Bad Meinberg am 12. März 1948 mit dem Hinweis, daß diese erst kürzlich den Landesregierungen übermittelt worden sei, folglich aus deutscher Perspektive zunächst die Klärung folgender Fragen vorrangig sei: Ist - und wenn ja, wann - die Verordnung Nr. 135 schon veröffentlicht und hat infolgedessen Gesetzeskraft erlangt? Waren deutsche Stellen in

---

[368] Vgl. Gesprächsnotiz, NRW HStA D, NW 152/26. Am 08. März 1948 bestätigte AIG Pollock in einem persönlichen und dringlichen Schreiben an Ministerialdirigent Middelhaufe O'Rorkes Teilnahme an der Konferenz in Bad Meinberg. O'Rorke sei sehr an einer Diskussion über die VO Nr. 135 interessiert und wolle alles in seinen Kräften stehende tun, um alle diesbezüglichen Fragen zu beantworten und "advice and help" im Hinblick auf die notwendige Durchführung gesetzgeberischer Maßnahmen auf dieser Basis zu erteilen. Siehe auch zum folgenden: Protokoll der Tagung in Bad Meinberg, ebd.
An der Tagung der Polizeiabteilungsleiter nahmen von nordrhein-westfälischer Seite Ministerialdirigent Dr. Middelhaufe, Ministerialrat Milhausen, Regierungsrat Höhn und Regierungsrat Seidel teil, Niedersachsen entsandte ebenfalls vier Vertreter, Hamburg zwei und Schleswig-Holstein drei Vertreter. Neben Generalinspekteur O'Rorke waren als Vertreter der Mil.Reg. auch Colonel Timmermann und Oberstleutnant Gill erschienen. Der Name von IG O'Rorke, PS, wurde hier fälschlicherweise als "O'Roack" angegeben.

die Ausarbeitung dieser Direktive involviert? Welche Textfassung der Verordnung Nr. 135 ist angesichts englisch-deutscher Textdivergenzen verbindlich? In seiner Antwort auf diese z.T. rhetorischen Fragen bemerkte der Generalinspekteur der Polizei, daß der englische Text der am 01. März 1948 in Kraft getretenen Verordnung maßgebend sei, zudem habe zwar keine offizielle, jedoch eine inoffizielle Beteiligung deutscher Stellen an der Abfassung stattgefunden, eine Aussage, die sowohl einer Bestätigung durch britische als auch durch deutsche Quellen entbehrt. O'Rorke rechtfertigte den Erlaß der Verordnung mit dem Argument der Inkompatibilität der diversen Polizeiüberleitungsgesetze der britischen Zonenländer mit den Prinzipien der britischen Militärregierung. Insbesondere gebe das nicht eindeutig geregelte Verhältnis zwischen Innenminister, Polizeichef und Polizeiausschuß immer wieder Anlaß für Dispute. Aufgrund dessen sei nun die präzise Manifestierung der demokratischen Prinzipien in der Polizeigesetzgebung von primärer Bedeutung. Eine solche Maßnahme müsse "für alle Zukunft" getroffen werden, um auch künftige Regierungen von vornherein jeglicher Möglichkeit zu berauben, die Polizei als Machtinstrument contra das demokratische System zu mißbrauchen. Deshalb, so O'Rorke, verankere die Verordnung Nr. 135 die folgenden Hauptgrundsätze einer demokratischen Polizei:
"1. Die Polizei ist ein ziviler und kein militärischer Dienstzweig.
2. Die Polizei soll allein dem Gesetz verantwortlich sein.
3. Die Polizei soll nicht mehr Gewalt anwenden, als notwendig ist.
4. Die Polizei muß unparteiisch sein.
5. Die Polizei ist auf den guten Willen und die Mitwirkung des Publikums angewiesen, wenn sie Erfolg haben soll, und
6. Die Polizei soll eine ehrenwerte Laufbahn mit guten Aufstiegsmöglichkeiten darstellen."[369]
Middelhaufe betonte indes, daß man die Länder durch die Direktive Nr. 135, die einem militärischen Befehl entspreche, nicht nur vor eine vollendete Tatsache gestellt, sondern damit auch eine Methode angewandt habe, die dem gleiche, was an der Oder-Neiße-Linie geschehe. Was die Beschlußfassung eines Polizeigesetzes auf der Basis dieser Verordnung angehe, äußerte sich Middelhaufe pessimistisch, glaubte er doch persönlich nicht, daß der nordrhein-westfälische Landtag dazu bereit sein werde, während der Generalinspekteur implizit mahnend der Überzeugung zum Ausdruck brachte, daß die Landesparlamente "klug genug seien, wenn sie die Gründe hörten, die zu dieser Verordnung geführt hätten, entsprechende Schritte zu unternehmen" und "infolgedessen ... wohl ein neues Gesetz im Rahmen der Verordnung Nr. 135 erlassen" würden[370]. Entschieden verwahrte sich O'Rorke gegen jegliche Unterstellung, die britische Militärregierung bediene sich ostzonaler Methoden. Vielmehr bemängelte er wiederholt die ungenügende Konvergenz zwischen den englischen "Ratschlägen" und den bis dato konzipierten deutschen Landesgesetzen, wobei insbesondere die Polizeiübergangsverordnung von Nordrhein-Westfalen einige "undemokratische" Bestimmungen involviere, so z.B. die Auskunftspflicht des Polizeichefs gegenüber dem

---
[369] Ebd.
[370] Ebd.

Polizeiausschuß, ferner eine mögliche politische Manipulation des Polizeisenats, da dieser vom Landtag gewählt werde, sowie die Befugnis des Innenministers zur Edition von nicht begrenzten Richtlinien, d.h. Exekutivanweisungen, wodurch die Gefahr eines Polizeistaates nicht gebannt werde. Mit Unverständnis reagierte Middelhaufe auf die Kritik O'Rorkes, die seines Erachtens völlig überzogen und unberechtigt sei, denn weder die Auskunftspflicht des Polizeichefs sei undemokratisch noch eine politische Einflußnahme auf den Polizeisenat zu befürchten, da dieser lediglich beratende Funktion besitze und sich zur Hälfte aus unpolitischen Polizeibeamten rekrutiere. Ganz abgesehen davon sei die nordrhein-westfälische Polizeiübergangsverordnung mit der Militärregierung intensiv diskutiert, punktuell modifiziert und letztlich durch den Gouverneur approbiert worden. Zu keiner Zeit habe die britische Besatzungsbehörde den Vorwurf angeblich undemokratischer Gesetzesbestimmungen erhoben, den O'Rorke, dieser offiziellen Haltung kontradiktorisch, nun plötzlich artikuliere.
Nach der Grundsatzdiskussion traten die Tagungsteilnehmer in die Debatte der Einzelartikel der Verordnung Nr. 135 ein. In Anlehnung an den Artikel I der Direktive, der der Polizei einen von anderen Verwaltungsbehörden unabhängigen Status zuschreibt, hob der Generalinspekteur erläuternd hervor, daß weder das Innenministerium noch eine andere behördliche Instanz zur Erteilung exekutiver Anweisungen befugt sei. Die Bedenken der Leiter der Landespolizeiabteilungen gegenüber einer Begrenzung des Mitwirkungsrechts der Polizeiausschüsse bei Ernennungen und Beförderungen von Beamten und Offizieren auf die Dienstgrade vom Oberrat an aufwärts wies O'Rorke zum einen mit dem Hinweis zurück, man habe diese Einschränkung in der Absicht erlassen, potentielle politische Einflüsse bei der Ernennung aller anderen Oberbeamten zu vermeiden und zum anderen, daß die Handlungskompetenz und damit die Position eines Polizeichefs, der nicht unabhängig Beförderungen seiner Offiziere durchführen könne, übermäßig beschränkt werde. Middelhaufe gab diesbezüglich zu bedenken, daß eine solche Regelung auch unbeabsichtigte negative Konsequenzen haben könnte, nämlich genau dann, wenn ein Polizeichef keineswegs demokratisch gesinnt sei. Gegenstand kontroverser Diskussionen war fernerhin die Grundsatzfrage, wem der Innenminister für die Aufrechterhaltung von Recht und Ordnung verantwortlich sei und wie er diesem Pflicht angesichts seiner restriktiven Kompetenzen, wie sie ihm in der Verordnung Nr. 135 zugebilligt würden, überhaupt nachkommen könne. Während O'Rorke der Ansicht war, daß dem, den Landtag verantwortlichen, Innenminister dazu ausreichende Machtmittel, wie z.B. finanzielle Kontrolle, zur Verfügung ständen, wies Middelhaufe auf mögliche unwillkommene Folgen einer Zuschußkürzung hin, die wiederum dem Innenminister eine Garantie für Sicherheit und Ordnung unmöglich machen würden. In einem solchen Falle, so folgerte O'Rorke unlogisch und unklar, müsse der Innenminister dann zurücktreten. Mit dem Hinweis bezüglich der jüngsten Ereignisse in Prag, wo der dortige Innenminister mit seiner Weisungsbefugnis einen Umsturz forciert habe, wies der Generalinspekteur den Einwand Middelhaufes, daß angesichts von 25 nordrhein-westfälischen Polizeichefs eine einheitliche Leitung durch den In-

nenminister sichergestellt werden müsse, damit dieser die Verantwortung für die Aufrechterhaltung der öffentlichen Sicherheit tragen könne, zurück.
Hinsichtlich der Bedeutung der Verordnung Nr. 135 für die bestehenden Landespolizeigesetze hob O'Rorke hervor, "dass die bestehenden Gesetze interpretiert würden, so dass sie im Rahmen dieser Verordnung noch anwendbar seien"[371], jedoch habe die Inkompatibilität eines Polizeigesetzes mit der britischen Direktive zwangsläufig dessen Aufhebung zur Folge, was vor allem für Differenzen in den Bereichen der Zuständigkeit der Polizeiausschüsse betreffend die Ernennung von leitenden Beamten und die Zuständigkeit der Polizeiausschüsse für die Wirtschaftsverwaltung sowie für die bereits Ende Oktober 1947 vom nordrhein-westfälischen Landtag beschlossene Novelle des § 10 der Polizeiübergangsverordnung gelte, denn schließlich sei "die Verordnung Nr. 135 ... Gesetz und müsse daher durchgeführt werden"[372].
Auf den von deutscher Seite betonten Widerspruch seiner Schlußfolgerungen sowohl zu den Verlautbarungen Robertsons, demzufolge die Verantwortung für die Polizei allein deutschen Behörden zustehe als auch zu dem Interesse Lord Pakenhams an einer Stärkung der Verantwortung deutscher Organe in Polizeiangelegenheiten, das dieser in einem Gespräch mit Innenminister Menzel bekundet hatte, blieb O'Rorke bezeichnenderweise eine Entgegnung schuldig.
Kurze Zeit danach, am 07. Mai 1948, faßten dann die Innenminister der britischen Zone[373] auf ihrer Konferenz - ebenfalls in Bad Meinberg - Beschlüsse über Aufgaben und Organisation der deutschen Polizei im Hinblick auf ein neues Polizeigesetz, die als deutliche gemeinsame Reaktion auf die restriktive Verordnung Nr. 135 der Militärregierung zu verstehen waren. In der Absicht, diese Verordnung als Hindernis für die Verwirklichung einer Polizeiorganisation nach deutschen Gesichtspunkten zu überwinden, präsentierten die Innenminister mit ihrer Entschließung demonstrativ ein Konzept für die legislatorische Gestaltung des Polizeiwesens in der britischen Zone unter Berücksichtigung der deutschen Erfordernisse.
Knapp zwei Wochen später, am Nachmittag des 19. Mai 1948, trafen sich Gouverneur Bishop und Ministerpräsident Arnold zu einer langen Unterredung, in deren Verlauf Bishop dem Regierungschef seine Bereitschaft versicherte, so vernünftig wie möglich über Detailfragen der künftigen Polizeigesetzgebung zu verhandeln, erneut aber auch den alt bekannten britischen Standpunkt deutlich machte, unter keinen Umständen ein Gesetz, das dem Innenminister Verfügungsgewalt über die Polizei, sei es auf direktem oder indirektem Wege, gewähre, zu billigen. Arnold ließ indes durchblicken, daß er diesbezüglich im Umgang mit Menzel und Middelhaufe zwei große sachliche Probleme habe. Die Fragen, auf die der Ministerpräsident eine Antwort suchte, lauteten: Wie soll garantiert wer-

---

[371] NRW HStA D, NW152/26
[372] Ebd.
[373] Einer telefonischen Mitteilung des Hamburger Senatssyndikus Harder zufolge, war das Interesse Hamburgs vor allem an Fragen bezüglich des Polizei- und Kommunalwesens nur gering, so daß eine Beteiligung an der Bad Meinberger Tagung für Hamburg nicht in Betracht kam. Vgl. Gesprächsnotiz Ministerialdirigent Dr. Vogels (Innenministerium NRW, Verfassung und Verwaltung) für Ministerialdirektor Jenner, 29. April 1948, NRW HStA D, NW 152/26

den, daß die Polizeichefs keine übermäßige Macht ausüben? und Wie soll mit einer Notsituation im Lande, die eine Koordination der Polizei erfordert, umgegangen werden? Bishop machte sodann den Vorschlag einer präziseren Definierung der Machtbefugnisse der Polizeiausschüsse in Abgrenzung zu den Polizeichefs und betonte ferner den Einfluß, den ein Polizeiausschuß durch seine finanzielle Kontrollbefugnis ausüben könne. Was einen nationalen Notstand angehe, so sei die Regierung selbstverständlich zur temporären Ausübung außerordentlicher Maßnahmen berechtigt, eine angesichts des zuvor Gesagten und der bisherigen, in puncto ministerielles Weisungsrecht obstinaten britischen Haltung erstaunliche Bemerkung, die man optimistisch betrachtet quasi als kompromißbereite Zusage interpretieren könnte, jedoch zumindest wohl als zukunftsorientiertes Signal zur offenen Dialogbereitschaft in dieser Frage verstehen durfte. Arnold bat Bishop zudem auch weiterhin um Unterstützung seines Headquarters und des Land Public Safety Departments für Menzel bei der Lösung des Problems einer adäquaten Realisierung der britischen Prinzipien im Rahmen der mit den englischen Gegebenheiten nicht vergleichbaren speziellen deutschen Konditionen, die einen mit Autorität ausgestatteten Polizeichef unter Umständen zum Machtmißbrauch verleiten könnten.[374]

Wohl angesichts der Impression der Bad Meinberger Vorgänge gab Militärgouverneur Robertson gegenüber Bishop seinem Unmut über die unzufriedenstellende Entwicklung der Polizeiorganisation seit seiner Rede vor dem nordrhein-westfälischen Landtag Anfang April 1948 Ausdruck. Robertson hegte ernstlich den Verdacht, die Deutschen gingen tatsächlich von der irrigen Annahme aus, er würde jedes Polizeigesetz genehmigen, selbst wenn es in diametralem Gegensatz zu den "basic principles", auf deren Beachtung man bis dato insistiere, stände. Aufgrund dessen schien es ihm sinnvoll und ratsam, Bishop möge "seinen" Ministerpräsidenten und Innenminister um eine sorgfältige Studie der Düsseldorfer Rede ersuchen und ihnen zugleich unmißverständlich klar machen, daß eine Gesetzgebung, "which turned the Police Committees into a camouflage and subordinated the Chief of Police to every whim of his political superior", aussichtslos sei und unter keinen Umständen das Einverständnis des Militärgouverneurs erhalten werde. D.h. mit anderen Worten, Bishop sollte Arnold und Menzel ermutigen, "to discuss the whole matter with ... (him) and should show a readiness to meet so far as is consistent with the terms of ... Düsseldorf speech, but ... (he) should also make it quite plain to them that they will waste their time if they put forward legislation which deliberately flouts the sound democratic principles of Police organisation"[375].

Am 18. Juni 1948 diskutierten Menzel und Bishop über die Verordnung Nr. 135 angesichts der Bad Meinberger Innenministerbeschlüsse.[376] Beide Seiten nutzten

---

[374] Vgl. Schreiben RC Bishop an RGO über DRC, 20. Mai 1948, PRO, FO 1013/203
[375] Schreiben MG Robertson an RC Bishop, 03. Juni 1948, PRO, FO 1013/379
[376] Vgl. Ergebnisprotokoll RC's meeting with the Minister of the Interior discussing Ordinance 135, PS, 19. Juni 1948, PRO, FO 1013/379; vgl. ferner Schreiben GOVS an PS, 24. Juni 1948, ebd. Im GOVS empfahl man eine "careful consideration" der von Menzel vorgetragenen Grundpositionen, und obwohl man unterschiedlicher Auffassung bezüglich ihrer Durchführung war, sah man dort dennoch einen angemessenen Spielraum für eine Übereinkunft.

die Chance dieses Gesprächs zu einer neuerlichen argumentativen Positionsbestimmung. Dabei verdeutlichte Menzel die deutsche Perspektive des Problems, indem er zum einen die Auffassung darlegte, daß der Innenminister zwar nicht mit dem Recht ausgestattet werden dürfe, in die tägliche Verwaltung der Polizei zu intervenieren, jedoch im öffentlichen Notfall unbedingt das Mandat besitzen müsse, adäquate Maßnahmen zur Sicherung von Recht und Ordnung zu ergreifen.[377] Gleichzeitig erinnerte er daran, daß es per Verordnung nunmehr auch der Leitung der bizonalen Ernährungsbehörde gestattet sei, die Polizei zur Unterstützung ernährungswirtschaftlicher Instruktionen anzuweisen, ein Umstand, den Menzel persönlich für eigenartig hielt, wenn dem Leiter einer Ernährungsbehörde mehr Machtbefugnisse eingeräumt würden als dem Minister des Innenressorts eines Landes. Zum anderen hielt der Innenminister eine ausreichendere Kontrolle der Personalpolitik der Polizeichefs für unerläßlich, d.h. er postulierte die Verantwortlichkeit der Polizeiexekutive einer parlamentarischen Kontrollinstanz gegenüber. Schließlich warnte er nachdrücklich davor, den Polizeichefs die in der Verordnung Nr. 135 skizzierten umfangreichen Machtbefugnisse zu übertragen, da ansonsten die Polizeibefehlshaber mögliche diktatorische Machtallüren in ihrem Amtsbereich ausleben könnten und man sich damit in die Gefahr begebe, unwillentlich die Entstehung einer neuen Reichswehr zu begünstigen. Antithetisch hob Menzel demgegenüber die positive Aussicht einer weitgehenden Sicherung der Polizei vor diktatorischer Kontrolle hervor, falls die Vorschläge von Bad Meinberg realisiert würden. Jeder demokratischen Polizeistruktur, die dies gewährleiste, könne er, so der Minister, zustimmen.

Zwischen Prinzipientreue und Kulanz sich bewegend erklärte Bishop seine Bereitschaft, mit Menzel über eine konkretere Abgrenzung der Befugnisse von Polizeiausschuß und Polizeichef zu verhandeln, lehnte jedoch kategorisch ab, die Exekutivgewalt der Polizeichefs zur Disposition zu stellen. Immerhin war er mit Menzel d'accord, daß eine "balance of power" zwischen pflichtgemäßer Aufgabenerfüllung eines Polizeichefs und der Verhinderung möglichen willkürlichen Machtmißbrauchs gefunden werden müsse. Bishop pflichtete Menzel darüber hinaus bei, daß die tägliche Polizeiverwaltung ausschließlich Aufgabe der Polizeiausschüsse sei. Ferner plädierte er für eine lokale Kontrolle der Polizei, lehnte jedoch eine Dezentralisierung auf Kreisebene ab. Anders als Menzel hielt man auf britischer Seite die Polizeiausschüsse als "foundation of Police control" für ausreichend. Der Geist der dem Innenminister angekündigten ausführlichen Stellungnahme zu den Bad Meinberger Thesen ließ sich indes in Anbetracht einer diesbezüglichen vertraulichen internen und zugleich ambivalenten Äußerung Bishops bereits erahnen:"... I believe the Germans are sincerely embracing democracy: but I could not say that in the case of the Bad Meinberg proposals"[378].
Die offizielle Stellungnahme zur Willenserklärung der Konferenz von Bad Meinberg übermittelte der Regional Commissioner Ministerpräsident und Innenmini-

---
[377] Vgl. auch Först, Kleine Geschichte Nordrhein-Westfalens, S. 99
[378] Ergebnisprotokoll RC's meeting with the Minister of the Interior discussing Ordinance 135, PS, 19. Juni 1948, PRO, FO 1013/379

ster am 20. Juli 1948.³⁷⁹ Bishop gab vorab seiner Zuversicht darüber Ausdruck, daß - nicht zuletzt aufgrund seiner jüngsten Unterredung mit Menzel - "hierüber in einer Reihe von Punkten eine Übereinstimmung leichter erzielt werden könnte, als es bislang den Anschein hatte" und erwähnte explizit lobend Menzels "einleuchtende Darlegung" der Bad Meinberger Beschlüsse sowie das mit dem Innenminister im Anschluß daran geführte Gespräch, was ihm ein besseres Verständnis der deutschen Intentionen ermöglicht habe. Ferner habe er sich bemüht, nach Möglichkeit den von Menzel geäußerten Ansichten entgegenzukommen.³⁸⁰ In realiter bestand zweifelsohne Konsens im Hinblick auf das Ziel einer demokratisch kontrollierten und von der Allgemeinheit als deren Diener akzeptierten Polizei, Dissens hingegen bezüglich der Modalitäten, diese Kontrolle wirksam durchzuführen.³⁸¹ Auf den ersten Blick völlig überraschend bot Bishop Arnold plötzlich eine Kompromißlösung an, die nahezu genau der Änderung des § 10 der Polizeiübergangsverordnung entsprach, die der Landtag am 28. November 1947 beschlossen hatte. Fast wie selbstverständlich unterstrich der Gouverneur, es sei doch klar, daß der Staat im Falle eines Landesnotstandes zur Aufrechterhaltung von Recht und Ordnung imstande sein müsse, adäquat zu reagieren, indem der Innenminister die notwendigen Polizeibefugnisse praktiziere. Der als "Empfehlung" des Regional Commissioners deklarierte Kompromißvorschlag trug folgenden Wortlaut: "Im Falle eines Notstandes, der die öffentliche Sicherheit oder die Aufrechterhaltung der öffentlichen Ordnung gefährdet, wird die Regierung den Ausnahmezustand (state of emergency) verkünden, wodurch der Innenminister das Recht erhält, die erforderlichen Weisungen an die Polizeieinheiten zu erlassen." Dadurch sollte es dem Innenminister ermöglicht werden, die Polizei eines tangierten Bezirks im erforderlichen Umfange mit polizeilichen Mitteln anderer Gebiete zu unterstützen. Zugleich wurde dieser Vorschlag durch eine Sicherheitsklausel ergänzt, die besagte, daß eine solche Verkündung des Ausnahmezustandes und die Zuständigkeitsübernahme des Innenministers "innerhalb von sieben Tagen der Bestätigung des Hauptausschusses oder eines anderen Vertretungsorgans des Lantags" bedurfte und "vorbehaltlich der monatlichen Bestätigung durch das Vertretungsorgan in Kraft" blieb³⁸². Bei genauer Betrachtung dieser Konzession zeigt sich unterdessen, daß Bishop eigentlich nur das wiederholt bzw. jetzt realisiert hatte, was er ehedem Wochen zuvor im Gespräch mit Menzel implizit anklingen ließ, letztlich jedoch aufgrund der situationsbedingten Umstände, sc. die herbe deutsche Kritik an der Verordnung Nr. 135, wohl schneller als erwartet hat zugestehen müssen. Die von Bishop offensichtlich gezwungenermaßen bekundete Konzilianzbereitschaft resultierte zum einen sicherlich aus der Einsicht, ohne die Berücksichtigung deutscher Wünsche zu keiner praktikablen Regelung in puncto Polizeigesetzgebung gelangen zu können,

---

³⁷⁹ Siehe NRW HStA D, NW 53/399II, Bl. 97-105
³⁸⁰ Schreiben Gouverneur an Ministerpräsident, 20. Juli 1948, (= Begleitschreiben zur Stellungnahme der Mil.Reg. zur Bad Meinberger Resolution vom 07. Mai 1948), ebd., Bl. 95f. Indirekte Bestätigung bei Menzel, Landtagsrede 13. Januar 1949, S. 8f.
³⁸¹ Vgl. NRW HStA D, NW 53/399II, Bl. 95; vgl. auch vertrauliches Schreiben GOVS an PS, 24. Juni 1948, PRO, FO 1013/379
³⁸² NRW HStA D, NW 53/399II, Bl. 96

und zum anderen aus der Erkenntnis, daß diese wichtige und sensible Materie dringend einer einvernehmlichen Gestaltung bedurfte.[383] Optimistisch schätzte der Gouverneur denn auch die Chance zur effektiven Kooperation ein:"Ich bin überzeugt, wenn deutscher- und britischerseits als Ziel und leitender Grundsatz die Errichtung einer schlagkräftigen aber gleichzeitig durch und durch demokratischen Polizei angenommen wird, werden wir über die fundamentalen Grundsätze, die für die Gestaltung dieser äusserst wichtigen Verwaltungsaufgabe massgebend sein müssen, zu einer Einigung gelangen."[384]
Zu der 19-Punkte-Entschließung der Innenministerkonferenz nahm die Militärregierung kritisch Stellung, wobei der Regional Commissioner eigenen Angaben zufolge in seinem Kommentar darzulegen versuchte, daß bei Annahme der - sich innerhalb der von der Verordnung Nr. 135 und der Polizeiübergangsverordnung gesteckten Grenzen bewegenden - Bad Meinberger Vorschläge "die tatsächliche Bestimmung über die Polizei" - entgegen den Bedenken des Innenministers - keineswegs den Polizeibefehlshabern überantwortet würde.[385]
In Anknüpfung an den preußischen Verwaltungsaufbau bei der Polizei ging die Konferenz von dem Grundsatz aus, daß die Polizei Ländersache und der Innenminister für deren Angelegenheiten zuständig sei.[386] Diese Ansicht vertrat mit Einschränkung auch die Militärregierung. Sie führte aber ergänzend aus, daß der Innenminister zwar dem Landtag hinsichtlich der Polizeiangelegenheiten und der Aufrechterhaltung von Recht und Ordnung allgemein verantwortlich sei, diese Verantwortung jedoch dadurch begrenzt werde, daß die Polizeiausschüsse in ihrem jeweiligen Zuständigkeitsbereich für die Sicherung von Gesetz und Ordnung hauptverantwortlich und das Mittel der Aufgabenerfüllung die Polizeieinheiten seien. Da die Gewährleistung der inneren Sicherheit von herausragender Wichtigkeit ist, hielt es die Militärregierung für angeraten, die örtlichen Polizeibehörden einer Überwachung und "Gleichschaltung" (Vereinheitlichung) zu unterwerfen. Die Erfüllung dieser Aufgabe schrieb sie dem Innenminister und einer "starken Polizeiabteilung" innerhalb seines Ministeriums zu. Aufgabe des Landtages sollte in diesem Zusammenhang die Wahl von Beamten und ca. drei Polizeiinspekteuren aus den Reihen der bestehenden Polizeieinheiten sein, die zuvor genannte Polizeiabteilung bilden sollten. Gesetzt den Fall, die Polizei würde auf dem Gebiete ihrer Leistungsfähigkeit Defizite aufweisen, wäre es Aufgabe des Innenministers, angemessene Maßnahmen in Angriff zu nehmen. Die Durchführung dieser Maßnahmen obläge dann dem Polizeiausschuß, der bei Auftragsverweigerung mit der Sperrung des Staatszuschusses durch den Innenminister zu rechnen hätte.[387] Bei Verantwortlichkeit eines Polizeibefehlshabers

---

[383] Vgl. auch Hüttenberger, Nordrhein-Westfalen und die Entstehung seiner parlamentarischen Demokratie, S. 297
[384] NRW HStA D, NW 53/399II, Bl. 96
[385] Ebd. Bishop unterstrich erneut seine Bereitschaft zum Dialog mit Arnold und Menzel, falls diese "noch irgendwelche Zweifel" hegen würden.
[386] Dahinter muß der unausgesprochene Wunsch nach einem allgemeinen Weisungsrecht des Innenministers gegenüber der Polizei gesehen werden.
[387] Nach Ansicht der Militärregierung konnte "dies ... ganz klar in dem Gesetzentwurf über den Finanzausgleich oder sogar in einem Polizeigesetz herausgestellt werden". Da nach der Finanz-

für beanstandete Mängel sollte es im Ermessen des Polizeiausschusses liegen, geeignete Schritte gegen diesen einzuleiten. In der hier implizit angesprochenen Frage einer erweiterten Weisungsbefugnis des Innenministers beharrte die Besatzungsbehörde auf ihrem alten Standpunkt und zeigte sich über den oben genannten Kompromißvorschlag hinaus zu keinem weiteren Zugeständnis willens. Ihre Haltung in dieser Sache begründete die Militärregierung mit der Notwendigkeit zur Wahrung demokratischer Prinzipien, die erforderten, daß "weder dem Innenminister noch seinen Landesinspekteuren exekutive Befehlsgewalt über örtliche leitende Polizeioffiziere zustehe". Andernfalls wäre "diese Gewalt eine Waffe in der Hand einer extremen politischen Partei der Rechten oder Linken zur Unterdrückung von Freiheit und selbständigen politischen Meinungen".[388]
Mit Punkt 2 ihrer Entschließung legten die Innenminister einen Vorschlag zur praktischen Organisation der Polizei vor. Sie plädierten für deren Dezentralisierung auf der Basis von Stadt- und Landkreisen. Zustimmend äußerte sich die Militärregierung bezüglich der Dezentralisierung, da sie diese als ersten "Schritt zur Sicherstellung einer demokratischen Kontrolle über die Polizei" ansah, gab aber zugleich zu bedenken, daß sowohl eine Instanz zur Gewährleistung einer effektiven demokratischen Kontrolle gefunden werden als auch eine Zersplitterung in zu viele kleine, die Schlagkraft nicht mehr ausreichend sicherstellende Einheiten vermieden werden müsse.[389] In ihrer Kommentierung dieses Vorschlages ging die Militärregierung soweit, neben der Aussage, es gebe keine Gründe, die gegen eine Organisation der Polizei auf Kreisebene sprächen, sogar einzugestehen, "dass diese Organisation der Polizei wahrscheinlich ihrem Charakter nach demokratischer" sei als die von britischer Seite vorgeschlagene. Dessen ungeachtet, ja in diametralem Gegensatz dazu, stellte die Besatzungsbehörde klar heraus:"Es sprechen jedoch zwei gewichtige Gründe gegen die Organisation der Polizei auf Kreisebene."[390] Die Erklärung für diesen Widerspruch liegt in der Differenzierung zwischen theoretisch Machbarem und Sinnvollem einerseits und praktisch Effizientem andererseits. Mit anderen Worten, die Militärregierung ließ sich bei ihren Überlegungen zur Polizeiorganisation von möglichen Konsequenzen der praktischen Umsetzung des deutschen Vorschlages leiten bzw. abschrecken. Danach sprachen sowohl Sparsamkeitsgesichtspunkte als auch die Leistungsfähigkeit und Zuverlässigkeit der Polizei betreffende Argumente gegen eine solche Lösung, wobei letzterer Grund für die Militärregierung von primärer Bedeutung war, weil auch für die Besatzungsmacht eine zuverlässige Polizei von "großem Interesse" war. Wegen der heterogenen finanziellen Potenz der einzelnen Kreise erschien es der Militärregierung unmöglich, auf dieser regionalen Ebene Polizeieinheiten von hinreichender Größe zu schaffen, die in der Lage wären, "aus eigenen Mitteln allen Ansprüchen einer schlagkräftigen, modernen Polizeigruppe zu

---

ausgleichsvorlage das Land 50% der Polizeiausgaben auf Stadtkreis- und Regierungsbezirksebene übernehmen sollte, hielt sie es ohne weiteres für machbar, den Innenminister zur Sperrung dieser Gelder zu ermächtigen. NRW HStA D, NW 53/399II, Bl. 97
[388] Ebd.
[389] Ebd., Bl. 98
[390] Ebd.

genügen"[391]. Andernfalls hätte dies zur Konsequenz, daß die Kreispolizeichefs vermutlich kein berufliches Format besäßen und die Kripo unzureichend ausgerüstet wäre, worunter ihre Fähigkeit zur Bewältigung von Notsituationen zu leiden hätte. Hinzu kam die Befürchtung der Militärregierung, daß aufgrund des zu erwartenden geringen örtlichen Ansehens der Kreispolizeichefs diese eher geneigt wären, sich politisch höhergestellten Personen (Amtsträgern) unterzuordnen, "was nur einen Verfall des Ethos und der Zuverlässigkeit bei der Polizei zur Folge haben"[392] könnte. Ausgehend von der Unzulänglichkeit derartiger Polizeieinheiten würde eine Entwicklung hin zu einer zentralen Verwaltung auf Landesebene beschritten, die schließlich unweigerlich - aufgrund des Versagens der kleinen Kriminalpolizeiabteilungen innerhalb der Polizeieinheiten - in eine zentral gesteuerte Kripo münden würde.[393] Vorstufe dieser prognostizierten Entwicklung wäre nach britischer Überzeugung zunächst die Zentralisierung des Bekleidungs-, Ausrüstungs- und Transportwesens in der Landesinstanz als unmittelbares Resultat der Unzulänglichkeit solcher Polizeieinheiten gewesen. In Anbetracht der Tatsache, daß es sich hier um einen fundamental wichtigen Sachverhalt handelte, sah sich Regional Commissioner Bishop außer Stande, seine Zustimmung zum Vorschlag der Dezentralisierung der Polizei durch Errichtung von Kreispolizeieinheiten zu erteilen.[394] Auch Militärgouverneur Robertson untermauerte schließlich diese ablehnende Haltung mit dem Einwand, Kreispolizeieinheiten seien "too weak and inefficient", was zwangsläufig dazu führe, "that the land Government will find good reason for exercising a control over them and of centralising certain powers in its own hands", weshalb er hoffe - "it would be very good" -, daß es den Regional Commissioners gelänge, die Deutschen davon zu überzeugen, ihre Forderung fallenzulassen.[395]

Den Plan der Innenminister, die polizeiliche Zuständigkeit in den Stadtkreisen dem Bürgermeister und in den Landkreisen dem Landrat zu übertragen, lehnte die Militärregierung entschieden ab. Mit der Erklärung dieses Ansinnens für "höchst unerwünscht" wollte sie der Gefahr einer Machtkonzentration in der Hand eines gewählten Politikers wehren. Weder Bürgermeister und Landräte noch andere Beamte der Stadt- oder Reichsvertretungen sollten Einfluß - und sei er noch so gering - auf Polizeiangelegenheiten erlangen, da anderenfalls "die Polizei sehr schnell zum Werkzeug einer extremen politischen Partei der Linken oder Rechten werden (könnte), wenn eine solche Partei jemals wieder an die Macht kommen sollte"[396]. Die Konferenzteilnehmer votierten in diesem Zusammenhang für eine Koordinierung der Polizei auf Regierungsbezirksebene wegen technischer Erwägungen und ferner für die Unterstellung der Polizei in den Stadt- und Landkreisen unter einen dem Bürgermeister bzw. Landrat verantwortlichen Polizeibefehlsha-

---

[391] Ebd.
[392] NRW HStA D, NW 53/399II, Bl. 98
[393] Vgl. auch Pioch, Das Polizeirecht, S. 87
[394] Siehe hierzu auch Hüttenberger, Nordrhein-Westfalen und die Entstehung seiner parlamentarischen Demokratie, S. 296
[395] Schreiben (urgent) MG Robertson an RC Asbury (Schleswig-Holstein), 11. Juni 1948; Kopien an RC NRW und Niedersachsen, PRO, FO 1013/379
[396] NRW HStA D, NW 53/399II, Bl. 99

ber.[397] Aus mehreren Günden konnten diese beiden Vorschläge mit der Zustimmung der Militärregierung nicht rechnen. Wegen der unklaren Formulierung des ersten Vorschlags vermutete die Militärregierung hier die Absicht der Innenminister, dem Regierungspräsidenten die technische Koordinierung der Polizei übertragen zu wollen, die jedoch im Gegensatz zur Verordnung Nr.135 stand.[398] Des weiteren galten die gleichen Argumente, die die Militärregierung zuvor schon gegen eine polizeiliche Zuständigkeit von Bürgermeistern und Landräten formuliert hatte, auch für den Regierungspräsidenten. Keinesfalls mehr überraschend erfolgte auch die Zurückweisung des zweiten Vorschlags, die Polizeibefehlshaber dem Bürgermeister bzw. dem Landrat zu unterstellen, stand dieses Vorhaben doch "im Widerspruch zum ganzen Geiste der Verordnung Nr. 135" und hätte zudem noch "eine völlige Untergrabung der Befugnisse und Autorität des Polizeiausschusses" bewirkt.[399] Noch drastischer formuliert dies Langenhagen-Menden, damaliger Vorsitzender des Polizeiausschusses im Regierungsbezirk Arnsberg:"Wer die Polizei zivilen Dienststellen - Oberbürgermeister, Landrat, Regierungspräsident - unterstellen will, verkennt die Aufgabe der Polizei und verfällt - ob er es zugibt oder nicht - dem Machtkitzel, dem 'uniformierten Träger der Staatsautorität' zu gebieten."[400] Entgegen anderslautenden Versicherungen[401] schien die Militärregierung nicht geneigt, von ihrer in der Verordnung Nr.135 dargelegten Position - Stärkung der Stellung der Polizeichefs - abzurücken. Damit hatte man auf deutscher Seite rechnen müssen, versuchte aber dennoch davon unberührt die eigenen Ansichten zu offerieren. Deutscher Vorschlag und britische Stellungnahme standen sich, wenn den bereits festgeschriebenen Grundsätzen widersprochen wurde, wie These und Antithese gegenüber.

Zu den Anliegen der Innenministerkonferenz zählte auch die Verstärkung der Polizeiausschüsse durch Zuwahl von Mitgliedern aus der Bevölkerung gemäß der Deutschen Gemeindeordnung. Dieser Möglichkeit widersprach die Militärregierung entschieden.[402] Ihren Vorstellungen entsprechend sollten die Polizeiausschüsse ausschließlich aus Angehörigen der kommunalen Vertretungskörperschaften gewählt werden. Dennoch gestand sie auch eine ggf. notwendige Zuwahl von Ausschußmitgliedern zu, jedoch unter der Bedingung, daß die zusätzlichen Mitglieder von den Polizeiausschüssen gewählt würden, kein Stimmrecht, sondern lediglich beratende Funktion besäßen und ihre Zahl auf maximal ein Drittel der Gesamtmitglieder beschränkt würde.

---

[397] Vgl. S. 60f. dieser Arbeit
[398] Unklar erschien der Militärregierung die Formulierung "technische Gründe". Ihrer Ansicht nach konnten damit sowohl "technische Fragen" gemeint sein, die aber den zuständigen Fachleuten der Polizei vorbehalten sein sollten als auch die "Zusammenfassung der Kriminalakten", was aber keinesfalls sinnvoll erschien, da diese Maßnahme bereits im Zuge der Schaffung des Landeskriminalamtes durchgeführt wurde. Vgl. NRW HStA D, NW 53/399II, Bl. 99
[399] Ebd.
[400] Unsere Polizei, in: Die Polizei, Nr. 9/10 August 1948, S. 95
[401] Vgl. S. 97f. dieser Arbeit
[402] Vgl. NRW HStA D, NW 53/399II, Bl. 100. Wörtlich hieß es in der Stellungnahme zu Punkt 6. der Bad Meinberger Erklärung:"Der Vorschlag ... kann von der Militärregierung nicht mit Wohlwollen betrachtet werden."

Den folgenden Bad Meinberger Beschlüssen[403] gewährte die Militärregierung ihr Einverständnis verbunden mit Durchführungshinweisen, die zwar in der Form von Ratschlägen - die die Ansicht der Militärregierung offenbarten - formuliert, realiter aber als indirekte Anweisungen zu verstehen waren und somit letztendlich eine gewisse Verbindlichkeit beanspruchten. So stand sie der deutschen Absicht, dem Innenminister einen vom Landtag zu wählenden Beirat (Senat) beratend zur Seite zu stellen, aufgeschlossen gegenüber, freilich nicht ohne erläuternde Zusätze hinsichtlich der Zusammensetzung des Beirats, Funktion von Landesinspekteuren, sachverständigen Einzelpersonen und Tagungszeitraum hinzuzufügen.[404] Sinn und Zweck eines solchen Beirats sah die Militärregierung in der Beratung des Innenministers "bei der Ausarbeitung von Polizeivorschriften und in allen Fragen, die die Beaufsichtigung, Schlagkraft und das Wohl der Polizeieinheiten des Landes berühren"[405]. Mit den Vorschlägen, die Zuständigkeiten der Polizeiausschüsse betreffend - u.a. Ausarbeitung des Polizeihaushalts, Bearbeitung der wirtschaftlichen Polizeiangelegenheiten, Mitwirkung bei Personalfragen: Ernennungen/Beförderungen - zeigten sich die Briten einverstanden, wiesen aber auf die Alleinverantwortlichkeit der Polizeiausschüsse für die wirtschaftlichen Polizeiangelegenheiten hin und betonten, daß die Beteiligung an Personalfragen nach Maßgabe der Polizeiübergangsverordnung zu geschehen habe, wobei der Unterschied zu berücksichtigen sei, "dass seine Befugnisse vom Range eines Obermeisters aufwärts ausgeübt werden"[406]. Ein Vergleich mit den in der Polizeiübergangsverordnung und insbesondere der Verordnung Nr. 135 festgelegten Befugnissen der Polizeiausschüsse zeigt insofern Verbesserungen, als die Militärregierung jetzt den Polizeiausschüssen die Zuständigkeit im Bereich wirtschaftlicher Angelegenheiten der Polizei einräumte und darüber hinaus ihnen ein erweitertes Mitspracherecht in Personalangelegenheiten zugestand. [407]
Während die Polizeiübergangsverordnung in § 7 die Ernennungsbestätigung der Polizeichefs durch den Innenminister vorsah, strebte die Bad Meinberger Konfe-

---

[403] Ebd., Bl. 100f., Abschnitte 7.-9.
[404] a) "Nach Ansicht der Militärregierung sollte die Hälfte der Mitglieder dieses Beirates vom Landtag gewählt und die übrigen wie folgt gestellt werden:
(I) Vom Rat der Polizeichefs gewählte Vertreter, von denen einer die Polizei der Stadtkreise und einer die der Regierungsbezirke vertritt.
(II) Von Polizeiausschüssen gewählte Vertreter, von denen einer die Polizei der Stadtkreise und der andere die der Regierungsbezirke vertritt.
(III) Vertreter vom Zentralausschuss der leitenden Beamten im Polizeibund.
(IV) Vertreter vom Gesamtzentralausschuss des Polizeibundes."
b) Polizeiinspekteure und - falls benötigt - auch Sachverständige sollten zur Teilnahme an Beiratssitzungen berechtigt sein; ihr Status sollte von geladenen Gästen, keinesfalls aber von Beiratsmitgliedern sein.
c) Als sinnvoll erachtete die Militärregierung einen sechsmonatigen Tagungsrhytmus, ggf. ergänzt durch vom Innenminister einberufene Sondersitzungen. NRW HStA D, NW 53/399II, Bl. 101f.
[405] Ebd.
[406] Ebd., Bl. 101
[407] Vgl. Middlehaufe (Der derzeitige Stand der Gesetzgebung auf dem Gebiete des Polizeirechts, S. 321) zur Verordnung Nr. 135; vgl. ferner Polizeiübergangsverordnung § 6 bzw. Polizeiausschußsatzung § 9 und VO Nr. 135, Art. III, Ziffer 10.

renz für ein zu schaffendes Polizeigesetz eine Ausweitung des ministeriellen Bestätigungsrechts auf die Stellvertreter der Polizeichefs und der höheren Polizeibeamten - beginnend beim Dienstgrad eines Polizeirats - an. Die Militärregierung ihrerseits machte keine Bedenken geltend, wenn der Innenminister - entgegen der Bestimmung der Polizeiübergangsverordnung - auch die Ernennung des ersten Stellvertreters des Polizeichefs bestätigen würde.[408] In einer ausführlichen Unterredung hatten Menzel und der Deputy Inspector General bereits über folgende Sachaspekte gesprochen, deren Realisierung auch vom Governmental Structure Department befürwortet wurde, zumal Bishop Punkt b) schon konzediert hatte: a) Der Einfluß des Polizeichefs auf Personalfragen ist zu umfangreich, eine eingehendere Kontrolle durch den Polizeiausschuß ist folglich notwendig. b) Polizeibeamte ab dem Dienstgrad eines Inspektors sollten im Benehmen mit dem Polizeiausschuß ernannt werden. c) Da dem Innenminister von der Militärregierung bereits das Recht zur Bestätigung eines ernannten Polizeichefs zugestanden wurde, sollte ihm oder aber dem Polizeisenat ebenfalls die gleiche Befugnis bezüglich der Ernennung des stellvertretenden Polizeichefs und dessen Vertreter gewährt werden.[409]
Die Minister waren des weiteren der Überzeugung, ein Polizeigesetz müsse dem Innenminister das Recht zugestehen, Polizeibeamte im Benehmen mit dem entsprechenden Polizeiausschuß zu versetzen.[410] Gegen diesen Vorschlag eines allgemeinen Versetzungsrechts meldete die Militärregierung "starke Bedenken" an, da sowohl die Anliegen der Polizeiausschüsse als auch die Wünsche einzelner Beamter unberücksichtigt bleiben würden. Abgesehen davon erachtete sie es für grundsätzlich sinnvoller, besagte Angelegenheit in einer Polizeidienstverordnung detailliert zu entfalten. Trotz dieser ablehnenden Grundeinstellung bekundete man britischerseits Einverständnis für den Fall, daß die Versetzung von Polizeibeamten durch den Innenminister auf Bitten des Polizeiausschusses hin geschähe. Von einer Kompetenzerweiterung des Innenministers konnte freilich keine Rede sein, durfte die Initiative der Militärregierung zufolge doch nicht vom Innenminister, sondern mußte vom Polizeiausschuß ausgehen. In gleicher Weise trafen die von der Militärregierung zuvor aufgestellten Grundsätze auch für die dem Innenminister zugedachte Befugnis, Abordnungen von Polizeibeamten einzelner Einheiten an verschiedene Stellen wie Schulen, Landeskriminalpolizeiämter, Wasserschutzpolizei und Nachrichtendienst vorzunehmen, zu.[411]
Den Beschluß der Konferenz, dem Polizeichef und seinen Hauptstellvertretern Disziplinargewalt bis zum Recht auf Erteilung von Verweisen zu übertragen, beantwortete die Militärregierung mit dem lapidaren Hinweis auf die Notwendig-

---

[408] Vgl. NRW HStA D, NW 53/399II, Bl. 101
[409] Vgl. Schreiben GOVS an PS, 24. Juni 1948, PRO, FO 1013/379
[410] Vgl. NRW HStA D, NW 53/399II, Bl. 102
[411] Im einzelnen bedeutete dies: Wurde von einem Polizeiausschuß ein geeigneter Beamter für eine bestimmte, dem Zuständigkeitsbereich (Unterhalt) des Innenministers zugehörige Stelle vorgeschlagen, konnte der Minister diesen ernennen. In allen anderen Fällen sollten die Bewerber auf die zuvor ausgeschriebenen freien Stellen entweder von einem eigens eingesetzten Sonderausschuß oder vom Polizeisenat ausgewählt werden. Vgl. ebd.

keit einer separaten Disziplinarordnung.[412] Während die Besatzungsmacht sich mit der Errichtung einer Inspektion als Gremium zur fachlichen Beratung des Innenministers einverstanden erklärte, sah sie sich in der vorgelegten Frage - der in einem besonderen Beamtengesetz zu behandelnden - politischen Betätigung und der Mitgliedschaft von Polizeibeamten in politischen Parteien und Gremien zu Hinweisen auf die in den Verordnungen Nr. 134 (Deutsche Polizeivereinigung) und Nr. 135 fixierten, geltenden Grundsätze genötigt.[413] Relevanz kam hier in erster Linie Artikel VIII, Ziffer 19 der Verordnung Nr. 135 zu, der den Polizeiangehörigen Betätigungsbeschränkungen dergestalt auferlegte, daß ihnen sowohl die Mitgliedschaft in einer politischen Partei als auch jegliche aktive politische Tätigkeit - ausgenommen das aktive Wahlrecht - untersagt wurde. Eindeutig bekannte sich die Militärregierung zu ihrem Grundsatz, daß nur eine von politischem Einfluß freie und politisch vorurteilsfreie Polizei eine demokratische Polizei sei. Das bedeutete für die Militärregierung: Erfolgreiche Polizeitätigkeit ist abhängig von der Unterstützung aller Bevölkerungsgruppen und deren Unterstützung wiederum von der politischen Neutralität der Polizei. Durch den Verweis auf die Verordnung Nr. 134 rief die Militärregierung ihren Standpunkt hinsichtlich polizeilicher Interessenvertretung in Erinnerung und ersparte sich somit eine weiterreichende Kommentierung des deutschen Vorschlages. Mit dieser Verordnung hatten die Briten die gewerkschaftliche Tätigkeit für Polizeiangehörige verboten, gleichzeitig aber die Bildung einer Polizeivereinigung als quasi Interessenvertretung angeordnet, die lediglich das Recht besaß, näher nicht spezifizierte Angelegenheiten die Wohlfahrt und Leistungsfähigkeit betreffend, vorgesetzten Stellen (Polizeiausschuß, Innenminister) vorzutragen.

Unter Bezugnahme auf das Polizeiverwaltungsgesetz von 1931 beschlossen die Innenminister die Aufgaben der Polizei im Rahmen bisheriger Befugnisse beizubehalten.[414] Aufgrund einer knappen und z.T. auch unpräzisen Formulierung wurde "der Sinn dieses Punktes ... (von der Militärregierung, d.Verf.) nicht ganz verstanden". Demzufolge interpretierte die Besatzungsbehörde den deutschen Vorschlag als Versuch, der Polizei ihre vormals zugestandenen richterlichen und gesetzgeberischen Befugnisse erneut zu übertragen, was gänzlich inakzeptabel gewesen wäre, da im Widerspruch zu den britischen Grundsätzen stehend.[415] Deshalb durfte "unter keinen Umständen" eine dahingehend ausgerichtete Kompetenzerweiterung der Polizei gestattet werden.[416]

Die Innenminister waren ferner der Ansicht, daß die Aufgaben der Verwaltungspolizei, die bisher auf Anordnung der Militärregierung abgesondert wurden, einer

---

[412] Vgl. NRW HStA D, NW 53/399II, Bl. 103
[413] Vgl. ebd.; siehe VO Nr. 134, Art. I/1.
[414] Vgl. NRW HStA D, NW 53/399II, Bl. 103; vgl. Preuß. Polizeiverwaltungsgesetz § 14, Abs. 1
[415] Die von der Militärregierung hier angesprochenen richterlichen und gesetzgeberischen Vollmachten der Polizei zur Zeit der deutschen Diktatur wurden durch Polizeiverordnungen, Polizeiverfügungen, gebührenpflichtige Verwarnungen und Strafverfügungen ausgeübt. Vgl. NRW HStA D, RWN 15/4
[416] NRW HStA D, NW 53/399II, Bl. 104

gesetzlichen Regelung bedurften.[417] Dem stimmte die Militärregierung zu, brachte aber zum Ausdruck, daß dieser Vorschlag nicht Bestandteil eines Polizeigesetzes sein sollte.[418] Im Rahmen der ausschließlichen Verwendung des Begriffs "Polizei" für die uniformierte und Kriminalpolizei faßten die Minister in Bad Meinberg die Reübertragung bestimmter Verwaltungsaufgaben - vor allem in den Bereichen des Meldewesens, der Straßenverkehrsbestimmungen und der Sprengstoffüberwachung - auf die Polizei ins Auge. Zwar stimmte die Militärregierung der Verwendung des Begriffs "Polizei" zu, belehrte die Innenminister aber gleichzeitig, daß der unterbreitete Vorschlag "durch Bestimmungen über die Polizei" geregelt werden müsse, aber nicht Gegenstand eines Polizeigesetzes sein könne.[419] Daß die Delegierten mit ihrem Vorschlag, der Polizei Aufgaben auf dem Gebiet des Meldewesens (einschließlich der Ausländer) zu übertragen, einen historisch wunden Punkt berührten, zeigten nicht nur Vorbehalte aus Schleswig-Holstein[420], sondern insbesondere die Reaktion der Militärregierung, die nur einer Registrierung von Ausländern durch die Polizei zustimmte, keinesfalls aber der von deutschen Zivilpersonen:"Eines der Mittel, durch die die deutsche Polizei in der Vergangenheit eine so scharfe Kontrolle über die Bevölkerung erhielt war die Registrierung der Zivilpersonen, und man sollte sich mit Festigkeit allen Versuchen widersetzen, dieses System einer scharfen polizeilichen Überwachung des friedlichen Bürgers einzuführen."[421] Zustimmung erlangte der Vorschlag, die Durchführung der Straßenverkehrsbestimmungen in der Fassung vom 13. November 1937 der Polizei zu übertragen, gehörte dies doch zu deren eigentlichen Aufgaben. Der Militärregierung erschien es wichtig, an dieser Stelle wiederholt anzumahnen, daß der Polizei auch im vorliegenden Falle keine richterlichen oder gesetzgeberischen Befugnisse zuständen. Unter der Voraussetzung der gesetzlichen Definition der polizeilichen Aufgaben auf diesem Gebiet, bejahte die Militärregierung schließlich die Zuständigkeit der Polizei für die Sprengstoffüberwachung.[422] In Folge der angestrebten Übertragung von Verwaltungsaufgaben auf die Polizei sah die Konferenz die Möglichkeit, die Polizei mit dem Recht, Verfügungen zu erlassen, auszustatten. Die Militärregiuerng glaubte, die Möglichkeit nur in "gewissen dringenden Notfällen" genehmigen zu können, da sie auch hier wieder deutsches Bestreben, der Polizei gesetzgeberische Befugnisse zu übertragen, befürchtete.[423]

---

[417] Vgl. ebd.
[418] Hierzu Anmerkung und Hinweis der Militärregierung: Aufgrund der gleichen Rechte und Pflichten aller Polizeibeamten erscheint der Begriff "Verwaltungspolizei" unverständlich. Die Aufgaben der früheren Verwaltungspolizei werden derzeit zum Zwecke der Abfassung eines Memorandums von der Legal Division erörtert. Vgl. ebd.
[419] NRW HStA D, NW 53/399II, Bl. 104
[420] Hierauf weist die Entschließung in Punkt 17.a) hin, ohne jedoch nähere Angaben zu machen.
[421] NRW HStA D, NW 53/399II, Bl. 104
[422] Vgl. ebd.
[423] Als mögliche Ausnahmefälle nannte die Militärregierung einen Erlaß über die Verkehrsregelung bei öffentlichen Großveranstaltungen, wie Fußballspielen und Festlichkeiten. Keinesfalls dürfte aber die Polizei "beispielsweise ... die Tätigkeit von Beamten des öffentlichen Gesundheitswesens, der Eichbehörden, usw. ausüben". Ebd., Bl. 104f.

Mit dem Beschluß, Details "der Organisation zur Beurteilung von Verwaltungspolizeiangelegenheiten" in die Verantwortlichkeit der Kommunalbehörden zu übertragen, schlossen die Innenminister ihre gemeinsamen Überlegungen in bezug auf das Polizeiwesen ab. Unter der Bedingung, daß allein der örtliche Polizeiausschuß und die Polizeichefs als zuständige Kommunalbehörden - im Geiste der Verordnung Nr. 135 - gelten, erklärte die Militärregierung ihr Einverständnis.[424]
Die gemeinsame, "einmütig"[425] gefaßte Erklärung von Bad Meinberg bot den Innenministern die Möglichkeit, in bewußter Kontrastierung zu den einengenden britischen Prinzipien der besagten oktroyierten Verordnung Nr. 135 die Erfordernisse einer an den realen deutschen Verhältnissen orientierten Polizeigesetzgebung zu dokumentieren. Gerade hierin liegt ihre Bedeutung. Zugleich wird hier das Bemühen um mehr Selbstbestimmung durch Mitsprache deutlich. Die Ergebnisse dieser Beschlüsse jedoch als "Durchbruch" in grundsätzlichen Streitfragen werten zu wollen, hieße die Augen vor der britischen Stellungnahme verschließen. Was das von den Innenministern angestrebte Weisungsrecht des Innenministers, die Dezentralisierung der Polizei auf Stadt- und Landkreisebene, die Übertragung der polizeilichen Zuständigkeit auf Bürgermeister bzw. Landrat ("der organisatorischen Verbindung von Polizei und innerer Verwaltung"[426]), die Verantwortlichkeit der Polizeibefehlshaber gegenüber Bürgermeister bzw. Landrat und das allgemeine Versetzungsrecht des Innenministers anbelangt, blieb die Militärregierung bei ihrer ablehnenden Haltung. Zudem ließ die britische Bezeichnung der Bad Meinberger Beschlüsse als "Vorschläge" sie als eine Art Diskussionsgrundlage erscheinen, der keinerlei Verbindlichkeit zukam. Auf der anderen Seite mußten der von der Militärregierung angebotene Kompromiß bezüglich eines eingeschränkten Weisungsrechts des Innenministers, die erweiterte Beteiligung der Polizeiausschüsse an Personalfragen und die ausschließliche Zuständigkeit der Polizeiausschüsse für die wirtschaftlichen Angelegenheiten der Polizei als Zugeständnisse positiv vermerkt werden, so daß man insgesamt von einem deutschen Teilerfolg im Hinblick auf die anstehende Ausarbeitung des Polizeigesetzes sprechen konnte, der aber auch keinesfalls über die weiter bestehende sachprinzipielle deutsch-britische Standpunktdivergenz hinwegtäuschen durfte. Der deutschen Befürchtung, "das britische System zersplittere die Kontrolle (über die Polizei, d.Verf.) in einem Ausmasse, das das Eindringen umstürzlerischer Elemente erleichtere", stand die Behauptung des Regional Commissioners Bishop, "dass die Durchführung der Meinberger Grundsätze die Kontrolle der Öffentlichkeit in einem derart weitgehenden Masse 'atomisieren' würde, dass sich für den Staat das unabdingbare Bedürfnis ergäbe, sämtliche wichtigeren Kontrollbefugnisse auszuüben", gegenüber.[427]

---
[424] Vgl. ebd., Bl. 105; vgl. VO Nr. 135, Art. III und IV
[425] Middelhaufe, Der derzeitige Stand der Gesetzgebung auf dem Gebiete des Polizeirechts, S. 32
[426] Ebd.
[427] Schreiben RC Bishop an Ministerpräsident Arnold, 20. Juli 1948. Bishop war grundsätzlich der Auffassung, daß die Polizeigewalt unter keinen Umständen auf ein einziges Landesministerium konzentriert werden dürfe, da ansonsten potentiellen staatsfeindlichen Elementen die Mög-

Nachdem die Militärregierung Ende Juli 1948 ihre Stellungnahme zur Bad Meinberger Entschließung präsentiert hatte, traten Deutsche und Briten in eine Phase von Verhandlungen ein, die Innenminister Menzel als zähe und intensive Auseinandersetzungen charakterisierte und an deren Ende schließlich das vorläufige Polizeigesetz stand.[428]

8. Auf dem Weg zum vorläufigen Polizeigesetz

Die Wogen einer sich über drei Monate hinziehenden intensiven britisch-deutschen Polizeiverordnungskontroverse waren gerade erst provisorisch geglättet, als es ausgehend von diesem ungewissen und keineswegs stabilen, aber dennoch nicht aussichtslosen Status quo Mitte 1948 galt, die Ausarbeitung eines Entwurfs für ein Landespolizeigesetz gezielt zu forcieren, womit der Verhandlungsmarathon in seine zweite, aus der Perspektive einer hohen britisch-deutschen Erwartungshaltung und eines nahezu extremen Anspruchsniveaus nicht weniger diffizile, Phase eintrat. So war aus dem Land Public Safety Department nicht erst seit dato zu hören, daß man wöchentlich, um nicht zu sagen täglich, in engem persönlichen Kontakt mit Menzel und Middelhaufe stehe, was kontroverse Polizeifragen angehe.[429]
Verständlicherweise positiv reagierte Innenminister Menzel auf die Offerte[430] des Gouverneurs Bishop angesichts der Tatsache, "daß in einigen nicht unwesentlichen Punkten eine Annäherung der beiderseitigen Auffassungen erzielt werden konnte", wobei der Minister vor allem zwei Sachaspekte im Blick hatte, deren Lösung die Entscheidung aller übrigen Fragen sehr vereinfachen würde: das Weisungsrecht und die finanzielle Kontrollbefugnis des Innenministers gegenüber den Polizeikörperschaften.[431] Ohne zu zögern und offensichtlich berechnend hatte Menzel den "kleinen Finger", den Bishop ihm in dieser permanent strittigen Frage gereicht hatte, ergriffen, bot sich ihm damit doch ganz im Sinne deutscher Zielperspektive eine wohl nicht so schnell wiederkehrende Chance, durch beharrliches Verhandlungsgeschick schließlich die "ganze Hand" zu bekommen, ergo, die Briten zu noch weitreichenderen Konzessionen zu bewegen. Es lag somit zunächst nahe, die Kompromißformel des Regional Commissioners genauer zu analysieren und potentielle oder vermeintliche Mängel zu enthüllen. So erschien Menzel Bishops Angebot vor dem Hintergrund des nicht realisierten Landtagsbe-

---

lichkeit gegeben werde, leicht die Kontrolle über Grundrechte und Freiheit der Bevölkerung an sich zu reißen. NRW HStA D, NW 53/399II, Bl. 95
[428] Vgl. Innenminister Menzel, Landtagsrede 13. Januar 1949, S. 9. Das vorläufige Polizeigesetz trat am 31. Mai 1949 in Kraft.
[429] Vgl. Schreiben PS an R.G.O., 09. Oktober 1947, PRO, FO 1050/261
[430] Siehe S. 110 dieser Arbeit
[431] Schreiben Innenminister Menzel an RC Bishop, 11. August 1948, NRW HStA D, NW 152/19-20 (PRO, FO 1013/379), vgl. dies auch zum folgenden; vgl. ferner Hüttenberger, Nordrhein-Westfalen und die Entstehung seiner parlamentarischen Demokratie, S. 297f.

schlusses vom 28. November 1947 zu allgemein, d.h. konkretisierungsbedürftig. Aus diesem Grunde warf er die prinzipielle Frage auf, ob die Weisungsbefugnis des Innenministers erst dann in Kraft treten könne, wenn die Regierung zuvor einen generellen Nostand erklärt habe, oder ob nicht schon die Ausrufung eines Notstandes für Teilgebiete, wie z. B. bezüglich des Schwarzmarktes oder hinsichtlich des kürzlich durch die Regierung angeordneten Schutzes der Geldtransporte im Zuge der Währungsreform, ausreichend wäre. Zudem wies Menzel darauf hin, daß die damalige Gesetzesänderung insbesondere die Erklärung eines Notstandes auf dem Gebiete der Nahrungsmittelbeschaffung im Blick gehabt habe, nicht aber einen allgemeinen politischen Notstand, zu dessen Proklamation es seinerzeit keinerlei Anlaß gegeben habe. Die Anregung Bishops bewußt dahingehend interpretierend, "daß auch ein solcher teilweiser Notstand statuiert werden kann", hoffte Menzel schließlich den Regional Commissioner hinsichtlich weiterer Verständigung auf die deutsche Position festlegen zu können.[432] Darüber hinaus schien ihm die Regelung der ministeriellen Dienstaufsicht über die Polizeikörperschaften durch die Möglichkeit der Sperrung von Polizeizuschüssen im Gegensatz zur englischen Situation[433] für die deutschen Verhältnisse ineffektiv und folglich revisionsbedürftig. Dieses Manko offenbarte sich darin, daß die Maßnahme der finanziellen Zuschußkürzung im Bereich eines Regierungsbezirks zu einem Zustand geführt hätte, in dem wichtige Sachausgaben für die Polizei nicht geleistet und Gehälter nicht mehr hätten gezahlt werden können. Denn anders als bei den Stadtkreis-Bezirken, die gesperrte Gelder durch die Erhöhung der Kommunalsteuern von seiten der betroffenen Gemeinden kompensieren könnten, fehle den keine Steuerhoheit besitzenden Regierungsbezirken diese Möglichkeit.[434] Gerade diesen Sachverhalt führte Menzel als entscheidenden Beweggrund für seine Forderung nach Dezentralisierung der Polizei auf Kreisebene an, da das Mittel der Kürzung finanzieller Zuschüsse bezüglich der Landkreise effektiver sein würde. Ohne eine befriedigende Klärung dieses Problems prognostizierte er hinsichtlich eines solch zentralen Sachverhalts des Polizeiaufbaus einen Entwicklungsstillstand. Um jedoch Bewegung in den deutsch-britischen Konsultationsprozeß zu bringen, trafen sich Menzel und Bishop am 24. August 1948 zu einem ausführlichen zukunftsweisenden Meinungsaustausch.

Unter Bezugnahme auf diese Unterredung mit Gouverneur Bishop übersandte Menzel dem Regional Commissioner tags darauf[435] eine thesenartige Rekapitulation des Gesprächsinhalts mit der Bitte um Zustimmung.[436] Bisweilen ging Men-

---

[432] Ebd., NRW HStA D, NW 152/19-20 (PRO, FO 1013/379)
[433] Vgl. Anm. 326, S. 93
[434] Vgl. auch Menzel, Funktioniert die Polizei?
[435] Hüttenberger (Nordrhein-Westfalen und die Entstehung seiner parlamentarischen Demokratie, S. 298) spricht davon, Menzel habe Bishop dieses Schreiben drei Tage später, also am 28. August 1948, übermittelt. Diese Angabe ist unkorrekt, sie basiert auf der falschen Datierung einer Abschrift des fraglichen Schreibens (NRW HStA D, NW 152/19-20), auf die sich Hüttenberger bezieht. Die richtige Datumsangabe 25. August 1948 ist mehrfach belegt. Siehe z.B. PRO, FO 1013/379.
[436] Vgl. zum folgenden: Schreiben Innenminister Menzel an RC Bishop, 25. August 1948, NRW HStA D, NW 152/19-20

zel sogar soweit, daß er beim Hauptquartier der Militärregierung in Düsseldorf um Bestätigung der Richtigkeit seiner Ansichten nachsuchte.[437] Aus diesem Brief geht eindeutig hervor, daß beide im Rahmen ihres Gesprächs "in den wichstigsten Fragen des künftigen Polizeiaufbaues eine Einigung" erzielten, was Menzel zur Hoffnung Anlaß gab, auch "über den Inhalt des neuen Polizeigesetzes" zu einer einvernehmlichen Regelung gelangen zu können. Menzels optimistische Einschätzung beruhte in erster Linie auf der Tatsache, daß es im Laufe der langwierigen Konsultationen gelungen war, latente Mißverständnisse wie das unterschiedliche Verständnis von wichtigen Sachbegriffen - z.B. 'Weisung' oder 'Exekutive' - auszuräumen. Die Tatsache, daß der Innenminister bereits kurze Zeit später ein schriftliches Resümee der Leitgedanken seiner Diskussion mit Bishop anfertigte, läßt erahnen, welch große Bedeutung er dieser Zusammenkunft beimaß, in deren Gesamtresultat ja genau betrachtet die bis dato geführten Gesetzesverhandlungen einmündeten. Zugleich war damit eine weitestgehend unverrückbare Basis für den Fortgang der beiderseitigen Verhandlungen geschaffen, zudem eine Bezugsgrundlage, die die Gefahr eines Rückfalls in den Status quo ante verringerte, sofern Bishop Menzels Gesprächsthesen billigen würde.

Über folgende obligatorische Prinzipien eines Polizeigesetzes, die Gesprächsgegenstand waren, gibt Menzels Ergebnisprotokoll Auskunft: Zum einen ist es als selbstverständlich zu betrachten, daß eine an die bestehenden Gesetze gebundene, dem Polizeichef vorgesetzte Dienststelle (Landtagshauptausschuß, Kabinett, Innenminister, Polizeiausschuß) keinesfalls dazu berechtigt ist, diesem als Exekutivorgan einen wie auch immer begründeten gesetzwidrigen Befehl zu erteilen. Zum anderen kann der Landtagshauptausschuß auf Antrag des Innenministers diesem im Falle eines von ihm konstatierten Landes- oder Regionalnotstandes auf sachlichem Gebiet - z.B. zur Bekämpfung des Schwarzmarktes -, sofern dem Innenminister keine andere Abhilfe effektiv genug erscheint, sachlich und temporär limitierte polizeiliche Sondervollmachten gewähren, die bei Gefahr im Verzuge bis zur Entscheidung des Landtagshauptausschusses auch vom Kabinett übertragen werden können. Unschwer erkennt man hier den Bezug zum Kompromißvorschlag des Gouverners vom 20. Juli 1948, der damit erneut seine Bestätigung erhielt. Für Menzel mußte dies zweifelsohne eine Genugtuung sein, hatte er doch u.a. in dieser Frage besonders unnachgiebig die deutsche Position verfochten.

Des weiteren erhält der Innenminister - unter Ausschluß der Eingriffsmöglichkeit in einzelne polizeiliche Durchführungshandlungen -, sofern es zur Aufrechterhaltung von Ruhe, Ordnung und Sicherheit notwendig ist, das Recht zur Erteilung von allgemeinen Anweisungen an die Polizei.

Ferner verzichtete Menzel jetzt auf seine bis dato wiederholt erhobene Forderung nach Dezentralisierung der Polizei auf Kreisebene, außerhalb von Städten mit mehr als 100000 Einwohnern, mit der Begründung, Bishop habe ihn in diesem Punkt von seinen Bedenken überzeugt. Statt dessen sollte die Methode der Polizeiaufsicht des Innenministers mittels Sperrung von Finanzzuschüssen für die

---

[437] Vgl. Schreiben Innenminister Menzel an HQ Mil.Reg., 23. Juli 1947, PRO, FO 1013/213. Der hier angesprochene konkrete Fall (Angelegenheit des Vermessungswesens) kann durchaus als generell symptomatisch angesehen werden.

Polizeiausschüsse der Regierungsbezirke flexibler gehandhabt werden, indem dem Innenminister die Wahl zwischen einer direkten Zuschußsperrung oder einer indirekten Maßnahme durch Veranlassung der Einbehaltung von Steuerüberweisungen an Landkreise über den Finanzminister, überlassen werde. Noch zwei Wochen zuvor hatte Menzel mit Bishop im Zusammenhang mit der Durchführung effektiver Maßnahmen im Zuge der ministeriellen Dienstaufsicht gegenüber den Polizeikörperschaften über die Frage der Dezentralisierung der Polizei auf Kreisebene korrespondiert und dabei ganz die bekannte Bad Meinberger Linie vertreten; angeblich hatte er bisher keine andere Lösung des Problems gefunden. Doch wie erklärt sich der plötzliche Sinneswandel? Es muß einerseits der qualitativ positive und relativ weitreichende britisch-deutsche Verhandlungsfortschritt in Betracht gezogen werden, den Menzel durch Insistieren auf einer in seiner Prioritätenhierarchie keineswegs an erster Stelle stehenden Forderung nicht hat gefährden wollen, andererseits muß damit gerechnet werden, daß Menzel schließlich doch eingesehen hat, daß die Dezentralisierung der Polizei auf Kreisebene unter den gegebenen spezifisch nordrhein-westfälischen Bedingungen kaum durchführbar war, mithin also ein eher utopisches als realistisches Projekt darstellte[438], zumal auch von seiten der Polizeiausschüsse und der Polizeichefs mit Widerstand gerechnet werden mußte. Langenhagen-Menden war als Polizeiausschußvorsitzender selbst entschiedener Verfechter des Polizeiausschußsystems und Gegner zentralistischer Tendenzen, wie sie sich in den Bad Meinberger Innenministerbeschlüssen manifestierten. Er vertrat die These, daß "Verlagerung nach unten ... Leistungsschwäche, Abhängigkeit, Verstärkung der zentralen 'Aufsicht'"[439] bewirke.

Schließlich hatte man sich noch auf die Präzisierung des Prozedere der Ernennung von Polizeichefs verständigt, wonach der Innenminister einen ihm geeignet erscheinenden Kandidaten aus einer ihm vom Polizeiausschuß präsentierten Liste von drei, in die engere Wahl kommenden, Bewerbern der Landesregierung vorschlug, woraufhin der Innenminister im Anschluß an die nun erfolgende eigentliche Wahl - man müßte hier wohl eher von Akklamation sprechen - durch den Polizeiausschuß seine Bestätigung erteilte, wobei die Rechte der Militärregierung hiervon unberührt blieben.

Es liegt auf der Hand, daß Menzel, aufgrund des positiven Resultats seiner Unterredung ermutigt, nicht nur Bishops Bestätigung der Verhandlungsgegenstände erwartete, sondern offensichtlich auch die Chance nutzen wollte, darüber hinausgehende Vorschläge zu unterbreiten bzw. Anliegen vorzutragen, in der Hoffnung, der Regional Commissioner werde diese dann gleich mit approbieren. Um die Rechte der Polizeiausschüsse zu stärken, was ja auch stets Ziel der Militärregierung war, sollte der Innenminister nach Menzels Ansicht seine Befugnisse - im

---

[438] Schon Hüttenberger hat darauf hingewiesen, daß es so gut wie ausgeschlossen war, den Landräten und Bürgermeistern die Polizeiverwaltung zu unterstellen, da ihnen die Gemeindeordnung von NRW nur repräsentative, aber keine administrative Funktion zuschrieb. Vgl. Nordrhein-Westfalen und die Entstehung seiner parlamentarischen Demokratie, S. 296
[439] Unsere neue Polizei, S. 97; vgl. auch Rudzio, Die Neuordnung des Kommunalwesens in der Britischen Zone, S. 107

Sinne der vereinbarten Sondervollmachten und Anweisungskompetenz - bis auf jederzeitigen Widerruf den örtlichen Polizeiausschüssen delegieren dürfen. Darüber hinaus bat er Bishop, zu prüfen, ob eine Autorisierung der Landkreise zur Abberufung ihrer Delegierten im Polizeiausschuß nicht sinnvoll wäre, falls diese sich als inkompetent erweisen sollten und aufgrund dessen die Minderung finanzieller Beihilfen drohe. Obwohl Menzel um die starken Bedenken Bishops gegenüber einem generellen Versetzungsrecht des Innenministers[440] wußte, unternahm er auch hier erneut den Versuch, die Haltung der Briten in dieser Frage aufzuweichen. Menzel argumentierte praxisnah mit dem Hinweis auf konkrete Situationen des Polizeialltags: Nicht selten würden Polizeibeamte zum Schaden des Polizeidienstes ohne ersichtliche oder berechtigte Gründe von ihren Polizeiausschüssen entlassen. Es gebe zudem auch Polizeiausschüsse, denen eine Kooperation mit ihrem Befehlshaber nicht mehr möglich, eine Entlassung jedoch zu inadäquat sei und folglich nicht in Frage komme. In einer derartigen Lage werde dem Innenminister dann von den Polizeiausschüssen - ungeachtet der Tatsache, daß er dazu keine Berechtigung besitze - die Versetzung dieses Polizeibeamten empfohlen. Konsequenterweise müßte dem Innenminister die Vollmacht zur Versetzung von Polizeibeamten auch in solchen Fällen gewährt werden, in denen der den zu versetzenden Beamten - mit Ausnahme des Polizeibefehlshabers und des stellvertretenden Polizeichefs - aufnehmende Polizeiausschuß seine Einwilligung versagt habe. Menzel sah dieses Recht des Innenministers mit keiner potentiellen Mißbrauchsgefahr behaftet, da ja zunächst die Initiative vom Polizeiausschuß ausgehen müsse.

Bevor Bishop zu den von Menzel kompilierten Thesen der gemeinsamen Unterredung, die er nach eigener Aussage mit Interesse erwartete, detailliert Stellung bezog, beantwortete er am 25. August 1948 Menzels Schreiben vom 11. und 13. August 1948.[441] Sehr befriedigt zeigte sich der Regional Commissioner in Anbetracht der Tatsache, daß es bezüglich der prinzipiellen Fragen, die Menzel in seinem Schreiben vom 11. August angesprochen hatte, knapp zwei Wochen später gelungen sei, "so much progress" zu machen, ganz zu schweigen von dem Einvernehmen "to provide for this Land a really democratic and satisfactory Police Bill as soon as possible". Was hingegen Menzels Vorstellung gegen O'Rorkes Äußerungen an der Polizeischule in Hiltrup anging, verzichtete Bishop angesichts des zufriedenstellenden Ergebnisses der derzeitigen Verständigung wohlweislich auf einen ausführlichen - ansonsten kritischen - Kommentar, sondern beschränkte sich auf die Empfehlung, Menzel solle die von ihm angemerkte Redepassage im Kontext der gesamten Rede betrachten, dann werde er selbst feststellen, daß seine Mißdeutung des fraglichen Passus jeglicher Grundlage entbehre.[442] Bishops resümierender Appell ließ sowohl im Hinblick auf seinen ausstehenden Kommentar als auch den künftigen Dialog Positives erhoffen:"I feel that it is

---

[440] Vgl. brit. Stellungnahme zur Bad Meinberger Resolution, NRW HStA D, NW 53/399II, Bl. 102
[441] Vgl. PRO, FO 1013/379
[442] Bishop stimmte nämlich O'Rorkes Rede vom 05. August 1948 uneingeschränkt zu. Vgl. Schreiben RC Bishop an IG O'Rorke, PS, 25. August 1948, PRO, FO 1013/379

better that we should let 'by-gones be by-gones' and concentrate on producing the best Police Bill to ensure that the police of this great land is organised on a truly democratic and efficient basis."[443]
Ungewohnt optimistisch erklärte Bishop eingangs seines Kommentars zu den am 24. August 1948 vereinbarten Hauptgrundsätzen des neuen Polizeigesetzes, daß ein freundschaftlicher Konsens in puncto des Gesetzeswortlauts voraussichtlich in Kürze erreicht werden könne.[444] Das hinderte ihn dennoch nicht daran - wenn auch sehr sachlich und offensichtlich wohlwollend -, eine Reihe von Vorbehalten vorzutragen und Verbesserungen im Detail zu fordern. Zwar bejahte er ganz im Sinne seines Kompromißvorschlages prinzipiell die Notwendigkeit eines außerordentlichen polizeilichen Anweisungsrechts des Innenministers in besonderen Notstandsfällen, sprach aber gleichzeitig seine "starke Überzeugung" aus, daß hier ein eigenes Notverordnungsgesetz[445] notwendig sei, welches exakt alle Modalitäten regele. Denn "ohne ein solches Notverordnungsgesetz wäre jede Handlung seitens der Polizei oder seitens irgendeiner anderen Person selbst jede Handlung ... als Innenminister, die die Freiheiten der Bevölkerung beeinträchtigt und die nicht gesetzlich fundiert ist, eben eine illegale Handlung, und die Verantwortlichen, etwa Minister oder Polizei, würden der gerichtlichen Verfolgung ausgesetzt sein. Dies wäre die rechtliche Lage, selbst bei einem Notstand, es sei denn, dass das Notverordnungsgesetz bestünde und zur Anwendung käme."[446] Ein Entgegenkommen der Briten in dieser, für beide Seiten wichtigen Kardinalfrage deutete sich darüber hinaus auch in einer Unterredung des Innenministers mit Mr. MacDonald an, in der der Regional Governmental Officer durchblicken lies, daß auch er sich die Ausrufung eines Teilnotstandes durch den Landtagshauptausschuß vorstellen könne, um dem Innenminister Weisungsbefugnis zu übertragen. Menzel wies in diesem Zusammenhang noch dazu auf die diesbezüglich weitreichende Formulierung im Hamburger Polizeigesetz hin, das dem Polizeisenator ein Weisungsrecht gegenüber dem Chef der Polizei einräumte.[447] Deputy Inspector General Miller vertrat derweil in der von ihm als höchst wichtig eingestuften Angelegenheit die Ansicht, daß Menzel, falls er auf noch weitreichendere Machtbefugnisse als die, die man ihm in Notstandsfällen zuzugestehen bereit sei, dränge, er dann genauestens Rechenschaft über die Notwendigkeit sol-

---

[443] Ebd.
[444] Vgl. hier und zum folgenden: Schreiben RC Bishop an Innenminister Menzel, 02. September 1948, NRW HStA D, NW 152/19-20
[445] Als mögliche Inhalte eines solchen Gesetzes schlug Bishop z. B. vor: Verhaftungen durch die Polizei ohne Haftbefehl; Einwohner einer Ortschaft, die Ruhe und Ordnung gefährden, müssen die Unkosten notwendiger besonderer Polizeiaktionen bezahlen; mit besonders harten Strafen müssen Verbrechen wie Brandstiftung und Plünderung geahndet werden. Vgl. ebd.
[446] NRW HStA D, NW 152/19-20
[447] Vgl. Vermerk über die Besprechung vom 13. August 1948 zwischen Innenminister Menzel, RGO A.A. MacDonald und Mr. Parker, datiert 16. August 1948, NRW HStA D, NW 152/23. § 7 des Hamburger Polizeigesetzes vom 07. November 1947 lautete:"Die Polizei wird nach den Weisungen und Anordnungen des Polizeisenators von dem Polizeichef geleitet. Anordnungen des Polizeisenators ergehen an den Polizeichef, der für ihre Durchführung dem Polizeisenator verantwortlich ist." Vgl. auch den ausführlicheren Vermerk über o.g. Besprechung vom 13. August 1948, PRO, FO 1013/379

chen Bestrebens abgeben müsse, um der Public Safety Branch eine eingehende Prüfung und anschließende Abgabe adäquater Empfehlungen zu ermöglichen.[448] Wie tief verwurzelt das Unbehagen der Briten immer noch war, wenn es darum ging, übergeordneten deutschen Staatsorganen (Innenminister) - potentiell mißbrauchsgefährdete - Befehlsgewalt gegenüber subalternen Instanzen (Polizei) zu gewähren, zeigte sich auch jetzt wieder deutlich in Bishops Bitte an Menzel, den Begriff "instructions" (Anweisungen) in der englischen Übersetzung seines Schreibens exakter und sinngemäßer mit den Termini "advice" (Rat) oder "recommendations" (Empfehlungen) wiederzugeben, werde hier doch ein überaus wichtiger Sachverhalt angesprochen, denn, so fügte der Regional Commissioner hinzu, es sei zwar vollkommen legitim und demokratisch, wenn der Innenminister Ratschläge an die Polizeibehörden seines Landes erteile, der Erlaß von Instruktionen hingegen sei ein undemokratischer und illegaler Akt. Im Grunde genommen ging es hier um die Differenzierung zwischen Aufsicht und Einmischung.[449] Die Praxis, so meinte Bishop, könne dahingehend gestaltet werden, daß der Innenminister Vorschläge und Empfehlungen, "wie die Gesetze angewandt werden sollten oder darüber, wie gewisse Schwierigkeiten, die entstehen könnten, am besten überwunden werden könnten"[450], regelmäßig in erläuternden Rundschreiben veröffentliche, denn die Erfahrung habe die überwiegende Akzeptanz ministerieller Ratschläge bewiesen.

Allein schon die Vermeidung des Terminus "instructions", dem die "Nebenbedeutung des Befehlsmäßigen"[451] anhaftete, schien Bishop hier offensichtlich demokratisches Agieren zu gewährleisten und damit letztlich vor allem den britischen Prinzipien zu genügen.

Unklar erschien dem Gouverneur indes der Vorschlag einer außerordentlichen Stärkung der Stellung der Polizeiausschüsse, da der Inneminister doch im Falle eines Notstandes ohnehin per Notverordnungsgesetz zu Anweisungen an die Polizeiausschüsse ermächtigt wäre. Gleichwohl versicherte Bishop, er habe keinerlei Einwände, falls Menzel auf seiner Empfehlung bestehe, freilich müßte das Notverordnungsgesetz dies dann explizit vorsehen. Mit großer Genugtuung nahm Bishop überdies zur Kenntnis, daß Menzel sich nun doch von seiner bisherigen Forderung nach Dezentralisierung der Polizei auf Kreisebene distanzierte, was er als "weisen Entschluß" begrüßte. Die Möglichkeit des Innenministers, Polizeiausschüssen die Landeszuschüsse zu kürzen, wertete der Regional Commissioner als weitreichende und effektive Maßnahme. Ebenso sollte die einen Polizeiausschuß wählende Vertretungskörperschaft das Recht auf Erteilung von Anweisungen an ihre Polizeiausschußmitglieder in finanziellen Angelegenheiten haben, wobei dieser Sachverhalt Bishops Ansicht zufolge überaus wichtig sei, so daß Befugnisse dieser Art ggf. sogar im neuen Polizeigesetz, mindestens jedoch in der Ge-

---

[448] Vgl. Schreiben DIG Miller an RGO, 17. Juli 1948, PRO, FO 1013/379
[449] Vgl. Langenhagen-Menden, Unsere neue Polizei, S. 96
[450] Schreiben RC Bishop an Innenminister Menzel, 02. September 1948, NRW HStA D, NW 152/19-20
[451] Hüttenberger, Nordrhein-Westfalen und die Entstehung seiner parlamentarischen Demokratie, S. 298

schäftsordnung der Polizeiausschüsse verankert werden müßten. Hinsichtlich Menzels Vorschlag, die Kreistage zu ermächtigen, ihre Vertreter aus den Polizeiausschüssen im Falle mangelhafter Aufgabenerfüllung abzuberufen, wollte Bishop dem Innenminister "keine Schwierigkeiten" machen, falls dieser es als notwendig erachte, eine solche Vorschrift in das Polizeigesetz aufzunehmen. Bishop wies Menzel darauf hin, daß das von ihm favorisierte Verfahren zur Ernennung von Polizeichefs und deren Stellvertretern, entgegen dessen Annahme, von der in England gebräuchlichen Methode differiere. Dort würde nämlich dem Innenminister eine vom Polizeiausschuß aufgestellte Kandidatenliste vorgelegt, die dieser bestätigen oder aber teilweise oder ganz mit Begründung ablehnen könne. Eine in ihrer Gesamtheit abgelehnte Namensliste hätte die Neuvorlage einer solchen Liste durch den Polizeiausschuß zur Konsequenz. Bestätige der Innenminister hingegen zwei oder mehrere Namen, wähle der Polizeiausschuß aus diesen Kandidaten den Polizeichef. Dieses Vorgehen habe den zweifachen Vorteil, daß sowohl die Zuständigkeit des Polizeiausschusses für die Wahl seines eigenen Polizeibefehlshabers und dessen Stellvertreters gewährleistet als auch sichergestellt werde, daß der Polizeichef den personellen Erwartungen des Innenministers entspreche. Bishop war sich schließlich sicher, den Innenminister von diesem Grundsatz überzeugen zu können:"Ich glaube bestimmt, dass Sie den Unterschied als wichtig anerkennen werden, und ein solches Verfahren, festgelegt als Bestimmung in Ihrem Polizeigesetz, würde den demokratischen Aufbau Ihrer Polizei sicherstellen."[452] Verständnisvoll zeigte sich Bishop auch hinsichtlich der von Menzel skizzierten Schwierigkeiten bei angestrebten Versetzungen mißliebiger Polizeichefs und räumte ein, daß deren Ursache unter Umständen mit der Tatsache erklärt werden könne, daß vor Inkrafttreten der Polizeiübergangsverordnung einige Polizeibefehlshaber von der Militärregierung ernannt und nicht von den Polizeiausschüssen gewählt worden seien, ein Problem, das jedoch in absehbarer Zeit an Bedeutung verliere. Zudem bejahte der Gouverneur die Möglichkeit einer vom Polizeiausschuß gewünschten Versetzung eines Polizeichefs durch den Innenminister zu einer anderen Polizeieinheit auch gesetzt den Fall, sein Verhalten habe zu einer derartigen disziplinarischen Maßnahme keinen Anlaß gegeben. Dies könne, so Bishop, selbstverständlich nur unter der Bedingung geschehen, daß der in Frage kommende Polizeiausschuß zur Übernahme des Polizeichefs willens sei. Hingegen sah er "keine Möglichkeit, wonach der Innenminister ermächtigt werden sollte, einem Polizeiausschuß die Übernahme eines Polizeichefs zu *befehlen*, ohne die fundamentale Grundlage einer demokratischen Polizei zu zerstören."[453] Nichtsdestotrotz eröffnete Bishop Menzel eine ihm "ausnahmslos wirkungsvoll" erscheinende Handlungsperspektive für die Situation, in der kein anderer Polizeiausschuß bereit wäre, einen auf Wunsch eines Polizeiausschusses zu versetzenden Polizeichef aufzunehmen. In einer solchen Lage wäre es konsequenterweise richtig, würde der Innenminister seinen Landespolizeiinspektor als Vermittler und Gutachter einschalten. Falle dessen Urteil

---

[452] Schreiben RC Bishop an Innenminister Menzel, 02. September 1948, NRW HStA D, NW 152/19-20
[453] Ebd.

dann zugunsten des Polizeichefs aus, müsse der Polizeiausschuß diesen behalten. Weigere sich der Polizeiausschuß dennoch, weiterhin mit seinem Befehlshaber zu kooperieren, stehe es dem Innenminister frei, den Landeszuschuß einzubehalten, um also mit Hilfe seiner "Macht des Geldbeutels" den renitenten Polizeiausschuß letztendlich zur Räson zu bringen.
Um den derzeitigen vielversprechenden Gang der Dinge auch weiterhin zu fördern und Erreichtes abzusichern, hatte Menzel bereits die nächsten Verfahrensschritte dahingehend angeregt, unmittelbar nach Bishops Bestätigung der zentralen Gesprächsthesen vom 24. August 1948 einen Entwurf zur Änderung der Polizeiübergangsverordnung zu präsentieren, den er, sobald die Genehmigung des Gouverneurs vorliege, dem Landesparlament auf dem Wege über das Landeskabinett übermitteln werde. Diese Methode der Gesetzesabänderung, die in Deutschland zweifellos üblicher als in England sei, versicherte Menzel, könne den Durchgang durch die Landtagsinstanzen wesentlich vereinfachen, so daß er dann imstande sei, die gebilligte Novelle zur Polizeiübergangsverordnung in eine neue Fassung zu bringen.[454] Bishop seinerseits aber war der Überzeugung, eine Abänderung der Polizeiübergangsverordnung sei lediglich ein "Herumflicken", während es "besser und würdiger wäre", an die Stelle des bisherigen Gesetzesprovisoriums schließlich und endlich ein endgültiges Gesetzeswerk zu setzen, dem noch dazu wohl mehr Aufmerksamkeit und Anerkennung entgegengebracht würden. Vor dem Hintergrund des bis dato nunmehr erreichten weitgehenden deutsch-britischen Grundkonsenses riet Bishop, die Schaffensenergie nicht an ein Gesetzesprovisorium zu verschwenden, sondern vielmehr gezielt die Ausarbeitung und Verabschiedung eines neuen Polizeigesetzes in Angriff zu nehmen, das der nordrhein-westfälischen Polizei eine stabile demokratische Basis schaffe "und ... als Muster und Anregung für ganz Deutschland dienen"[455] werde. Damit wird ganz offensichtlich, daß Bishop im Gegensatz zu Menzel eine endgültige Regelung anstrebte und keine erneute modifizierte Übergangslösung wünschte.[456]
Bevor Menzel nun die gesetzestechnische Normierung der Prinzipien für ein Polizeigesetz, über die man sich weitgehend verständigt hatte, in Angriff nahm, *mußte* er nach eigenen Worten zu dem Kommentar Bishops vom 02. September 1948 Stellung nehmen[457], quasi ein Versuch der Rückversicherung durch wiederholte Deskription, aber auch Interpretation des Status quo. Sichtlich erleichtert brachte der Innenminister zum Ausdruck, Bishops klärende Worte hätten schlagartig die seit zwei Jahren unerkannt bestehenden Mißverständnisse aus der Welt geschafft. Niemals habe er als Innenminister Notstandsvollmachten, d.h. die Ermächtigung, Notverordnungen oder -anordnungen zu erlassen, jenseits der bereits geltenden Gesetze erstrebt. Schuld daran, daß man im zurückliegenden Zeitraum auf verschiedenen politischen Ebenen aneinander vorbeigeredet habe, sei das

---

[454] Vgl. Schreiben Innenminister Menzel an RC Bishop, 25. August 1948, PRO, FO 1013/379
[455] Schreiben RC Bishop an Innenminister Menzel, 02. September 1948, NRW HStA D, NW 152/19-20
[456] Vgl. Hüttenberger, Nordrhein-Westfalen und die Entstehung seiner parlamentarischen Demokratie, S. 298f.
[457] Vgl. zum folgenden: Schreiben Innenminister Menzel an RC Bishop, 06. September 1948, NRW HStA D, NW 152/19-20

unterschiedliche deutsch-britische Verständnis des Terminus "Anweisungen", der im Deutschen gerade die Verpflichtung, für eine ordnungsgemäße Durchführung der Gesetze Sorge zu tragen, impliziere und nicht, wie fälschlicherweise von britischer Seite angenommen, das Recht des Abweichens von bestehenden Gesetzen besage. Viele Vorwürfe, so der Minister, die ihm aufgrund seiner Haltung in der Polizeifrage gemacht wurden, seien auf eben dieses Mißverständnis zurückzuführen. Seine Intention sei es vielmehr immer gewesen, über eine Ermächtigung des Landtagshauptausschusses den Innenminister in die Lage zu versetzen, Gesetze an Stelle der Polizeichefs durchzuführen, sollten diese sich dazu als unfähig erweisen. Keinesfalls aber wolle er sich legislative oder judikative Befugnisse anmaßen. Menzel erwartete sodann, daß durch die Auflösung des besagten Mißverständnisses sein Vorschlag, dem Innenminister - falls notwendig - das Recht zu allgemeinen Anweisungen an die Polizei zu übertragen, von den Briten nunmehr in einem positiveren Licht gesehen werde. Daß dies erforderlich sei, hielt er für unbestritten. Sollte es die Aufrechterhaltung von Ruhe, Ordnung und Sicherheit verlangen, benötige der Innenminister im wesentlichen eine dreifach ausgerichtete Kompetenz: Erstens müsse er einigen oder allen Polizeichefs des Landes unter Beachtung der rechtsstaatlichen Ordnung allgemeine Anordnungen, wie z.B. die Durchführung von und die Vorgehensweise bei Razzien betreffend, erteilen dürfen. Zweitens müsse ihm das Recht zugestanden werden, mit Hilfe genereller Instruktionen das Augenmerk der Polizeichefs gezielt auf verschiedene Schwerpunkte der Verbrechensbekämpfung zu lenken, wobei auf keinen Fall beabsichtigt sei, detaillierte Durchführungsanweisungen zu erteilen. Drittens müsse der Innenminister in diesem Zusammenhang zur Forderung eines Reports über die durchgeführte Aktion autorisiert sein, um in Kooperation mit dem Polizeiinspekteur dann eine Wertung der erfolgten Maßnahmen vornehmen zu können und gegebenenfalls noch weitere erforderliche Schritte zu initiieren.[458] Ziel aller dieser Maßnahmen dürfe schließlich einzig und allein eine ordnungsgemäße und einheitliche Ausführung geltender Gesetze sein, die - sollten Innenminister oder Landesregierung diese für unzureichend erachten - nur durch Beschluß des

---

[458] Rückendeckung erhielt Menzel diesbezüglich auch von dem Landwirtschafts- und dem Wirtschaftsminister, die beide der Auffassung waren, daß sich die mangelnden Exekutivbefugnisse des Innenministers als nachteilig erwiesen. So vertrat der Landwirtschaftsminister die Ansicht, der Innenminister müsse gerade dann befugt sein, Weisungen an die Polizeidienststellen zu erteilen, wenn es darum gehe, Maßnahmen zum Schutz der Ernte durchzuführen und auf der Grundlage der VO über die öffentliche Bewirtschaftung von landwirtschaftlichen Erzeugnissen, den zuständigen Polizeibehörden für das Ernährungsamt Amtshilfe zu gewähren. Darüber hinaus hielt er eine Stärkung der Exekutivbefugnisse des Innenministers im Hinblick auf die Ernährungswirtschaft (Überwachung der Transporte, Bekämpfung des Schwarzhandels und des Hamsterwesens) und die Forst- und Holzwirtschaft (Abwehr von Holzdiebstählen im Wald, Kontrolle der Holzabfuhr bei Rund- und Schnittholz) dringend für geboten. Auch der Wirtschaftsminister erhoffte sich von einer Erweiterung der Befugnisse des Innenministers eine Vereinheitlichung der Weisungen hinsichtlich der von der Polizei zu leistenden Hilfe beispielsweise für die Beamten des Inspektions- und Prüfungswesens seines Ministeriums, der Bezirkswirtschaftsämter sowie der Eichverwaltung. Vgl. Schreiben Landwirtschaftsminister an Innenminister, 17. Oktober 1947 und Schreiben Wirtschaftsminister an Innenminister, 17. Oktober 1947, NRW HStA D, NW 152/11; vgl. auch Schreiben Innenminister Menzel an RC Bishop, 11. August 1948, PRO, FO 1013/379

Landtags im Rahmen der Vorgaben der Verordnung Nr. 57 nochmals erneuert werden könnten. Der Minister gab seiner Hoffnung darüber Ausdruck, daß aufgrund dieser klärenden Interpretation die durch seine früheren Aussagen verursachte Skepsis auf britischer Seite nunmehr gegenstandslos sei. Überdies erbat Menzel vorsorglich weitere Gesprächsbereitschaft, sollten wider Erwarten doch noch Bedenken bestehen. In bezug auf den ja in dieser Frage bereits seit dem 28. November 1947 vorliegenden einstimmigen Landesparlamentsbeschluß[459] sagte er wörtlich: Ich bin "wirklich überzeugt ..., dass ohne einen entsprechenden Inhalt für das Gesetz ich dem Landtag keine Gesetzesvorlage unterbreiten darf"[460]. Unklar erschien Menzel ferner die Auffassung der Militärregierung bezüglich des Problems der Versetzung von Polizeichefs. Während der Regional Commissioner die auftretenden Schwierigkeiten durch den Umstand zu erklären versuchte, eine Reihe von Polizeibefehlshabern seien noch von der Militärregierung ernannt worden, wies der Innenminister darauf hin, daß derartige Unstimmigkeiten ebenso bei den von Polizeiausschüssen gewählten Polizeichefs auftreten würden. Hatte Bishop zuvor lediglich den Weg aufgezeigt, den der Innenminister gehen könne, wenn das Urteil seines Polizeiinspekturs pro Polizeichef und contra Polizeiausschuß laute, stellte Menzel die ihm wichtiger erscheinende Frage, wie dann zu verfahren sei, wenn auch der Polizeiinspekteur übereinstimmend mit dem Polizeiausschuß für eine Versetzung des Polizeichefs plädiere. Im übrigen betreffe dieses Problem in der Praxis weniger die Polizeichefs als vielmehr die Polizeibeamten allgemein, d.h. Polizeiausschuß und Polizeichef könnten im konkreten Falle zur gemeinsamen Ansicht gelangen, daß für einen bestimmten Polizeibeamten ein Wechsel der Dienststelle wünschenswert sei. An der Lösung dieser Frage führe letztlich kein Weg vorbei und, so fügte Menzel lapidar hinzu:"... Ich sehe nur die Lösung in Form meines Vorschlages vom 25.8.48"[461]. Bezüglich aller anderen Sachverhalte schloß sich Menzel der Auffassung Bishops an, ebenso in puncto Dringlichkeit der Polizeilegislation. Mit der von Bishop gewünschten Methode konnte sich Menzel jedoch nicht anfreunden. Nochmals bekräftigte er seinen Standpunkt, zweckmäßig könne man durch Abänderungsanträge zur Polizeiübergangsverordnung zum Ziel gelangen, noch dazu mit ca. einem halben Jahr Zeitgewinn. Um seinem Anliegen Nachdruck zu verleihen, bat er schließlich, seine Gesetzgebungserfahrungen aus der Weimarer Zeit 1928-1933 und dann wiederum ab 1946 ausführlichst zu bedenken.
In einer Besprechung mit Regional Governmental Officer MacDonald und Chefdolmetscher Parker hatte Innenminister Menzel zum Ausdruck gebracht, daß es nicht so sehr auf die Schnelligkeit ankomme als darauf, einen gut durchdachten und ausgewogenen Gesetzentwurf einzubringen.[462] Am 27. September 1948 legte er Gouverneur Bishop eine "Art Gesetzestext" vor, der das Ergebnis zahlreicher

---

[459] Siehe S. 81 dieser Arbeit
[460] Schreiben Innenminister Menzel an RC Bishop, 06. September 1948, NRW HStA D, NW 152/19-20
[461] Ebd.
[462] Vgl. Vermerk vom 16. August 1948 über die Besprechung vom 13. August 1948, FO 1013/379

Konsultationen über die Abänderung bzw. Neufassung der Polizeiübergangsverordnung zwischen ihm und dem Regional Commissioner darstellte.[463] Obwohl die Landesregierung am 20. September 1948 auf Antrag des Innenministers hin besagte Änderungen der gegenwärtigen Übergangsverordnung genehmigt hatte, wurden "damit leider nicht alle Wünsche erfüllt"[464], wie Menzel unumwunden bekannte. Trotz dieser Desiderate versicherte er Bishop, er werde dem Landtag die Annahme der Fassung der Abänderungen der Polizeiübergangsverordnung in dieser Form empfehlen, da auch das Kabinett voll und ganz seiner Ansicht sei, der Legislative Gesetzesabänderungen und keine grundlegende Gesetzesneufassung zu unterbreiten. Zunächst bat Menzel den Gouverneur jedoch um entsprechende Nachricht, ob er die Inhalte der gemeinsamen Unterredungen in der vorliegenden Fassung nun korrekt resümiert habe. Rund drei Wochen später legte Bishop einen detaillierten Kommentar zu dem Abänderungsentwurf vor, der "mit größter Sorgfalt untersucht worden"[465] sei. Als Resultat der von ihr "erwogenen Ansichten" präsentierte die Militärregierung einen fest umrissenen Katalog von Wünschen[466]: Zwei Ergänzungen, sieben Neufassungen, eine Streichung. Im großen und ganzen handelte es sich hierbei um mehr oder weniger kleine, aber nicht unbedeutende, detaillierte Präzisierungs- und Konkretisierungsforderungen, mitunter auch stilistische Korrekturen, deren Notwendigkeit schon zuvor Menzel bei der Vorlage der Gesetzesänderungen angedeutet hatte. Bishop gab Menzel die Zusicherung, falls diese Änderungen in das neue Polizeigesetz integriert würden, sähe er keine Schwierigkeiten, dieses Gesetz zu genehmigen. Dies darf aber nicht darüber hinwegtäuschen, daß der Regional Commissioner in einem zentralen Punkt des § 10 (Polizeiaufsichtsbehörde) seine Zustimmung versagte. Menzel hatte vorgeschlagen, diesem Paragraphen der Polizeiübergangsverordnung folgende Aussagen hinzuzufügen:
"Der Minister des Innern ist berechtigt, Richtlinien aufzustellen und Direktiven zu geben.
Diese Richtlinien und Direktiven müssen mit den bestehenden gesetzlichen Bestimmungen in Einklang stehen.
Der Minister des Innern kann einen Polizeibeamten auf dessen Antrag oder auf Antrag des Chefs der Polizei oder des Polizeiausschusses aus dienstlichen Gründen versetzen. Dies gilt nicht für den Chef der Polizei und seinen ständigen Stellvertreter. Die Polizeibehörde (Polizeiausschuss und Chef der Polizei), zu der der Polizeibeamte versetzt werden soll, ist vorher zu hören. Erhebt diese Polizeibehörde gegen diese Versetzung Einwendungen, so ist bei Polizeioberbeamten vom

---

[463] Vgl. Schreiben Innenminister Menzel an RC Bishop, PRO, FO 1013/380

[464] Ebd. Menzel nannte hier vor allem die Aufrechterhaltung der Polizeiausschüsse bei den Regierungsbezirken und die mangelnde Beteiligung der Oberbürgermeister und Landräte.

[465] Schreiben Bishop an Menzel, 20. Oktober 1948, NRW HStA D, NW 152/8. Hüttenberger (Nordrhein-Westfalen und die Entstehung seiner parlamentarischenn Demokratie, S. 299, Anm. 63) nennt fälschlicherweise den 20. September 1948 als Datum des Schreibens.

[466] Vgl. Anhang zum Schreiben Gouverneur an Innenminister vom 20. Oktober 1948 betreffend die vom Innenminister vorgeschlagenen Änderungen der geltenden Polizeiübergangsverordnung für Nordrhein-Westfalen. NRW HStA D, NW 152/8

Polizeirat an aufwärts die Zustimmung der Landesregierung zur Versetzung erforderlich. Versetzungen an die Polizeischulen, an das Landeskriminalpolizeiamt und an die Wasserschutzpolizei spricht der Minister des Innern selbständig aus. ..." Anstoß nahm die Militärregierung vor allem an der Formulierung des dritten, vierten und fünften Satzes.[467] In ihren Augen implizierten diese Äußerungen die Folgerung, daß der Innenminister sich letzten Endes doch sehr souverän über die Rechte der Polizeiausschüsse hinwegsetzen könne, indem er selbst entscheide, wer in die dem Polizeiausschuß unterstehenden Polizeieinheiten aufzunehmen sei, was de facto der Unterminierung eines fundamentaldemokratischen Rechtes der Polizeiausschüsse gleichkomme.[468] Aufgrund dessen forderte die Militärregierung eine Neuformulierung dieser drei Sätze. Entscheidend neu war nun folgender Wortlaut:"... Vor einer solchen Versetzung ist die Zustimmung des Polizeiausschusses einzuholen, dem die Einheit untersteht, zu der der Beamte versetzt werden soll."[469] Somit hatte Bishop seine bisherige Haltung in dieser Frage, wonach die Zustimmung des betroffenen Polizeiausschusses unabdingbar sei, definitiv bekräftigt. Da nach Einschätzung der Militärregierung der sechste Satz des § 10 ebenfalls nicht unbedenklich sei, weil auch er die Möglichkeit eröffne, bezüglich des Rechts des Polizeiausschusses auf freie Polizeibeamtenauswahl zu intervenieren, solle er in das künftige Gesetz nicht aufgenommen werden. Mit der Befugnis des Innenministers, Versetzungen und Rückversetzungen zu Polizeischulen, Landeskriminalpolizeiämtern und der Wasserschutzpolizei vorzunehmen, war die Militärregierung unter der Bedingung einverstanden, daß dort, wo vorgesehen, die Zustimmung des Polizeiausschusses der tangierten Polizeieinheit eingeholt werde. Aus Gründen der Klarstellung forderte sie eine Abänderung der entsprechenden Passage des § 10 in diesem Sinne. Gegenüber Menzel erklärte Bishop, es sei ihm unmöglich gewesen, mit ihm vollends übereinzustimmen und über das hinauszugehen, was ihm jetzt als abschließende Stellungnahme vorliege. Zum wiederholten Male bezeichnete er die finanziellen Vollmachten des Innenministers als geeignetes Instrument der Einflußnahme bei schwierigen Versetzungsverhandlungen mit Polizeiausschüssen.

Um im besondern die Befugnisse des Polizeiausschusses bei der Ernennung des Polizeichefs zu gewährleisten, hielt die Militärregierung des weiteren den von Menzel vorgeschlagenen Verfahrensablauf im Änderungsentwurf für klärungsbedürftig. Im Sinne der bisherigen Aussagen des Regional Commissioners sollte im Polizeigesetz die Kooperation von Polizeiausschuß und Innenminister bei der Beratung über die Eignung bezüglich der Kandidaten und die Ernennung des er-

---

[467] Vgl. auch zum nachfolgenden NRW HStA D, NW 152/8
[468] Innenminister Menzel berichtete vor dem Landtag am 13. Januar 1949 von der vermeintlichen Befürchtung der Mil.Reg., Innenminister könnte, falls ihm ein allgemeines Versetzungsrecht gewährt würde, womöglich "500 oder 600 Beamte von einem Bezirk plötzlich an einen anderen versetze(n), um dort eine eigene Polizeimacht zu schaffen". Landtagsrede, S. 10
[469] Gleiches forderte die Mil.Reg. auch im Falle der Versetzung eines Polizeichefs oder stellvertretenden Polizeichefs auf eigenen Wunsch und mit dem Einverständnis des Polizeiausschusses durch den Innenminister. Vgl. Anmerkungen der Mil.Reg. zum § 7 des Abänderungsentwurfs zur Polizeiübergangsverordnung, NRW HStA D, NW 152/8

wählten Polizeichefs durch Beschluß des Polizeiausschusses festgeschrieben werden. Eine maßgebende Stärkung ihrer Stellung konnten Innenminister und Landesregierung im Hinblick auf die Erweiterung ihrer Befugnisse im Notstandsfalle verbuchen. Zum einen gewährte die Militärregierung der Landesregierung jetzt die Möglichkeit, auf Antrag des Innenministers sowohl gegen einen Polizeichef als auch gegen einen Polizeiausschuß, die durch ihr Verhalten einen Nostand herbeiführen, der das Verantwortungsbewußtsein und den Leistungsstand der betroffenen Polizeieinheit ernstlich gefährdet, durch Beauftragung des stellvertretenden Polizeichefs mit der Durchführung der Aufgaben des Polizeichefs und der Einsetzung eines Beauftragten an die Stelle des zuvor suspendierten Polizeiausschusses, vorzugehen. In diesem Zusammenhang deutete Bishop auch auf die Notwendigkeit der baldigen Veröffentlichung eines Polizeidisziplinargesetzes hin und sprach davon, "dass die Veröffentlichung dieses Gesetzes auch wesentlich ist im Hinblick auf die Position der Landesregierung"[470]. Andererseits erhielt der Innenminister nun das seit langem geforderte Weisungsrecht im Notstandsfalle. Menzels ergänzende Formulierung dieses Sachverhalts unter § 8 der Polizeiübergangsverordnung wurde von der Militärregierung unbeanstandet gebilligt. Sie lautete:"Stellt der Hauptausschuss des Landtages einen allgemeinen Notstand fest, dessen Auswirkungen über den Bereich einer SK- oder RB-Polizei hinausgehen können, so ist der Minister des Innern nach Massgabe der Ermächtigung des Hauptausschusses an Stelle der örtlich zuständigen Chefs der Polizei und der Polizeiausschüsse berechtigt, über die Notwendigkeit und den Umfang des polizeilichen Einsatzes Weisungen zu geben." Stillschweigend akzeptierte die Militärregierung damit fast ein Jahr später nunmehr indirekt den Landtagsbeschluß vom November 1947, auf den sie damals mit Passivität reagiert hatte. Und so konnte Menzel am 13. Januar 1949 vor dem Landtag in Düsseldorf verkünden:"Die wichtigsten Neuerungen ... enthalten das, was der Landtagsbeschluß vom 28. November 1947 wollte. Insofern ist es uns gelungen, diesen einstimmigen Beschluß des Landtages zur Geltung zu bringen."[471]
Nochmals hatte Bishop die von Menzel und Landeskabinett angesprochene Empfehlung einer Änderung der Polizeiübergangsverordnung reflektiert, zeigte sich gegenüber den Argumenten des Innenministers durchaus aufgeschlossen, blieb dennoch seiner bisherigen distanzierten Einstellung treu, die er mit der Begründung verteidigte:"Je mehr ich darüber nachdenke desto mehr bin ich davon überzeugt, dass es im Interesse des Landes wäre, die Gelegenheit wahrzunehmen, ihre Vorschläge dem Landtag lieber in der Form eines neuen umfassenden Polizei-Gesetzes zu unterbreiten, als mit der Übergangsverordnung herumzupfuschen. Zu dieser Tatsache kommt, dass die Veröffentlichung eines neuen Gesetzes ein viel würdevolleres und eindrucksvolleres Mass sein würde ..."[472]

---

[470] Schreiben RC Bishop an Innenminister Menzel, 20. Oktober 1948, NRW HStA D, NW 152/8; vgl. auch Hüttenberger, Nordrhein-Westfalen und die Entstehung seiner parlamentarischen Demokratie, S. 299
[471] Landtagsrede, S. 10
[472] Schreiben RC Bishop an Innenminister Menzel, 20. Oktober 1948, NRW HStA D, NW 152/8

Diesem Vorbehalt trug Menzel schließlich Rechnung, indem er am 25. November 1948 den Entwurf eines Gesetzes über den vorläufigen Aufbau der Polizei dem Kabinett zur Erörterung in der nächsten Sitzung überreichte, der nach Beschlußfassung dem Gouverneur vorgelegt werden sollte.[473] Am 20. Dezember 1948 wurden in den Landtag sodann zwei Regierungsvorlagen, ein Entwurf eines Gesetzes zur Änderung der Polizeiübergangsverordnung und ein Entwurf eines Gesetzes über den vorläufigen Aufbau der Polizei im Lande Nordrhein-Westfalen eingebracht, wobei letztere eine Synthese zwischen den neuen Änderungen und den derzeitigen Bestimmungen der Polizeiübergangsverordnung vom 20. Dezember 1946 herstellte.[474] In seiner Begründung des Abänderungsgesetzes hob Innenminister Menzel hervor, man habe mit dieser Novelle den Versuch unternommen, die Machtkompetenzen von Polizeiausschuß und Polizeichef klarer als bisher zu umreißen und zu unterscheiden. Darüber hinaus wurden sowohl die Kompetenzen der Polizeiausschüsse in wirtschaftlichen Angelegenheiten und Personalfragen gestärkt als auch durch die Erweiterung der Rechte der Landesregierung bzw. des Innenministers eine bessere Voraussetzung für die Aufrechterhaltung von Ruhe, Ordnung und Sicherheit geschaffen, als es bis dato der Fall gewesen sei.[475] Somit hatte die Militärregierung auch die "Schwierigkeit der inneren Demilitarisierung der Polizei"[476] in Angriff genommen, die ja im wesentlichen auf der bisher souveränen Machtstellung des Polizeichefs beruhte, denn die Hauptverantwortlichkeit für die Personalpolitik in die Hände einer Einzelperson zu legen, wäre mit dem Grundgedanken einer demokratischen Polizei prinzipiell inkompatibel gewesen.[477] Überdies divergierten die Gesetzesnovelle und die Verordnung Nr. 135 in ihren Aussagen sehr signifikant. Im Gegensatz zu den Bestimmungen des Artikels III, Ziffer 12 und des Artikels IV, Ziffer 13 der Verordnung Nr. 135 übertrug nunmehr der § 6 des Abänderungsgesetzes die Verwaltung der Polizei sowie zentrale Personalangelegenheiten definitiv auf die Polizeiausschüsse. Während die Verordnung Nr. 135 in Artikel IV, Ziffer 13 "Ernennungen und Beförderungen bis zum Range eines Polizeirates" der alleinigen Zuständigkeit des Chefs der Polizei überantwortete, wurde dieses Ernennungs-, Beförderungs- und Entlassungsrecht in Absatz 6 des § 7 des Gesetzes zur Änderung der Polizeiübergangsverordnung auf die Dienstgrade bis einschließlich zum Range

---

[473] Vgl. Schreiben Innenminister an Ministerpräsident, 13. Dezember 1948, NRW HStA D, NW 152/8
[474] Um dem Mißverständnis, es handele sich hier womöglich um zwei Regierungsvorlagen verschiedenen Inhalts, vorzubeugen, gab Landtagspräsident Gockeln am 13. Januar 1949 vor dem Landtag eine kurze erläuternde Erklärung ab:"Darum ein Hinweis, daß das, was Sie unter LD II-801 haben, die Abänderungen zu der bisherigen Verordnung sind, die wir im März 1947 als vorläufig verabschiedet haben, so daß Sie dann, wenn Sie die unter II-801 vorgeschlagenen Änderungen annehmen, die endgültige Vorlage haben werden, wie sie unter LD II-802 als Regierungsvorlage Ihnen gegeben ist." Stenographischer Bericht der 75. Landtagssitzung, S. 1502
[475] Vgl. LD II-801, S. 435
[476] Abg. Reismann (Zentrum) vor dem Landtag, Stenographischer Bericht der 88. Landtagssitzung am 12. April 1949, S. 1960
[477] Vgl. Langenhagen-Menden, Unsere neue Polizei, S. 95

eines Polizei-(Kriminal-)Meisters reduziert.[478] Entgegen den Bestimmungen des Artikels V der Verordnung Nr. 135, der dem Innenminister zwar die letzte Verantwortung für die Aufrechterhaltung von Recht und Ordnung übertrug, ihm jedoch z.T. keine adäquaten Befugnisse zur Erfüllung seiner Aufgaben gewährte, wurde diese Unzulänglichkeit durch das in § 9 des Abänderungsgesetzes verankerte Weisungsrecht des Innenministers im Notstandsfall überholt.[479] Diese Differenzen zwischen der Militärregierungsdirektive und den mit Gouverneur Bishop abgestimmten Formulierungen der Gesetzesnovelle waren es u.a., die Innenminister Menzel schließlich zu der Schlußfolgerung bewogen, "dass auch die Mil.Reg. ihre VO 135 nicht als feste Bindung für den Inhalt der Polizeigesetze der Länder aufgefasst sehen"[480] wollte. Zudem wurde seine Hypothese dadurch erhärtet, daß auch zwischen dem Polizeigesetz der Hansestadt Hamburg vom 07. November 1947[481] und den Prinzipien der Verordnung Nr. 135 grundsätzliche Diskrepanzen bestanden, ohne daß von seiten der Militärregierung eine Adaption postuliert worden war. Ebenso war dem schleswig-holsteinischen Polizeigesetz die Genehmigung des Gouverneurs zugesichert worden, obwohl auch dieses über den Inhalt der Verordnung Nr. 135 hinausging.[482]
Zeitgleich mit der Veröffentlichung der Regierungsvorlagen ließ Bishop durch Regional Governmental Officer MacDonald beim Innenminister anfragen und schnellstmöglich einen Bericht einfordern, wie es denn um die Fortschritte hinsichtlich des Polizeigesetzentwurfs bestellt sei und ob diese Gesetzesfassung denn auch die Auffassung der Militärregierung, wie im Schreiben des Gouverneurs vom 20. Oktober 1948 dargelegt, berücksichtige.[483] Im nordrhein-westfälischen Landtag war man unterdessen am 13. Januar 1949 in die Debatte über die Gesetzesnovelle eingetreten, in deren Verlauf Vertreter aller im Landtag vertretenen Parteien Gelegenheit hatten, prinzipielle Ansichten zum Polizeigesetz darzulegen.[484] Parteiübergreifend - mit Ausnahme der KPD - herrschte grundsätzlich im Landtag mehr oder weniger Konsens darüber, "daß diese Regierungsvorlage an sich zu begrüßen" sei, wenngleich man "mit dieser Formulierung des Gesetzes auch noch nicht zufrieden sein" könne, wie es der CDU-Abgeordnete Josef Büttner ausdrückte. Büttner bekundete das Interesse seiner Partei an einer Kommunalisierung der Polizei, einer engen Verflechtung von kommunaler Selbstverwal-

---

[478] Langenhagen-Menden charakterisiert diese Bestimmung der VO Nr. 135, die so weder in der deutschen Gemeindeordnung ihren Niederschlag fand noch im Rahmen des NS-Führerprinzips praktiziert wurde, als eine der Position der Polizeiausschüsse kontradiktorische und betont ferner, daß eine solche Machtstellung von deutschen Polizeichefs auch keinesfalls intendiert worden sei. Vgl. ebd.
[479] Vgl. Zur Frage der Gültigkeit der VO Nr. 135 vom 01. März 1948, NRW HStA D, NW 152/21-22
[480] Ebd.
[481] Siehe Anm. 447, S. 125
[482] Vgl. NRW HStA D, NW 152/23
[483] Vgl. Schreiben RGO MacDonald an Innenminister Menzel, 20. Dezember 1948, NRW HStA D, NW 152/8
[484] Vgl. zum folgenden Hüttenberger, Nordrhein-Westfalen und die Entstehung seiner parlamentarischen Demokratie, S. 300f.

tung und Polizei "nach altbewährtem Muster", denn die kommunale Selbstverwaltung müsse die Möglichkeit besitzen, nötigenfalls mit eigener primärer Exekutivgewalt eingreifen zu können.[485] Auch der SPD-Abgeordnete Gleisner äußerte Verständnis für den Unmut von Gemeinden und Kreisen, die zwar bezahlen müßten, aber keinen Einfluß auf die Polizei hätten und betonte, die Frage pro oder contra kommunale Polizei sei gewissermaßen mehr eine Zweckmäßigkeitsfrage und keine Prinzipienfrage. Beide Politiker waren sich jedoch darin einig,

---

[485] Stenographischer Bericht der 75. Landtagssitzung, S. 1503-1505. Büttner bedauerte, daß man mit dem vorliegenden Gesetzentwurf noch nicht soweit sei. Seine Unterstützung der kommunalen Spitzenverbände und deren einvernehmlicher Forderung nach Kommunalisierung der Polizei brachte er offen zum Ausdruck. Vor allem fand er Gefallen an der Entschließung der 4. ordentlichen Mitgliederversammlung des nordrhein-westfälischen Landkreistages in Homberg am 03. August 1948 hinsichtlich der Polizeineuordnung, die er mit Erlaubnis des Landtagspräsidenten in der 75. Parlamentssitzung am 13. Januar 1949 zitierte. Auch Innenminister Menzel, der offenkundig mit den Ansichten des Landkreistages sympathisierte, hatte schon am 13. August 1948 in einer Besprechung mit RGO MacDonald und Chefdolmetscher Parker (vgl. NRW HStA D, NW 152/23) ein Exemplar dieser Resolution zur Unterstützung seines Standpunktes überreicht. Diese Entschließung des Landkreistages - die wichtigsten Kernstellen wurden von mir in Kursivschrift hervorgehoben - besaß folgenden Wortlaut:
" 'Die Nordrhein-Westfälischen Landkreise, die von der geplanten Reform des materiellen und formellen Polizeirechts in hohem Maße unmittelbar betroffen werden, geben einmütig der Erwartung Ausdruck, daß im Entwurf des Polizeigesetzes den nachstehend zusammengefaßten grundsätzlichen Forderungen entsprochen wird:
1. *Die Polizei muß eine wahre Volkspolizei sein*, die ihre Autorität nicht auf Willkür, Machtstreben und isoliertes Sonderdasein stützt, sondern auf Gerechtigkeit, Hilfsbereitschaft, soziales Empfinden, Charakterbildung und fachliches Können.
2. Eine völlige Klarheit im Polizeibegriff unter wesentlicher *Wiederherstellung der bewährten Generaldelegation der Polizei im § 14 des Polizeiverwaltungsgesetzes von 1931* muß gewährleistet sein.
3. Die Verantwortung einer Person oder eines Organs auf dem Gebiet der Polizei darf nicht größer sein als ihre Zuständigkeit. *Zuständigkeits- und Verantwortungsbereich müssen daher identisch sein*.
4. *Die Polizei ist eine Angelegenheit des Landes*. Daraus folgt, daß die Polizei dem Organ des Volkes, *dem Landtage und der Landesregierung unterstellt* ist. Im Auftrage des Parlaments hat der Minister des Innern die Aufsicht und Kontrolle über die Polizei auszuüben.
5. Eine Demokratisierung und Dezentralisierung der Polizei in ihrem organisatorischen Aufbau ist durch Sicherung einer möglichst engen und organischen *Verbindung mit den Selbstverwaltungskörperschaften auf der Kreisstufe* und ihren vom Volke unmittelbar gewählten Vertretungsorganen sicherzustellen, wobei *deutschen Verhältnissen und bewährtem Recht vor 1933 Rechnung zu tragen ist.*
6. Dieses Ziel wird am wirksamsten durch eine *Kommunalisierung der Polizei* mit besonderen Polizeiämtern *auf der Stufe der Stadt- und Landkreise* erreicht. Die Landkreise erwarten, daß ihnen insoweit dieselbe Rechtsstellung eingeräumt wird wie den Stadtkreisen.
7. Für jedes Polizeiamt in den Stadt- und Landkreisen ist ein Polizeiausschuß vorzusehen, dessen Mitglieder von den kommunalen Vertretungsorganen zu wählen sind. Dem Polizeiausschuß muß dieselbe rechtliche Stellung eingeräumt werden wie den übrigen vom Vertretungsorgan gewählten Ausschüssen. Die Polizeiausschüsse würden zuständig sein für die finanziellen, wirtschaftlichen, gesundheitlichen und sozialen Angelegenheiten der Polizei.
8. Der vom Polizeiausschuß zu ernennende *Polizeichef* handhabt auch *unter Aufsicht des Leiters der Kreisverwaltung die Dienstaufsicht und den Einsatz.*' " Ebd., S. 1504f.

daß eine Kommunalisierung der Polizei auf Kreisebene gegen den expliziten Willen der Militärregierung unrealistisch und eine Diskussion hierüber zwecklos sei.[486] Trotzdem hielt auch Innenminister Menzel weiterhin an seiner Überzeugung fest, daß Oberbürgermeister und Landrat als demokratisch legitimierte Organe wieder zu verantwortlichen Exponenten der Polizeihoheit werden müßten, denen der Polizeichef für den Einsatz der Polizeikräfte seines Polizeigebietes verantwortlich sei.[487] Der Abgeordnete Büttner plädierte dafür, wenigstens die Polizeiausschüsse in der bisherigen Form beizubehalten, und der Abgeordnete Gleisner resümierte seine Aussagen in der ausgleichenden These:"Wir Sozialdemokraten wünschen die Polizei so zentral wie notwendig, aber so dezentral wie möglich."[488]

Nachdem der Landtag nach Abschluß der ersten Lesung die Regierungsvorlagen an den Verfassungsausschuß überwiesen hatte, wurden sie dort zum Gegenstand eingehender Beratungen und Prüfung, in deren Verlauf vor allem zwei Gesichtspunkte ins Zentrum der Erörterungen rückten: Da tauchte zum einen die kontrovers diskutierte Frage auf, ob es angesichts der gegenwärtig ungewissen Situation, in der in Kürze das Besatzungsstatut zu erwarten sei, nicht sinnvoller und adäquater wäre, auf eine endgültige, umfassende Gesetzesregelung vorläufig zu verzichten und vielmehr den - freilich nicht unumstrittenen - Weg über eine "Spezialermächtigung" einzuschlagen, d.h. "dem Landtag zu empfehlen, im Rahmen der Vorlage den Innenminister zu ermächtigen, die Bestimmungen als 'Verordnung' herauszugeben", denn "durch die Form einer Novelle werde vermieden, ein Zwischengesetz zu machen".[489] Bekanntlich befürwortete ja auch Menzel diese Lösung. Den Angaben des Verfassungsausschußvorsitzenden und SPD-Abgeordneten Jacobi zufolge habe der Innenminister keinerlei Bedenken artikuliert. Menzel hoffte wohl, mit Unterstützung des Landtages Gouverneur Bishop letzten Endes doch noch von der Gangbarkeit dieses Weges überzeugen zu können. Schließlich gab Jacobi die Tasache zu bedenken, daß das Polizeigesetz sich der Initiative der britischen Militärregierung verdanke und nicht vom Landtag ausgehe, weshalb dieser sich auch nicht als Urheber fühlen solle. Nicht zuletzt vor dem Hintergrund der Notwendigkeit einer länderübergreifenden, zonenweiten Rechtsangleichung in Polizeiangelegenheiten empfahl der Verfassungsausschuß in seiner Sitzung am 03. März 1949, den alternativen Lösungsweg

---

[486] Die von der KPD (Abg. Klingelhöller) geforderte noch weitergehende Kommunalisierung der Polizei durch Übertragung auf die Gemeinden als Selbstverwaltungsangelegenheit entbehrte wohl angesichts der kontradiktorischen Entwicklung in der SBZ jeder realistischen Grundlage und ehrlich gemeinten Intention. Vgl. Stenographischer Bericht der 75. Landtagssitzung, S. 1509f.
[487] Vgl. Landtagsrede 13. Januar 1949, S. 9
[488] Stenographischer Bericht der 75. Landtagssitzung, S. 1513. Aufgrund einschlägiger Erfahrungen als ehemaliger preußischer und Reichsinnenminister wies der SPD-Abgeordnete Carl Severing - besonders an die Adresse der britischen Besatzungsmacht gerichtet - mahnend auf die Notwendigkeit auch einer zentralisierten und einsatzkräftigen Polizei hin, denn eine kommunalisierte Polizei allein sei einer Notsituation, wie die Vergangenheit gezeigt habe, nicht in ausreichendem Maße gewachsen. Vgl. ebd., S. 1513-1516
[489] Kurzprotokoll der Verfassungsausschußsitzung vom 03. März 1949, datiert 22. März 1949, S. 1, 4

der Ermächtigung des Innenministers durch den Landtag einzuschlagen.⁴⁹⁰ Daß dieser Vorschlag von vornherein zum Scheitern verurteilt war, liegt angesichts des Insistierens der Militärregierung auf dem Erlaß eines Gesetzes auf der Hand. Überdies gelangte auch der Frankfurter Rechtsprofessor Giese in einem für den nordrhein-westfälischen Finanzminister erstellten Gutachten in der Frage der Ermächtigung der Landesregierung, Rechtsvorschriften im Verordnungswege zu erlassen, zu dem negativen Urteil, daß eine solche im Dritten Reich Usus gewesene Praxis gewaltverschiebender legislatorischer Ermächtigungen heute einen illegalen Mißbrauch bedeute und somit "als überholt und nicht mehr anwendbar bezeichnet werden"⁴⁹¹ müsse.

Auf seiten der CDU und der KPD meldeten sich im Verfassungsausschuß erneut nachdenkliche Stimmen, die für eine Verschiebung der Beratungen bis zum Erlaß des Besatzungsstatuts plädierten.⁴⁹² Von der SPD hingegen wurde eine Vertagung abgelehnt, und Innenminister Menzel erinnerte daran, daß der Gesetzentwurf "das äußerste" Zugeständnis des Gouverneurs sei. Vielmehr bestehe die Gefahr, daß die Verordnung Nr. 135 schließlich doch noch zur vollen Geltung gebracht werde, falls man sich bezüglich des Polizeigesetzes nicht einigen könne.⁴⁹³

Im Laufe der Sitzungen des Verfassungsausschusses wurde ferner die Tendenz erkennbar, die finanzielle Kontrollbefugnis des Innenministers gegenüber den Polizeibehörden, die ihren Verpflichtungen nicht nachkommen, an die Zustimmung des Landtagshauptausschusses zu binden. Innenminister Menzel war derweil eher skeptisch, was eine zu starke Einmischung der Legislative in die Exekutive anbelangte, eine Ansicht, die auch Konrad Adenauer und der ehemalige Oberpräsident der Nordrhein-Provinz, Robert Lehr, teilten.⁴⁹⁴ Abgeordnete der CDU im Verfassungsausschuß sahen im Recht der Zuschußkürzung, aufgrund dessen der Innenminister in die rechtliche Stellung der Polizeiausschüsse intervenieren könne, eine inadäquate Machtstellung.⁴⁹⁵ Vom Landtag beschlossene finanzielle Aufwendungen für die Polizeiausschüsse dürften ihrer Meinung nach nur dann auf gesetzlicher Grundlage vom Innenminister einbehalten werden,

---

⁴⁹⁰ Vgl. ebd., S. 4 und Präambel LD II-890, S. 537
⁴⁹¹ Zur Frage Gesetz oder VO des Innenministers, NRW HStA D, NW 152/21-22. In diesem von ihm verfaßten Memorandum bat Innenminister Menzel nunmehr aufgrund dieses Gutachtens und der ablehnenden Haltung der Mil.Reg., das vorläufige Polizeigesetz (LD II-890) vom Landtag verabschieden zu lassen.
⁴⁹² So der Abg. Klingelhöller (KPD) in der Verfassungsausschußsitzung am 03. März 1949 und der Abg. Büttner (CDU) am 17. März 1949.
⁴⁹³ Vgl. Kurzprotokoll der Verfassungsausschußsitzung vom 16. März 1949, datiert 06. April 1949, S. 1f. Der Abgeordnete Jacobi regte ein Gespräch mit dem Innenminister von Schleswig-Holstein und dem RC zwecks Eruierung der Chancen für eine Rechtsangleichung der Gesetzeswerke an.
⁴⁹⁴ Vgl. Kurzprotokoll der Verfassungsausschußsitzung vom 09. Mai 1949, datiert 20. Mai 1949, S. 1
⁴⁹⁵ Man bedenke hier, daß ja auch RC Bishop die finanziellen Vollmachten des Innenministers als durchaus ausreichendes Mittel starker Einflußnahme auf die Polizeiausschüsse bezeichnete. Siehe S. 127f. dieser Arbeit

wenn das Parlament zumindest dazu gehört worden sei.[496] Hüttenberger, der diese Bestrebungen des Verfassungsausschusses als vollzogenes Faktum bezeichnet[497], verkennt indes, daß die angestrebte Modifizierung des betreffenden § 11 der Polizeigesetzesnovelle durch den Zusatz "mit Zustimmung des Hauptausschusses des Landtages" letztlich doch keinen Niederschlag im Gesetzeswerk fand. Auf Vorschlag von Innenminister Menzel einigte sich der Verfassungsausschuß in seiner Sitzung am 09. Mai 1949 schließlich auf folgende Kompromißformel, die dann auch in das am selben Tage vom Landtag verabschiedete vorläufige Polizeigesetz einmündete:"Falls Polizeibehörden ihren Verpflichtungen nicht nachkommen, kann die Landesregierung auf Antrag des Innenministers die Landeszuschüsse ganz oder teilweise einbehalten."[498] Die Argumentation Hüttenbergers, wonach die Intention des Verfassungsausschusses auf die Befürchtung einiger Landtagsabgeordneter - die in Personalunion auch Mitglieder der Polizeiausschüsse waren -, ihre Stellung gegenüber der Landesregierung könne gemindert werden, zurückzuführen sei, ist somit hinfällig, da ein Mitwirkungsrecht des Landtages in diesem Falle gesetzlich nicht zum tragen kam.[499]
Gegen den Entwurf des vorläufigen Polizeigesetzes, der schließlich dem Gouverneur am 31. Dezember 1948 vorgelegt wurde, legte dieser erwartungsgemäß kein Veto ein, sondern bekundete erneut sein großes Interesse an einer schnellen Verabschiedung. Etwas ungeduldig hatte Bishop am 24. März 1949 durch seinen Chefdolmetscher Mr. Parker telefonisch Erkundigungen einholen lassen, warum denn das Polizeigesetz von der Tagesordnung der vergangenen Landtagssitzung gestrichen worden sei.[500] Für diese "unbefriedigend(e) und vielleicht ein wenig unwürdig(e)"[501] Verzögerung bei der Verabschiedung des Polizeigesetzes zeigte Bishop wenig Verständnis. Daher ersuchte er Ministerpräsident Arnold, für die baldige Vorlage eines zufriedenstellenden Gesetzes im Landtag Sorge zu tragen.

---
[496] Vgl. Kurzprotokoll der Verfassungsausschußsitzung vom 09. Mai 1949, datiert 20. Mai 1949, S. 1
[497] Vgl. Nordrhein-Westfalen und die Entstehung seiner parlamentarischen Demokratie, S. 301
[498] Kurzprotokoll der Verfassungsausschußsitzung, S. 2; GVOBl. NRW Nr. 24, 14. Juli 1949, S. 146, § 11, Abs. 1
[499] Vgl. Hüttenberger, Nordrhein-Westfalen und die Entstehung seiner parlamentarischen Demokratie, S. 301. Das in § 9, Abs. 4 des vorläufigen Polizeigesetzes festgeschriebene Mitwirkungsrecht des Landtagshauptausschusses in Notstandsfällen ist hiervon unabhängig zu betrachten.
[500] Vgl. NRW HStA D, NW 152/21-22. Auf Antrag des CDU-Abg. Jöstingmeier hatte der Verfassungsausschuß in seiner Sitzung am 16. März 1949 beschlossen, das Präsidium des Landtages um Vertagung der Beratung des Polizeigesetzentwurfs zu bitten und statt dessen einen neuen Sitzungstermin des Verfassungsausschusses für den 02. April 1949 anzuberaumen. Menzel stimmte dem unter der Bedingung zu, daß die II. und III. Lesung des Polizeigesetzes in der folgenden Session durchgeführt würden. Vorausgegangen war dieser Entscheidung des Verfassungsausschusses eine kontroverse Debatte über die Bestimmung des Abs. 2 des § 1 (Vgl. GVOBl. NRW Nr. 24, 14. Juli 1949, S. 143). Schließlich hatte man sich mehrheitlich darauf geeinigt, den § 22 der Beamtenrechtsänderungsverordnung für die Gemeindevollzugsbeamten, nicht aber für die ehemaligen Reichspolizeibeamten gelten zu lassen, womit vermieden wurde, u.a. die Angehörigen der Himmler-Polizei versorgungsmäßig auf das Land zu übernehmen. Vgl. Kurzprotokoll der Verfassungsausschußsitzung vom 03. und 16. März 1949; vgl. ebenso Stenographischer Bericht der 88. Landtagssitzung am 12. April 1949, S. 1949
[501] Schreiben RC Bishop an Ministerpräsident Arnold, 28. März 1949, PRO, FO 1013/1967

Verabschiedet wurde das vorläufige Polizeigesetz nach erfolgter II. und III. Lesung schließlich mit großer Zustimmung in der Sitzung des Landtages am 09. Mai 1949. Die Deklaration dieses Gesetzes, um das man so lange und intensiv mit den Briten gerungen hatte, als ein "vorläufiges", schien man durchaus nicht als Manko, sondern vielmehr als Chance zu begreifen, wie beispielsweise der Zentrums-Abgeordnete Reismann in einer Rede vor dem Landtag ausführte:"Es ist nach meiner Meinung gut, wenn wir zur Zeit noch nicht ein endgültiges Polizeigesetz, sondern nur ein vorläufiges machen. Dann können wir aus den Erfahrungen, die wir mit diesem Gesetz machen, und aus denen, die wir in der Vergangenheit gemacht haben, unsere Lehren für die Zukunft ziehen und das zukünftige Polizeigesetz danach gestalten."[502] Innenminister Menzel schien jedenfalls zunächst einmal erleichtert darüber, daß der Regional Commissioner das Polizeigesetz genehmigte und nicht, wie in der letzten Zeit bei anderen Gesetzen häufiger geschehen, seine Zustimmung versagte.[503] Welches Endziel man deutscherseits prinzipiell ansteuerte, läßt sich letztlich auch indirekt aus einer Äußerung des Innenministers im Zusammenhang mit dem Abänderungsgesetz zur Polizeiübergangsverordnung erschließen:"Wir sind allerdings noch weit entfernt von dem Aufbau einer Polizei, wie er sich vor 1933 zum Schutz der deutschen Demokratie bestens bewährt hat."[504]

9. Die Polizeigesetzgebung aus der Perspektive der britischen Militärregierung

Nicht erst seit Veröffentlichung der Verordnung Nr. 135, aber insbesondere seit diesem Zeitpunkt, fand die deutsche Landespolizeigesetzgebung vermehrt Aufmerksamkeit innerhalb der britischen Besatzungsadministration, sowohl auf zonaler Ebene als auch in Berlin. Hinter den Kulissen der Militärregierung lief - für die deutschen Politiker freilich nur zu vermuten - der interne britische Meinungsbildungs- und Entscheidungsfindungsprozeß auf Hochtouren. Ständige Kontakte innerhalb der Besatzungsbehörden führten über Anfragen, Konsultationen und Gutachten hin zu Absprachen und schließlich zu den Stellungnahmen, die dann den deutschen Landesbehörden als offizielle Kommentare der Militärregierung präsentiert wurden.

Mit gesteigertem Interesse verfolgte der britische Militärgouverneur den Werdegang der Polizeigesetze in den Zonenländern, als sich abzeichnete, daß der Erlaß eines Besatzungsstatuts nur noch eine Frage der Zeit sein würde. Tatsache war, in Berlin wurde man sich immer bewußter, auf den bisher als unverzichtbar betrachteten Prinzipien eines demokratischen Polizeiaufbaus, die man gegen die Wünsche der Innenminister durchzusetzen trachtete, um zu verhindern, daß die Polizei

---
[502] Stenographischer Bericht der 88. Landtagssitzung am 12. April 1949, S. 1960
[503] Vgl. Schreiben Innenminister Menzel an RC Bishop, 29. Juni 1949, PRO, FO 1013/1967
[504] LD II-801, S. 435

zu einem Werkzeug der Regierungspartei(en) werde, nun nicht mehr länger insistieren zu können. Trotzdem vertrat der britische Militärgouverneur die Ansicht, die widrigen Aussichten seien allein kein ausreichender Grund dafür, Prinzipien über Bord zu werfen. Treffend formulierte C.E. Steel, President of the Governmental Sub Commission[505], die Konsequenz dieser unverrückbaren Faktizität des Besatzungsstatuts in der Erkenntnis:"... It is of course most important that legislation should be enacted and receive assent in all Laender before the Occupation Statute takes the matter out of our hands." Denn genau dann, so hatte man britischerseits kalkuliert, wäre es "much harder for Ministers of the Interior to introduce an organisation which they favour if legislation is already in existance when the Occupation Statute is enacted"[506]. Nachvollziehbarer wird nun auch im Lichte dieser Sachlage, warum der Militärregierung an einer raschen Ausarbeitung und Verabschiedung der Landespolizeigesetze so sehr gelegen war. Lediglich darauf zu vertrauen und zu hoffen, daß die deutschen Landespolizeigesetze noch rechtzeitig vor Inkrafttreten des Besatzungsstatuts verabschiedet würden, schien der Militärregierung in Berlin wohl mit zu imponderablen Risiken verbunden. Um der potentiellen Gefahr zu wehren, die Kontrolle über die Polizeigesetze der Länder zu verlieren und damit im Endstadium der Legislation Einflußnahme auf die Gestaltung eines demokratischen Polizeiaufbaus weitgehend einzubüßen, zog der britische Militärgouverneur im Sommer 1948 den Erlaß einer letzten Anweisung in Erwägung, die in Analogie zur Verordnung Nr. 135, Mindestanforderungen an die Polizeigesetzgebung festlegen und deren Berücksichtigung Voraussetzung für die Genehmigung sein sollte. Gleichwohl hielt er es - wohl im Hinblick auf die negativen Erfahrungen, die man mit der Verordnung Nr. 135 gemacht hatte - für angeraten, die Durchführung dieser Maßnahme zunächst einmal zurückzustellen und die Abschlußberichte über den Fortschritt der Verhandlungen zwischen den Regional Headquarters und den Innenministern abzuwarten.[507] Anders als im Falle der Verordnung Nr. 135 beabsichtigte man nun, diese Richtlinien den Deutschen nicht in Form einer Verordnung direkt vorzulegen, sondern den indirekten Weg über eine Policy Instruction oder ein Schreiben an die Regional Commissioners einzuschlagen. D.h. die Gouverneure sollten in Gesprächen ihre Ministerpräsidenten über den Inhalt dieser Direktive aufklären und über die unbedingte Notwendigkeit ihrer Einbeziehung in die Polizeigesetze informieren, ohne die eine Genehmigung aussichtslos sei.[508] Interessanterweise läßt sich der Plan des Militärgouverneurs, eine Policy Instruction zu erlassen, in seinem Ursprung auf eine Initiative des Polizeiinspekteurs O'Rorke zurückführen, der dieses Vorhaben durch die Aufstellung von "Minimum and firm requirements of a Police Act" quasi katalysierte.[509] Dieses Memorandum stellte in Anknüpfung

---

[505] Mit Ausnahme von Wirtschaft und Finanzen unterstand der Governmental Sub Commission ("Regierungskommission") praktisch die gesamte Besatzungsverwaltung. Vgl. Michael Thomas, Deutschland, England über alles. Rückkehr als Besatzungsoffizier, Berlin 1984, S. 237
[506] Schreiben ("demiofficially") Pres. GOVSC C.E. Steel an die Gouverneure von Nordrhein-Westfalen und Niedersachsen, Bishop und Lingham, 23. Juli 1948, PRO, FO 1049/1358
[507] Vgl. ebd.
[508] Vgl. Minute, PRO, FO 1049/1358
[509] Vgl. PRO, FO 1049/1358

an analoge frühere Äußerungen O'Rorkes im wesentlichen den Versuch dar, möglichst knapp und als Orientierungshilfe gedacht, Aufgabenverteilung und Zuständigkeitsbereich von Polizeibehörden (Polizeiausschuß und Polizeichef) und Polizeiaufsichtsbehörde (Innenminister) eindeutig voneinander abzugrenzen, wobei die hier dargelegten Ansichten im Vergleich mit den Bestimmungen des vorläufigen Polizeigesetzes wirklich nur als ein Anforderungsminimum, das letztlich bei weitem überholt wurde, bezeichnet werden konnten. Im übrigen hegten O'Rorke und Bishop gleichermaßen die Hoffnung, es möge ihnen gelingen, den Polizeiausschüssen sowie der allgemeinen Öffentlichkeit die Verordnung Nr. 135 "schmackhafter" zu machen.

C.E. Steel, der in Berlin unterdessen die Abschlußberichte der Regional Commissioners von Nordrhein-Westfalen und Niedersachsen zum Stand der Polizeigesetzgebung erwartete, riet Bishop und Lingham jedoch zuvor noch, die Ansicht der Polizeiausschüsse zu den bisherigen Polizeigesetzentwürfen zu eruieren. Zugleich sollten die Ministerpräsidenten über diesen Schritt unterrichtet werden, um ihre Aufmerksamkeit auf die vermeintliche Unterstützung der britischen Position durch die Öffentlichkeit zu lenken.[510] Diese Überlegungen basierten auf der Überzeugung des Generalinspekteurs der Polizei, ein "great deal" sei mit den Polizeiausschüssen und Polizeieinheiten gelungen, indem man diese vom eigenen Standpunkt hätte überzeugen können. Ausgegangen war man dabei von der Tatsache, daß sich offenbar alle Regierungsbezirks-Polizeiausschüsse und zwölf von neunzehn Stadtkreis-Polizeiausschüssen für eine Kontrolle der Polizei durch die Polizeiausschüsse ausgesprochen hatten.[511] Von dieser Unterstützung für das System der Polizeiausschüsse erhoffte sich die Militärregierung einen so großen öffentlichen Überzeugungsdruck auf die Ministerpräsidenten und Innenminister, der ausreichen würde, nun auch sie zur Akzeptanz einer klaren Gewaltenteilung zwischen Innenminister, Polizeiausschuß und Polizeichef, so wie sie O'Rorke deutlich gemacht hatte, zu bewegen.[512] Bezeichnenderweise hatte O'Rorke von seiner These auch die C.C.G.(BE) in Kenntnis gesetzt, daß den in Nordrhein-Westfalen in scharfer Opposition zum Innenminister stehenden Polizeiausschüssen Zeit gelassen werden müsse, die sie benötigten, um eine Lösung des Sachproblems mit dem Minister auszufechten; dann werde man ein Gesetz bekommen, das mit den eigenen Modellvorstellungen weit deutlicher harmoniere.[513] Derweil unterrichtete Regional Commissioner Bishop die Militärregierung in Berlin über den letzten Stand seiner Gesetzesverhandlungen mit Ministerpräsident Arnold und Innenminister Menzel. Bishop versicherte Steel gegenüber, er sei äußerst bemüht darum, die diffizile Polizeifrage "amicably" mit Arnold und Menzel zu regeln, daß er jedoch keineswegs sicher sei, mit dem Innenminister zu einer einvernehmlichen Regelung zu kommen, ohne auf die besagte, vom

---

[510] Vgl. Schreiben Pres. GOVSC C.E. Steel an RC's Bishop und Lingham, 23. Juli 1948, PRO, FO 1049/1358
[511] Vgl. Schreiben RC Bishop an RGO (through DRC), 20. Mai 1948, PRO, FO 1013/203
[512] Vgl. Minute, PRO, FO 1049/1358
[513] Vgl. Schreiben IG O'Rorke, PS, an DMG Major General Brownjohn, HQ C.C.G.(BE), 16. Juli 1948, PRO, FO 1049/1358

Militärgouverneur intendierte Policy Instruction verzichten zu können.[514] Mit Sicherheit kann davon ausgegangen werden, daß dem Regional Commissioner die von O'Rorke aufgestellten minimum requirements bekannt waren, so daß infolgedessen deren bestärkender Einfluß auf Bishops Standpunkt bei den Folgeverhandlungen vorausgesetzt werden kann.[515]
Ende Juli 1948 wartete Gouverneur Bishop darauf, daß ihm das nordrhein-westfälische Innenministerium offiziell den Entwurf eines Polizeigesetzes präsentiere, um dann unverzüglich Fühlungnahme mit den Polizeiausschüssen aufzunehmen, wie von Berlin vorgeschlagen.[516] Gegenüber Steel bekannte er allerdings, daß ihm vom Innenministerium bereits "secretly" und ohne Wissen des Ministerpräsidenten und des Innenministers eine Abschrift des Gesetzentwurfs zugespielt worden sei, von dem er ja offiziell noch nichts wissen könne und folglich nicht darüber reden dürfe. Mit Unbehagen reagierte er auf diesen Gesetzentwurf, der seines Erachtens eine Kopie der Bad Meinberger Resolution und völlig unbefriedigend sei. Unzufrieden, frustriert und angesichts der möglichen Imponderabilien des bevorstehenden Besatzungsstatuts "a little handicapped"[517], gestand Bishop ein:"This is, of course, most disappointing, particularly in view of the great amount of trouble which my Staff and I have taken to try to persuade Menzel to accept democratic principles as the basis of the Legislation."[518] Hoffnung setzte er dagegen in eine vom Polizeiausschußvorsitzenden Langenhagen im niedersächsischen Melle einberufene Regionalzusammenkunft aller Vorsitzenden der Polizeiausschüsse, die sich zum Ziel gesetzt hatte, einen eigenen, sich an der Verordnung Nr. 135 orientierenden, Polizeigesetzentwurf zu konzipieren, ein Anliegen freilich, das dem Plan der Militärregierung ein Stück weit entgegenkommen mußte.
Unterdessen weckten die August-Verhandlungen auch auf britischer Seite vorsichtigen Optimismus. Gut vorbereitet durch intensive Vorgespräche mit Regional Governmental Officer MacDonald und Deputy Inspector General Miller war Bishop in den Verhandlungsmarathon mit Innenminister Menzel am 24. August 1948 eingetreten, an dessen Ende er recht zufrieden feststellen konnte, daß "Menzel was certainly more co-operative ... than he has ever been before". Sein Augenmerk auf das herannahende Besatzungsstatut gerichtet, ließ Bishop durchblicken, wie außerordentlich wichtig es ihm war, Menzel das zufriedenstellendste Polizeigesetz, welches möglich sei, zu entlocken, während er sich gegen-

---

[514] Vgl. Schreiben RC Bishop an Pres. GOVSC Steel, 28. Juli 1948, PRO, FO 1049/1358. Eine Kopie dieses Briefes wurde O'Rorke zugesandt.
[515] Vgl. Schreiben RC Bishop an IG O'Rorke, PS, 25. August 1948, PRO, FO 1013/379. Bishop dankte hierin dem Generalinspekteur der Polizei für dessen Brief vom 20. August 1948, in dem O'Rorke sich zu der Kritik des Innenministers an seiner Rede in der Polizeischule in Hiltrup am 05. August 1948 geäußert hatte. Dieser Brief, so der Regional Commissioner, sei für ihn äußerst hilfreich im Umgang mit Menzel, was die derzeitig zu diskutierenden Probleme und Schwierigkeiten der Polizeigesetzgebung anbelange.
[516] Diese Vorgehensweise hatte wiederum IG O'Rorke DMG Brownjohn vorgeschlagen. Vgl. Schreiben IG, PS, an DMG in Berlin, 16. Juli 1948, PRO, FO 1049/1358
[517] Extract from RECO Minutes, 24. August 1948, PRO, FO 1049/1359
[518] Schreiben RC Bishop an Pres. GOVSC Steel, 28. Juli 1948, PRO, FO 1049/1358

wärtig noch in einer überlegenen Position befände, die es ihm ermögliche, "to exercise some authority over him in these matters". Zu diesem Zeitpunkt fühlte sich Bishop, wie er erleichtert zugab, etwas weniger pessimistisch als bisher, was das zukünftige Polizeigesetz anbelangte, obwohl er nur zu gut wußte, "that we must await the revised text before we can feel any real optimism"[519]. Im Verlauf des ausgedehnten Gesprächs mit dem Innenminister am 24. August 1948 hatte der Gouverneur keinen Hehl aus seiner Besorgnis gemacht, der von Menzel eingeschlagene Kurs drohe sich sehr ungünstig auf die Beziehung zwischen Militärregierung und nordrhein-westfälischer Landesregierung auszuwirken, was letztlich auch nicht im Interesse der Bevölkerung liege. Zudem hatte Bishop nachdrücklich vor unabsehbaren Folgen einer übersteigerten Zentralisierung der Polizei gewarnt, deren negative Auswirkungen unter Umständen zuerst den Innenminister und andere Demokraten in Mitleidenschaft ziehen könnten.

Bemerkenswert ist, wie detailliert der Regional Commissioner die zuständigen Abteilungen seiner Militärregierung über die Ergebnisse der Debatten mit dem Innenminister informierte und ferner, mit welcher Akribie man dort die zur Diskussion stehenden Sachverhalte prüfte und intern bewertete. Bereits einen Tag nach dem Treffen mit Innenminister Menzel legte Bishop dem Regional Governmental Officer einen ausführlichen protokollartigen Bericht über Verlauf und Ergebnis des Gesprächs vor und bemerkte, man habe nach "much discussion" in wesentlichen Grundsätzen Konsens erreicht[520], womit nun offensichtlich ein positiver Umschwung in den beiderseitigen Verhandlungen um die Polizeigesetzgebung markiert wurde. Darüber hinaus hatte sich Bishop jedoch in drei Fällen ein Urteil vorbehalten bzw. Menzel geantwortet, er werde über seine Vorschläge nachdenken. Zu diesen Sachverhalten erbat er nun, um fundiert argumentieren zu können, aber auch, um die Kongruenz mit den britischen Prinzipien zu wahren, die gutachtliche Stellungnahme des Regional Governmental Officers. Hierbei handelte es sich um folgende spezifische Vorschläge des Innenministers: Einerseits sollte auch das Kabinett ermächtigt werden können, einen Notstand für die Dauer von sieben Tagen zu erklären, eine Maßnahme, die nach dieser Zeit ende oder zu ihrer Fortdauer der Zustimmung des Landtages oder des Landtagshauptausschusses bedürfe. Andererseits betraf dies die Anregung, aufgrund der besonderen gegenwärtigen Bedingungen im Nachkriegsdeutschland müßte es dem Kabinett möglich sein, den Innenminister in außerordentlichen

---

[519] Schreiben RC Bishop an IG O'Rorke, PS, 25. August 1948, PRO, FO 1013/379
[520] Vgl. Schreiben RC Bishop an RGO (Kopie an DIG), 25. August 1948, PRO, FO 1050/528. Bishop nannte: Alle Maßnahmen, die der Innenminister durchführt, müßten stets den gesetzlichen Bestimmungen entsprechen. Daß die Militärregierung hierauf besonderen Wert legte, betonte auch Menzel, der dies allerdings als selbstverständlich und nicht mehr extra erwähnenswert voraussetzte. (vgl. Landtagsrede 13. Januar 1949, S. 11) Alle notwendigen Kontaktaufnahmen des Innenministers mit einer Polizeieinheit sollten nicht direkt, sondern indirekt über den zuständigen Polizeiausschuß erfolgen. Ferner sollte dem Innenminister die Koordinierung spezieller Maßnahmen zwischen Polizeieinheiten, z.B. landesweite Überprüfung ordnungsgemäßer Lebensmittelverteilung, obliegen. Weiterhin hatte man sich auf die Möglichkeit der Ausrufung eines regional begrenzten Teilnotstandes durch den Landtag oder den Landtagshauptausschuß auf Antrag des Innenministers verständigt.

Fällen zur Erteilung von direkten Anweisungen an einen Polizeichef zu autorisieren. Ein dritter Punkt tangierte die Nominierung von Polizeichefs durch die lokalen Polizeiausschüsse. Menzel hatte hier den Einwand vorgetragen, daß in der Praxis zahlreiche Polizeiausschüsse die Benennung von Polizeichefs nach parteipolitischen Gesichtspunkten und nicht nach Kriterien der Fähigkeit und Eignung vornehmen würden, aufgrund dessen er dann bekanntlich die stärkere Einbeziehung des Kabinetts bzw. des Innenministers in diesen Prozeß vorgeschlagen hatte, dem der Regional Commissioner persönlich aber nicht zustimmen wollte.[521] In extenso nahmen sowohl der Regional Governmental Offficer als auch der Deputy Inspector General zu dem von Innenminister Menzel angefertigten Ergebnisprotokoll des Gedankenaustauschs mit Gouverneur Bishop am 24. August 1948 Stellung.[522] Beide Berichterstatter waren in nuce d'accord, daß dem Innenminister im Falle eines Notstandes "extrapowers" nur im genau definierten Rahmen eines vom Landtag beschlossenen Notverordnungsgesetzes (Emergency Powers Act) gewährt werden könnten, daß dem Innenminister gestattet werden sollte, der Polizei von Zeit zu Zeit allgemeine Ratschläge in Form von "letter(s) of advice or recommendation(s) to the Chiefs of Police" zu erteilen, daß der Innenminister des weiteren nicht befugt sei, Polizeichefs auszuwählen und zu ernennen[523] und, daß er ferner nicht befugt sein sollte, einen Polizeiausschuß zur Aufnahme eines Polizeibeamten zu zwingen. Ebenso übereinstimmend sprachen sie sich für ein neues "Basic Police Law" und gegen die Abänderung der Polizeiübergangsverordnung aus. Vergleicht man nunmehr Bishops Kommentar zu den Thesen des Innenministers mit den Stellungnahmen des Regional Governmental Officers und des Deputy Inspector General, so ist eine Kongruenz der Aussagen z.T. bis in den Wortlaut feststellbar, d.h. mit anderen Worten, Bishop hatte sich, wie er selbst bestätigte[524], weitestgehend an der quasi schon vorbereiteten Antwort orientiert. Zudem hatte der Regional Commissioner diesen Kommentar auch noch mit Generalinspekteur O'Rorke "in some detail" und mit dem Political Advisor "in general terms" abgestimmt, so daß er Anfang September 1948 zwischen Optimismus und Skepsis schwankend nach Berlin berichtete:"I appreciate that we must wait to see the draft bill before we can congratulate ourselves on this change of outlook in Dr. Menzel's attitude. Nevertheless, I do now feel much

---

[521] Vgl. ebd., Schreiben RC Bishop an RGO
[522] Vgl. Scheiben DIG Miller an RGO, 30. August 1948 und Minute RGO an RC, 30. August 1948, PRO, FO 1013/379
[523] Wörtlich sagte der DIG:"If the Minister's proposal ... were agreed to it would mean that the Minister himself has the power of selecting and appointing Chiefs of Police which we are most anxious to avoid. It is essential that the Chief of Police is appointed by the competent Police Committee, subject of course to the approval of the Minister." Ebd.
[524] Die Notiz des RGO hatte Bishop am 30. August 1948, das Schreiben des DIG am 31. August 1948 zur Kenntnis genommen. Am 31. August 1948 übersandte er dem RGO eine Kopie seines Antwortschreibens an Menzel mit dem Hinweis, er habe dieses nach sorgfältigem Studium der erbetenen Stellungnahmen und nach einer Unterredung am Nachmittag des 30. August 1948 mit DIG Miller und Mr. Brady (R.G.O.) verfaßt. Hinsichtlich des weiteren Verfahrens in dieser Sache schlug Bishop eine Diskussion mit dem IG und dem DIG, PS, in Bonn am 01. September 1948 und mit Mr. Steel bei dessen Besuch am 02. September 1948 im RCO, zu der er auch den RGO hinzubat, vor. Vgl. PRO, FO 1013/379

more hopeful of getting a Police Bill in this Land which will be far closer to our fundamental principles than I had at one time thought to be possible." Von seiner Warte aus war Bishop mehr noch davon überzeugt, daß das bis dato Erreichte nicht zuletzt in besonderem Maße den geduldigen und kontinuierlichen Bemühungen des Public Safety Departments "in influencing and persuading ... the German authorities ..."[525] zu verdanken war. Zufrieden über den Fortschritt in der Polizeifrage, den Gouverneur Bishop in den Verhandlungen mit Innenminister Menzel erreicht hatte, äußerten sich auch der stellvertretende Militärgouverneur Brownjohn und Mr. Steel, der seinerseits nach einem Gespräch mit dem Regional Commissioner konstatierte, "that the proposals are as satisfactory as we can hope to get in the present circumstances"[526]. Nachdem man dann wenig später Menzels Gesetzentwurf in Augenschein genommen hatte, wies man - abgesehen von einigen relativ unbedeutenden Unterschieden - im Regional Governmental Office auf zwei grundsätzliche Differenzen zum eigenen Standpunkt hin, nämlich auf die Frage der Befugnis des Innenministers bezüglich der Ernennung des Polizeichefs und der Versetzung von Polizeibeamten ohne Zustimmung des betroffenen Polizeiausschusses. Kritisch merkte man dort die Formulierung des § 10 an, die zwar vermuten lasse, daß sich der Innenminister selbst keine Machtbefugnis zur gewaltsamen Versetzung eines Polizeichefs zu einer damit nicht einverstandenen Polizeieinheit anmaßen wolle, dies jedoch erneut nicht präzise genug zum Ausdruck bringe, weshalb man einem solchen potentiellen Ansinnen des Innenministers entschieden entgegentreten müsse. Standhaft bleiben, lautete demzufolge die Devise, die im Regional Governmental Office zu hören war.[527] Überdies wurde knapp ein Jahr vor Inkrafttreten des Besatzungsstatuts u.a. von Chaput de Saintonge, der 1948 auch britischer Verbindungsoffizier zum Parlamentarischen Rat war, bestätigt, daß darin keine "safeguards", die die Übernahme der essentials des britischen Polizeisystems hätten verbürgen können, enthalten sein würden, ergo die Deutschen dann höchstwahrscheinlich in der Lage seien, das von Menzel so vehement postulierte traditionelle deutsche Polizeisystem zu reetablieren. Aus seiner Entschlossenheit dazu habe der Innenminister nie ein Geheimnis gemacht, und er werde dies wohl auch tun, sobald er dazu in der Lage sei[528], sagte Bishop und mußte ernüchtert eingestehen:"He will have his centralised police force, and he will ensure the dissolution of the local Police Committees as soon as he is free to do so. This means, of course, that we throw away everything we have done in this field for the last three years, including the patient work of hundreds of Public Safety officers."[529] Obendrein empfand Bishop die Aussicht, diejenigen Deutschen - allen voran die Mitglieder der Polizeiausschüsse -, die zunehmend von

---

[525] Schreiben RC Bishop an DMG, 02. September 1948, PRO, FO 1013/379
[526] Schreiben DMG an RC, 17. September 1948, PRO, FO 1013/380. Der DMG hielt es für sehr hilfreich, den anderen RC's Kopien der Korrespondenz Bishop-Menzel zur Verfügung zu stellen, was dann auch geschah, da Bishop hiergegen keinen Einwand erhob.
[527] Vgl. Schreiben F.B. Brady, R.G.O., an RC, 09. Oktober 1948, PRO, FO 1013/380
[528] Vgl. etwa auch Berichterstatter Abg. Jöstingmeier (CDU) vor dem Landtag, Stenographischer Bericht der 88. Sitzung des Landtags NRW (II. Lesung des Gesetzentwurfs zur Änderung der Polizeiübergangsverordnung, LD II-944), 12. April 1949, S. 1952
[529] Schreiben RC Bishop an Pres. GOVSC Steel, 24. Dezember 1948, PRO, FO 1049/1359

den britischen Prinzipien eines demokratischen Polizeiaufbaus überzeugt seien und diese akzeptierten, im Stich zu lassen, als wenig ehrenhaft. Ähnliches hatte schon Anfang 1948 die britische Kommission zur Untersuchung des zonalen Polizeisystems in ihrem Bericht an Lord Pakenham zum Ausdruck gebracht:"It would in our view be a breach of trust to the German people, and a denial of our own interests, to abandon the task we have set ourselves before the results are assured."[530] So war denn zwischenzeitlich die britische These wieder lauter zu vernehmen, den eigenen Prinzipien treu zu bleiben und aus der noch bestehenden Machtvollkommenheit heraus jede abweichende deutsche Polizeigesetzgebung per Veto zu blockieren.[531]

Der Regional Commissioner war sich zwar darüber im klaren, daß man auf regionaler Ebene wohl kaum abschätzen könne, welch schwieriges Unternehmen der Erlaß des Besatzungsstatuts sei, doch warnte er vor "really deplorable results which will follow if we do not succeed in securing by some means or other some reservations regarding the future democratic structure of the Police"[532]. Bishops Besorgnis ging soweit, daß er den Amerikanern und Franzosen prophezeite, sie würden es eines Tages bitter bereuen, die britische Sache nicht unterstützt zu haben. Davon, daß eine Reaktivierung der Verordnung Nr. 135 für die britische Zone nach Verkündung des Besatzungsstatuts realistisch betrachtet außer Frage stand, scheinen innerhalb der Militärregierung nicht alle so überzeugt gewesen zu sein, wie dies Bishop offensichtlich war, was eine Äußerung aus dem Regional Governmental Office belegt:"... So firmly do we believe in the *essential* principles propounded in Ordinance 135 that we cannot see our way to allowing them to be discarded."[533] Allerdings: Auch Bishop spielte noch Ende 1948 zumindest mit dem Gedanken, nochmals "to save at least the main principles we have fought for so hard"[534]. Wie dies freilich realistisch geschehen sollte, darüber schwieg man sich - wohl ratlos - aus. Über eines war man sich jedoch sicher: Innenminister Menzel versuche bewußt, die Verabschiedung des Polizeigesetzes bis zum Inkrafttreten des Besatzungsstatuts hinauszuzögern, indem er die Militärregierung unter Zugzwang setze.[535] Im Governmental Structure Department glaubte man indes, die Abneigung des Landtages, die Polizeiübergangsverordnung abzuändern oder durch ein neues Polizeigesetz zu ersetzen, etwas simplifiziert auf drei

---

[530] Report of the Commission on the Police System of the British Zone of Germany an Lord Pakenham, 07. Januar 1948, PRO, FO 1013/137
[531] Vgl. Schreiben F.B. Brady, R.G.O., an RC, 09. Oktober 1948, PRO, FO 1013/380
[532] Schreiben RC Bishop an Pres. GOVSC Steel, 24. Dezember 1948, PRO, FO 1049/1359
[533] Vgl. Schreiben F.B. Brady, R.G.O., an RC, 09. Oktober 1948, PRO, FO 1013/380; vgl auch Extract from RECO Minutes, 24. August 1948, PRO, FO 1049/1359
[534] Schreiben RC Bishop an Pres. GOVSC Steel, 24. Dezember 1948, PRO, FO 1049/1359. Während der 18. Regional Conference in Lübbecke am 13. August 1948 hatte Bishop indes noch die Ansicht verfochten, dem MG zu raten, "to reimpose" VO Nr. 135, freilich mit geringfügigen Modifizierungen (Stärkung der Stellung der Polizeiausschüsse), um diese Maßnahme für die Deutschen akzeptabler zu machen. Vgl. Confidential extract from the Minutes of the 18th RECO held at Lübbecke on the 13th August 1948, 30. August 1948, PRO, FO 1013/379
[535] Vgl. Äußerung Bishops auf der RECO, ebd.; vgl. ferner Schreiben F.B. Brady, R.G.O., an RC, 09. Oktober 1948, PRO, FO 1013/380

Gründe zurückführen zu können: Die Polizeiübergangsverordnung habe sich seit ihrem Inkrafttreten als relativ tragfähig erwiesen, so daß der Landtag, der gegenwärtig mit einer Fülle anderer dringender und wichtiger Gesetzesmaßnahmen beschäftigt sei, keinen überstürzten Handlungsbedarf sehe und auch explizit nicht gewillt sei, Gesetzgebung auf Kommando der Militärregierung hin durchzuführen.[536]

Während Ministerpräsident Arnold und Innenminister Menzel sich des öfteren um eine Vereinfachung des Vorlageverfahrens von Gesetzen zur formellen Genehmigung durch den Regional Commissioner bemüht hatten, indem sie um Verzicht auf das obligatorische juristische Gutachten des Justizministers baten[537], maß man im Land Legal Department dieser Bestimmung eine derart große Bedeutung zu, daß man auch im Falle des Polizeigesetzes nicht bereit war, darauf zu verzichten.[538]

Obwohl das vorläufige Polizeigesetz in entscheidenden Punkten von der Verordnung Nr. 135 deutlich abwich, erteilte Regional Commissioner Bishop am 25. Juni 1949 diesem Gesetz seine Zustimmung mit der erkennbaren Genugtuung[539], "that in general, it is a good Law, and that it will promote the democratic development in the future of the Police Forces of this land"[540], aber auch in dem Bewußtsein:"... this Law - like other things in life - is not perfect. Nevertheless, it is a far better and more democratic Law than I had ever hoped to get in the past."[541] Seinem Placet lagen bereits entsprechende Empfehlungen des Legislation Review Board zugrunde. Während Legal Advisor Lasky zu bedenken gegeben hatte, daß das Gesetz einige Vorschriften der Verordnung Nr. 135 nicht adäquat umsetze, und auch Regional Governmental Officer MacDonald der Ansicht war, "that a good deal of Ordinance 135 was not covered", im großen und ganzen das Polizeigesetz aber mit "besser als erwartet" bewertete, einigte man sich schließlich dahingehend, die positiven Empfehlungen des Inspector General und des Deputy Inspector General an den Regional Commissioner weiterzuleiten. Der Legislation Control Officer wurde dementsprechend angewiesen, das Gesetz mit dem Exposé des Legal Advisor und der Erklärung des Inspector General dem Regional Commissioner zur abschließenden Entscheidung vorzulegen.[542] Bishop bedauerte allerdings, daß das Polizeigesetz immer noch ein provisorisches sei. Warum also

---

[536] Vgl. GOVS Düsseldorf an GOVS Berlin, 19. April 1948, PRO, FO 1049/1358
[537] Vgl. z.B. Schreiben Innenminister Menzel an RCO, 13. Dezember 1948, PRO, FO 1013/263
Menzel wies darauf hin, daß nur die Mil.Reg. von NRW ein solches Zertifikat des Justizministers fordere, während dies in Niedersachsen und Schleswig-Holstein nicht erforderlich sei, woraus sich bis dato keine negativen Konsequenzen ergeben hätten.
[538] Vgl. Schreiben LEG an RGO, 05. Januar 1949, PRO, FO 1013/263
[539] Denn Mitte August 1948 hatte Bishop bekanntlich ja noch befürchtet, Menzel werde die Vorlage im Hinblick auf das Besatzungsstatut so lange hinauszögern, daß sie am Ende höchstwahrscheinlich niemals dem Landtag präsentiert werde. Vgl. Confidential extract from RECO Minutes, 30. August 1948, PRO, FO 1013/379
[540] Schreiben RC Bishop an Innenminister Menzel, 27. Juni 1949, PRO, FO 1013/1967
[541] Schreiben RC Bishop an DIG, 27. Juni 1949, PRO, FO 1013/1967
[542] Minutes of the fortysecond meeting of the LRB held at the RGO's Office at 14.30 hours, 22nd June 1949, PRO, FO 1013/268

das der Polizeiübergangsverordnung nachfolgende neue Polizeigesetz auch wieder als vorläufig bezeichnet wurde, bleibt allerdings nebulös. Die von Hüttenberger vertretene These[543], die Regierungsvorlage[544] hätte später auf Drängen Bishops in Gesetz über den *vorläufigen* Aufbau der Polizei umbenannt werden müssen, wird hier nicht greifen können, da beispielsweise Deputy Inspector General Miller Ende August 1948 entschieden für ein neues Polizeigesetz "omitting the title of 'Transitional'"[545] plädiert hatte. Nichtsdestotrotz hoffte Bishop - wider besseres (Vorher)wissen[546] -, daß dieses Provisorium von Permanenz sein würde.[547]

10. Polizeigesetzgebung unter dem Besatzungsstatut 1949-1953

Mit der Proklamation der Bundesrepublik Deutschland und dem Inkrafttreten des Besatzungsstatuts wurde die letzte Phase alliierter Deutschlandpolitik eingeleitet und das aus den westlichen Zonenländern konstruierte neue deutsche Staatsgebilde auf den Weg der Autonomie geschickt, der schließlich sechs Jahre später in der fast vollen Souveränität enden sollte. An die Stelle der bisherigen, auf die Etablierung von Polizeiorganisationen nach den jeweils charakteristischen Vorstellungen der Alliierten ausgerichteten und daher eher zonenspezifischen Besatzungspolitik des Nebeneinander von Briten, Amerikanern und Franzosen mußte nunmehr aus alliierter Perspektive nach Abschluß dieser Organisations- und Aufbauphase durch die einzelnen Landespolizeigesetze und bedingt durch das Faktum der westdeutschen Staatsgründung notwendigerweise eine verstärkte Politik der Kooperation mit dem Ziel der abschließenden gemeinsamen alliierten Sicherung des über Jahre hinweg errungenen Status quo auf dem Gebiete des Polizeiaufbaus in den Ländern treten. Dies mußte den Westalliierten verständlicherweise ein um so wichtigeres Anliegen sein als die Bestrebungen der Deutschen, zum Weimarer Polizeisystem zurückzukehren, immer offener zutage traten[548] und damit die von den Besatzungsmächten installierte deutsche Nachkriegspolizeiorganisation in ihrem Grundbestand radikal in Frage stellten. In Anbetracht der Bestimmungen des Besatzungsstatuts, das "dem deutschen Volk Selbstbestimmung in höchstmöglichem Maße" zubilligte und dem Bund und den Ländern im Rahmen der übrigen Bestimmungen "die volle gesetzgebende, vollziehende und

---

[543] Vgl. Nordrhein-Westfalen und die Entstehung seiner parlamentarischen Demokratie, S. 299
[544] LD II-801
[545] Schreiben DIG an RGO, 30. August 1948, PRO, FO 1013/379
[546] Vgl. etwa Schreiben F.B. Brady, R.G.O., an RC, 09. Oktober 1948, PRO, FO 1013/380
[547] Vgl. Schreiben RC Bishop an Innenminister Menzel, 27. Juni 1949, PRO, FO 1013/1967
[548] Vgl. Werkentin, Der Wiederaufbau der Polizei in Nordrhein-Westfalen, S. 153; vgl. auch Hüttenberger, Nordrhein-Westfalen und die Entstehung seiner parlamentarischen Demokratie, S. 534

rechtsprechende Gewalt gemäß dem Grundgesetz bzw. ihren Verfassungen"[549] gewährte, erschien ein erneuter alliierter Eingriff in ländereigene Polizeiangelegenheiten zumindest fraglich. Dies hinderte den Rat der Alliierten Hohen Kommission jedoch nicht daran, am 21. September 1949 zeitgleich mit dem Inkrafttreten des Besatzungsstatuts "Vorschriften an die Land Commissioners bezüglich der Organisation, Kontrolle und Verwaltung der Polizei innerhalb der Länder"[550] zu erlassen. Darin betonte die Alliierte Hohe Kommission ausdrücklich ihren Wunsch, "dass die Länder volle Befugnis haben sollen, ihre jeweiligen Polizeikörperschaften ... zu organisieren und zu verwalten", hob aber zugleich ihre im Rahmen des Besatzungsstatuts weiterhin gültige Verantwortung für die Organisation und Verwaltung der Länderpolizei hervor, weil man verhindern wolle, daß die Polizei in den Ländern den Charakter paramilitärischer Formationen annehme und daß eine übersteigerte Zentralisierung der Organisation der Polizei zu einer Gefahr für die demokratische Regierungsform oder zu einem Sicherheitsrisiko für die Besatzungsmächte werde. In diesem Zusammenhang muß auch die restriktive Bewaffnung der deutschen Polizei gesehen werden, die auf Anweisung der Alliierten Hohen Kommission einer weiteren Reduzierung unterworfen werden konnte, falls ihre eigene Sicherheit bzw. das demokratische System bedroht wäre. Anknüpfend an ihre bisherige Haltung in der Polizeifrage bekräftigten die Westalliierten das Verbot der Ausübung legislatorischer und judikativer Aufgaben durch die Polizei und betonten erneut deren der Bevölkerung dienende Funktion durch die Aufrechterhaltung von öffentlicher Sicherheit und Ordnung sowie Verhütung von Verbrechen und der Überstellung von Straftätern an die Gerichtsbehörden. Unmißverständlich wurde ferner bestätigt, daß die Organisation der Polizei, sofern keine explizite Genehmigung der Alliierten Hohen Kommission erteilt würde, bis unter die Landesinstanz dezentralisiert sein müsse. Unabhängig verwalteten Gemeinden, worunter nur kreisfreie Städte zu verstehen waren, erteilten die Westalliierten das Recht zur Unterhaltung eigener unabhängiger Polizeieinheiten. Zudem räumte die Alliierte Hohe Kommission die Möglichkeit des freiwilligen Zusammenschlusses von zwei oder mehreren geographisch benachbarten Gemeinden mit dem Ziel der Errichtung einer gemeinsamen Polizeieinheit unter der Bedingung ein, daß eine solche Polizeieinheit zum kooperativen Dienst in den beteiligten Gemeinden auf maximal zweitausend Mitglieder[551] begrenzt werde und das Gebiet der zusammengeschlossenen Gemeinden die Größe eines Regierungsbezirks nicht überschreite. Eine länderübergreifende Vereinigung zweier oder mehrerer Polizeieinheiten wurde hingegen strikt untersagt. An der Spitze einer Polizeieinheit sollte auch weiterhin der Polizeichef mit alleiniger Verantwortlichkeit für deren "technische Funktionen" und für deren Disziplin stehen, der aufgrund seiner Qualifikationen und nicht etwa

---

[549] Abs. 1 des Besatzungsstatuts, VOBl. für die Britische Zone Nr. 50, 07. September 1949, S. 399

[550] Eine Abschrift der Anweisungen der AHK, die Ministerpräsident Arnold am 26. September 1949 von LC Bishop übersandt wurde, findet sich in NRW HStA D, NW 152/3-4. Bishop bat Arnold, mit der Veröffentlichung der Vorschriften solange zu warten, bis die AHK über die Herausgabe einer Pressenotiz entschieden habe.

[551] Vgl. vorläufiges Polizeigesetz NRW, 09. Mai 1949, § 3

seiner politischen Einstellung zu ernennen sei. Den Mitgliedern der Polizei in den Ländern blieb auch fortan jegliche, über das aktive Wahlrecht hinausgehende politische Tätigkeit verwehrt und den Berufsorganisationen der Polizei ein Anschluß an außerpolizeiliche Interessenverbände verboten. Um die Beachtung ihrer Vorschriften sicherzustellen, wurden die Land Commissioners - als Verbindungspersonen zwischen Alliierter Hoher Kommission und jeweiliger Landesregierung[552] - von der Alliierten Hohen Kommission dazu verpflichtet, jedwede zur Anweisung in Widerspruch stehende legislatorische und Verwaltungsmaßnahme deutscher Landesbehörden zu melden, damit diese - und nicht etwa der Land Commissioner - auf der Basis des Besatzungsstatuts dann entsprechende Schritte gemäß ihrer Direktive einleiten konnte.

Als ganzes betrachtet trugen die Anweisungen der Alliierten Hohen Kommission aufgrund ihrer unausgewogenen Kürze und teilweisen formulierungsbedingten Detailungenauigkeiten den Stempel einer gewissen Offenheit und Unabgeschlossenheit und erweckten so eher den Eindruck der Unverbindlichkeit. Das jedenfalls scheint die Sicherheitsreferenten der Innenministerien der Bundesländer während ihrer Konsultation am 27. Oktober 1949 in Bonn zu einer Interpretation der Direktive der Alliierten Hohen Kommission vom 21. September 1949 bewogen zu haben.[553] Ihrer Auffassung zufolge konnten mit dem Terminus "paramilitärische Polizeiformationen" lediglich zivile Schutzformationen, beispielsweise Einwohnerwehren, Freikorps u.ä. und nicht etwa die Zusammenfassung von Polizeikräften in Polizeischulen und Bereitschaften gemeint sein. Einig war man sich auch darüber, daß das Recht kreisfreier Städte, eigene Polizeieinheiten zu unterhalten, keinesfalls eine direkte Ermächtigung für Kommunen bedeute, sondern, daß es sich hier vielmehr um in die Legislation der Länder einzubeziehende Grundsätze handele, woraus dann resultiere, daß keine Gemeinde eo ipso das unmittelbare Recht zur Aufstellung einer eigenen Polizeieinheit besitze, was letztlich nur durch ein einschlägiges Landesgesetz zweifelsfrei geregelt werden könne. Mißverständlich war des weiteren die Verantwortlichkeitsbeschreibung des Polizeichefs. Die Sicherheitsreferenten interpretierten den Begriff "technische Funktionen" dahingehend, daß der Chef der Polizeieinheit alleinige Verantwortung für die Durchführung eines Polizeieinsatzes trage[554], jedoch nicht für dessen Anordnung, die entsprechend Landesgesetz in den Kompetenzbereich der zuständigen Behörde falle. Ebenso besitze der Polizeichef als leitender Exekutivpolizeibeamter im Rahmen der Verantwortlichkeit für die Disziplin seiner Polizeieinheit lediglich die Befugnis, die Verhängung von Dienststrafen zu initiieren, nicht aber eine Verhängung von Disziplinarstrafen selbst durchzuführen. Aus Sicht der Bundesländer hielt man die Ausrüstung jedes Polizeibeamten mit einer Handfeuerwaffe für unerläßlich und strebte diesbezüglich eine möglichst ländereinheitliche Gesetzgebung an.

---

[552] Siehe allg. Ingeborg Koza, Deutsch-britische Begegnungen in Wissenschaft, Unterricht und Kunst 1949-1955, Köln/Wien 1988, S. 11f.
[553] Vgl. zum folgenden: Auffassungen der Sicherheitsreferenten der Innenministerien der Länder zur AHK-Direktive, NRW HStA D, NW 152/3-4
[554] Vgl. vorläufiges Polizeigesetz NRW, 09. Mai 1949, § 7, Abs. 5

Das Verbot für Polizeibeamte, über das aktive Wahlrecht hinaus politisch tätig zu werden, schloß nach Ansicht der Sicherheitsreferenten der Länderinnenministerien jedoch keinesfalls die rein passive Mitgliedschaft in einer politischen Partei aus. Als äußerst problematisch mußte indes die Interdiktion des Zusammenschlusses von Polizeiberufsverbänden mit nichtpolizeilichen Vereinigungen, d.h. also der Anschluß an eine allgemeine Gewerkschaft, angesehen werden, da diese Bestimmung der Direktive der Alliierten Hohen Kommission eindeutig dem Artikel 9 des Grundgesetzes[555] widersprach, ergo illegal war. Seitens der Westalliierten versuchte man über dieses Mißgeschick, eine potentiell rechtswidrige, weil im Widerspruch zum Grundgesetz stehende, Anweisung erlassen zu haben, keineswegs Stillschweigen zu wahren, sondern vielmehr es zu revidieren, und man entschied sich einfach, den fraglichen Passus unter Ziffer 2 (e) des Instruktionsschreibens an die Land Commissioners zu streichen. Offiziell teilte Land Commissioner Bishop Ministerpräsident Arnold mit, der Rat der Alliierten Hohen Kommission habe sich in der Frage des Anschlusses der Polizeibeamten an die Gewerkschaften "mit Rücksicht auf die in einer Reihe von Ländern jetzt in Kraft befindlichen verschiedenen Grundsätze"[556] zu diesem Schritt entschlossen. Konkret bedeutete dies, daß sich nunmehr auch Polizeibeamte gewerkschaftlich organisieren durften, indem sie sich z.B. innerhalb des Polizeibeamtenbundes zusammenschlossen, der dann wiederum dem DGB oder der Beamtengewerkschaft beitreten konnte, oder aber individuell einer Gewerkschaft bzw. dem Gewerkschaftsdachverband anschlossen.[557]

Im Auftrag der Alliierten Hohen Kommission unterrichtete Land Commissioner Bishop Ministerpräsident Arnold am 24. Juni 1950 über einige von den Westalliierten beschlossene Ergänzungen zu den Septemberanweisungen von 1949.[558] Bei diesen "gewissen Zusätzen" handelte es sich zum einen um die Modifizierung eines bereits im nordrhein-westfälischen Polizeigesetz vom 09. Mai 1949 geregelten Sachverhalts, nämlich die Befugnis des Innenministers, im Notstandsfall eine Kooperation zwischen benachbarten Polizeieinheiten im Rahmen gegenseitiger Hilfeleistung einzuleiten. Genau genommen hatte die Alliierte Hohe Kommission hiermit quasi die Bestimmung des § 9, Absatz 1 und Absatz 4 des vorläufigen Polizeigesetzes miteinander kombiniert, so daß sich nun folgende Fassung ergab:"Im Falle einer Störung, oder falls eine Störung droht, in einem Gebiet, in welchem nur ungenügende Polizeikräfte vorhanden sind, um mit der Situation fertig zu werden, kann der Innenminister zum Zwecke dieses Notfalles eine an-

---

[555] Art. 9, Abs. 3 (Vereinigungsfreiheit) verbürgt:"Das Recht zur Wahrung und Förderung der Arbeits- und Wirtschaftbedingungen Vereinigungen zu bilden, ist für jedermann und für alle Berufe gewährleistet. Abreden, die dieses Recht einschränken oder zu behindern suchen, sind nichtig, hierauf gerichtete Maßnahmen sind rechtswidig."
[556] Schreiben RC Bishop an Ministerpräsident Arnold, 07. August 1950, NRW HStA D, NW 152/5-6
[557] Vgl. Schreiben Ministerialdirigent Middelhaufe an Ministerialdirektor Rombach, 31. August 1950, NRW HStA D, NW 152/5-6
[558] Vgl. NRW HStA D, NW 152/3-4. DIG Stewart informierte mit Schreiben vom 30. Juni 1950 das nordrhein-westfälische Innenministerium über die Zusätze zum Anweisungsschreiben an die Land Commissioners.

gemessene Anweisung erlassen, um für gegenseitige Hilfe zwischen den Polizeien innerhalb eines jeden Landes vorzusorgen."[559] Von einer Erweiterung der ministeriellen Befugnis konnte also nicht die Rede sein. Zum anderen genehmigte die Alliierte Hohe Kommission unter bestimmten Auflagen[560] den Ländern die Errichtung einer zentralen Polizeischule. Auch hier handelte es sich im Grunde lediglich um die Bestätigung eines bereits legislativ verankerten Sachverhalts. Denn schon das vorläufige Polizeigesetz von Nordrhein-Westfalen sprach von der Existenz von Landespolizeischulen und definierte diese als Einrichtungen des Landes, die dem Innenminister unterstellt sind.[561] Daß sich auf polizeilichem Gebiet im Land Nordrhein-Westfalen durch diesen Nachtrag der Alliierten Hohen Kommission nichts änderte, wurde auf ministerieller Seite in einem Rundschreiben an die Polizeidienststellen bestätigt.[562]

Somit blieb letztlich der von den Landesregierungen vielfach vorgebrachte Wunsch nach einer effizienteren Befehlsgewalt über die Polizei wieder einmal unberücksichtigt, am Status quo in der Polizeifrage hatte sich ergo nichts geändert.[563] Ihren Unmut hierüber brachten die Innenminister der Länder in einer Resolution vom 30. September 1950 denn auch - quasi nach Art einer Bestandsaufnahme - dezidiert zum Ausdruck:"Die nach dem Zusammenbruch eingeführte Organisation der Polizeien in den Ländern der Britischen ... Zone entspricht in keiner Weise mehr den heutigen Erfordernissen. Sie kann schlecht und recht den Alltagsaufgaben in ihrem jeweiligen Zuständigkeitsbereich genügen. Außergewöhnlichen Anforderungen - Massenansammlungen, Katastrophenfällen oder inneren Unruhen - steht sie hingegen ohne genügende Ausbildung, Ausrüstung (Bewaffnung), technische Mittel und ohne jegliche Reserve gegenüber. Die in den Ländern der Britischen Zone ... zu weit gehende Dezentralisation der Polizei macht eine einheitliche Zusammenfassung und einen überörtlichen Einsatz an besonderen Gefahrenpunkten unmöglich."[564] Aus dieser Situationsanalyse leitete

---

[559] Ziff. 1 der Ergänzung zur Instruktion der AHK vom 21. September 1949, NRW HStA D, NW 152/3-4

[560] Die Genehmigung erfolgte unter der Bedingung, daß folgende Grundsätze, die Verwaltung der Polizeischule betreffend, befolgt würden:
"(a) Benutzung der Schule durch Polizeikörperschaften innerhalb des Landes steht frei;
(b) örtliche Polizeikörperschaften können nach ihrem eigenen Ermessen ihre eigenen Schulen einrichten;
(c) die Rekrutierung des Personals, welches die Zentral-Polizei-Schule besuchen soll, bleibt eine Verantwortung der örtlichen Polizeikörperschaften bzw. der örtlichen Polizeikörperschaft;
(d) Polizeibeamte, die unter Beschulung sind, können in Notfällen eingesetzt werden, wenn ihre Hilfe durch die örtlichen Polizei-Oberbeamten erbeten wird;
(e) wenn Polizeibeamte, die unter Beschulung sind, gemäß (d) für Notfall-Einsätze angefordert werden, so werden sie dem Kommando des verantwortlichen Polizei-Oberbeamten des betroffenen Gebietes unterstehen." Ebd.

[561] Vgl. vorläufiges Polizeigesetz, 09. Mai 1949, § 10, Abs. 4

[562] Vgl. Rundschreiben Ministerialdirigent Middelhaufe - i.A. des Innenministers - an die Polizeibehörden des Landes NRW, 31. Juli 1950, NRW HStA D, NW 152/3-4

[563] Vgl. Hüttenberger, Nordrhein-Westfalen und die Entstehung seiner parlamentarischen Demokratie, S. 532

[564] NRW HStA D, NW 30/201

man schließlich die Postulate nach Aufhebung aller Beschränkungen, die Organisation der Länderpolizei betreffend, nach Zustimmung zu einem per Landesgesetzgebung geregelten uneingeschränkten Weisungsrecht des Innenministers gegenüber der Polizei seines Landes sowie adäquaten Mitwirkungsmöglichkeiten im Bereich polizeilicher Personalangelegenheiten - Einstellung, Beförderung, Entlassung - und nach einer hinreichenden Bewaffnung und Ausrüstung der Polizei ab.[565] Erklärtes Ziel der Länder war die Reorganisation der Polizei nach den Prinzipien höchster Effektivität und zwar in eigener Kompetenz. So beschloß beispielsweise das nordrhein-westfälische Kabinett am 02. Oktober 1950, den Bundeskanzler und den Land Commissioner um Intervention bei der Alliierten Hohen Kommission zu bitten.[566] Adenauer, der sich schon Mitte September 1950 gegen die Polizeiausschüsse und für eine straffere Organisation der Polizeikräfte ausgesprochen hatte, ergriff am 07. Oktober 1950 die Initiative, indem er Sir Ivone Kirkpatrick, den geschäftsführenden Vorsitzenden der Alliierten Hohen Kommission, sowohl um Aufhebung der Zuständigkeitsbeschränkungen der Länder, ihre Polizei nach eigenen gesetzlichen Vorschriften neu zu organisieren, als auch um die Gewährung eines unlimitierten Weisungsrechts der Länderinnenminister ersuchte.[567] Schließlich bewegten die wiederholten Anträge der Bunderegierung die Alliierte Hohe Kommission zum Einlenken.[568] Am 14. November 1950, fünf Wochen nach Adenauers Schreiben an Kirkpatrick, veröffentlichte die Alliierte Hohe Kommission die revidierte Fassung ihrer Direktive an die Land Commissioners vom September 1949 unter gleichlautendem Titel, die dem nordrhein-westfälischen Innenminister Flecken bereits tags zuvor vom Land Commissioner's Office vorgelegt worden war.[569] In der offiziellen alliierten Presseverlautbarung hieß es dazu, die Alliierte Hohe Kommission habe "neue, freier gestaltete Richtlinien für die Organisation und Überwachung der Länderpolizeikräfte festgelegt"[570]. Zwar hatte sich am Ziel der westalliierten Polizeipolitik nichts geändert, und auch die bekannten Prinzipien behielten weiterhin ihre Gültigkeit, doch zeichnete sich durch die Modifizierung zentraler umstrittener Punkte eine Aufweichung des bis dato starren Standpunktes der Alliierten Hohen Kommission ab. Die Neuerungen betrafen einerseits das Weisungsrecht des Innenministers gegenüber der Polizei und andererseits die Zentralisierung der Polizeiorganisation. Während bisher das Weisungsrecht des Innenministers lediglich im Falle eines Notstandes wirksam wurde, war man nunmehr offensichtlich bereit, von den exklusiv an einen Notstand gekoppelten Befugnissen Abstand zu nehmen, sprachen die neuen Richtlinien doch jetzt generell von dem Recht der Landesregierung, auf der Basis

---

[565] Vgl. ebd.; vgl. auch Gisela Fleckenstein (Bearb.), Die Kabinettsprotokolle der Landesregierung Nordrhein-Westfalen 1950-1954, Bd. 2/Teil 1, Siegburg 1995, S. 130 (Dok. 15)
[566] Vgl. Fleckenstein, Die Kabinettsprotokolle der Landesregierung Nordrhein-Westfalen 1950-1954, Bd. 2/Teil 1, S. 130
[567] Vgl. Rudzio, Die Neuordnung des Kommunalwesens in der Britischen Zone, S. 108; dort auch Quellennachweise
[568] Vgl. Rundschreiben Bundesinnenminister Lehr an die Länderinnenminister, 30. November 1950, NRW HStA D, NW 152/5-6; vgl. auch Rudzio ebd.
[569] Vgl. Scheiben Major Emck an Innenminister Flecken, NRW HStA D, NW 152/5-6
[570] Presseverlautbarung Nr. 243 der AHK, 14. November 1950, NRW HStA D, NW 152/5-6

geltender Rechtsvorschriften "die Chefs der Polizeibehörden anzuweisen, Verstärkungen an andere Polizeiverbände innerhalb des Landes zu entsenden". Von weit wichtigerer Bedeutung war jedoch die Tatsache, daß jetzt auch die Landesregierung per Gesetz dazu ermächtigt werden konnte, "die Polizeibehörden anzuweisen, eine besondere Gesetzesbestimmung durchzusetzen oder die polizeilichen Leiter über die richtige Auslegung rechtlicher Vorschriften zu unterweisen"[571], allerdings unter der Voraussetzung der Kompatibilität mit einem von den Landesjustizbehörden zu erstellenden Rechtsgutachten[572] und der Nichtpräjudizierung genuin judikativer Maßnahmen. Hervorzuheben ist darüber hinaus, daß der Landesregierung im Zuge einer gesetzlichen Regelung die Befugnis zur Übernahme der Befehlsgewalt über sämtliche Landespolizeikräfte im Notstandsfalle gewährt wurde.[573] Im vorläufigen Polizeigesetz vom 09. Mai 1949 war indes nur die Rede davon gewesen, daß der Innenminister im Falle eines den Bereich einer Stadtkreis- oder Regierungsbezirks-Polizei überschreitenden Notfalles, "den zuständigen Chefs der Polizei und den Polizeiausschüssen Weisungen über den polizeilichen Einsatz unmittelbar ... erteilen"[574] könne. Obwohl die Alliierte Hohe Kommission in ihrer Anweisung relativ unkonkret und damit interpretationsoffen formulierte, die Landesgesetzgebung solle "den Selbstverwaltungsgemeinden das Recht zur Unterhaltung einer unabhängigen Ortspolizei sichern", gleichzeitig "den Landesbehörden weiterhin gestatten, das Weisungsrecht hinsichtlich der Einstellung, Ausbildung und Beförderung von Personal auszuüben"[575] sowie im Notfalle zu übernehmen, sprach man in der entsprechenden Presseverlautbarung explizit und sehr konkret davon, daß nunmehr einer Zentralisierung der Organisation der Landespolizeikräfte auf Landesebene nichts mehr im Wege stehe, sofern die notwendige Bedingung erfüllt werde.[576] Zudem erhielt nun die Landesregierung die Möglichkeit, gegen leitende Beamte der Polizeibehörden "wegen Nichterfüllung oder vorschriftswidriger Ausübung ihrer Amtspflichten" Disziplinar- oder Amtsenthebungsverfahren anzustrengen.[577]
Eher verhalten als optimistisch reagierte man im nordrhein-westfälischen Innenministerium auf die neuen Petersbergrichtlinien, die man dort gründlich prüfte, indem man die bisherigen und neuen Anweisungen der Alliierten Hohen Kommission einem synoptischen Vergleich[578] unterzog, um mögliche Abwei-

---

[571] Ziff. 4 des Instruktionsschreibens der AHK, 14. November 1950, NRW HStA D, NW 152/5-6
[572] Man beachte hier die Parallele zu dem von den Briten geforderten Rechtsgutachten des Justizministers im Rahmen der Gesetzgebung. Vgl. Kap. I/4. dieser Arbeit
[573] Vgl. Ziff. 3 des Instruktionsschreibens der AHK, 14. November 1950, NRW HStA D, NW 152/5-6
[574] § 10, Abs. 4
[575] Ziff. 4 des Instruktionsschreibens der AHK, 14. November 1950, NRW HStA D, NW 152/5-6
[576] Vgl. Presseverlautbarung Nr. 243 der AHK, 14. November 1950, ebd.
[577] Ziff. 4 des Instruktionsschreibens der AHK, 14. November 1950, ebd.; vgl. hierzu § 9, Abs. 2 des vorläufigen Polizeigesetzes vom 09. Mai 1949
[578] Vgl. auch zum folgenden Schreiben Ministerialdirigent Middelhaufe an Innenminister Flecken, 18. November 1950, NRW HStA D, NW 152/5-6

chungen positiver oder negativer Art zu eruieren. Die deutsche Analyse der alliierten Instruktionen konstatierte von vornherein, daß der Aufbau und die Gestaltung der Polizei auch weiterhin zur Sicherheit der Besatzungsstreitkräfte beitragen müsse, wodurch der Einfluß der westalliierten Besatzungsmächte auf den Polizeiaufbau "massgeblich sichergestellt" werde, zudem bleibe fernerhin unklar, ob die Verordnung Nr. 135 als annulliert betrachtet werden könne, und nicht zuletzt müsse man die offizielle englische Textfassung abwarten, zumal die deutsche Übersetzung der Anweisungen eine Reihe von klärungsbedürftigen Ungenauigkeiten aufweise. Diese Ansicht teilte im übrigen auch Bundesinnenminister Lehr, der von einer notwendigen "authentischen Interpretation" einiger zentraler Aussagen der alliierten Anweisung sprach, um deren "praktische Handhabung" zu ermöglichen.[579] Als erschwerend sah man nunmehr den Fortfall der noch in den Richtlinien der Alliierten Hohen Kommission vom 21. September 1949 enthaltenen Bestimmung eines möglichen Zusammenschlusses mehrerer Gemeinden zur Aufstellung einer gemeinsamen Polizeieinheit an, der, so äußerte Ministerialdirigent Middelhaufe seine Befürchtung, zwangsläufig zu einer verstärkten Dezentralisation führen werde und das definitive Aus für die Regierungsbezirks-Polizei bedeute. Die Tatsache, daß der Leiter einer Polizeieinheit gemäß der Direktive allein für deren Disziplin und die Durchführung exekutiver Maßnahmen verantwortlich sein sollte, bereitete der Polizeiabteilung des Düsseldorfer Innenministeriums Kopfzerbrechen, da hierdurch die Funktion des Innenministers als vorgesetzter Dienstbehörde gegenüber den Polizeibeamten potentiell in Frage gestellt schien. Middelhaufe, für den die neuen Richtlinien der Alliierten Hohen Kommission "so unklar gehalten (waren), dass man alles und nichts aus ihnen herauslesen" konnte, erblickte darin "nur eine geringe Änderung und Verbesserung des Einflusses des Innenministers auf die Polizei".[580] Infolgedessen ergab sich für den Handlungsfortgang auf deutscher Seite nunmehr die Alternative, entweder den Land Commissioner um konkretisierende Erläuterung der alliierten Note und um Aufklärung über die Gültigkeit der Verordnung Nr. 135 zu ersuchen oder aber auf eine Rücksprache mit dem Land Commissioner zu verzichten und angesichts der abschließend noch immer nicht geklärten Rechtslage die Ausarbeitung eines neuen Polizeigesetzes in Angriff zu nehmen. Als Leiter der Polizeiabteilung sprach sich Middelhaufe dafür aus, den Neuentwurf gesetzlicher Bestimmungen über den Aufbau und das Aufgabenfeld der Polizei in die Wege zu leiten, wobei sich auch hier mehrere Alternativen anboten: Die erste Möglichkeit bestand in der Ausarbeitung eines gänzlich neuen Polizeigesetzes, das der gegenwärtigen Entwicklung Rechnung tragen würde und dem Grundtenor des preußischen Polizeiverwaltungsgesetzes von 1931 verpflichtet wäre. Eine Zweitmöglichkeit betraf die grundlegende Neugestaltung des vorläufigen Polizeigesetzes von 1949. Denkbar war drittens auch der Weg über eine Novelle des bestehenden Polizeigesetzes, durch die das Weisungsrecht des Innenministers und des-

---

[579] Rundschreiben Bundesinnenminister Lehr an die Länderinnenminister, 30. November 1950, NRW HStA D, NW 152/5-6
[580] Schreiben Ministerialdirigent Middelhaufe an Innenminister Flecken, 18. November 1950, NRW HStA D, NW 152/5-6; vgl. ebd. auch zum folgenden

sen Befugnisse hinsichtlich Ernennung, Beförderung und Versetzung von Polizeibeamten des gehobenen und höheren Dienstes in die Gesetzgebung integriert würden. Während die beiden ersten Alternativen voraussichtlich einen zu langwierigen Entscheidungsfindungsprozeß des Landesparlaments bedingt hätten, favorisierte Middelhaufe wegen des offensichtlichen Vorteils eines relativ raschen parlamentarischen Tätigwerdens und der damit verbundenen Erfüllung der dringendsten deutschen Postulate die dritte Lösung. Jedoch hätte auch diese Handlungsmöglichkeit letztlich mittelfristig die Konzeption eines neuen Polizeigesetzes erfordert. Middelhaufe ersuchte unterdessen Innenminister Flecken, über den Vorschlag einer Gesetzesnovelle zu entscheiden.

Inzwischen wurde auch im Bundesinnenministerium eine eingehende Stellungnahme zu den neuen Anweisungen der Alliierten Hohen Kommission vom 14. November 1950 vorbereitet. Bundesinnenminister Lehr begrüßte zunächst, "dass die Alliierte Hohe Kommission dem von den Länderregierungen geäusserten Wunsche nach einer stärkeren Befehlsgewalt über die Polizeien in wesentlichen Punkten entsprochen" habe, bedauerte aber zugleich ausdrücklich, daß "den länderseitig immer wieder dargelegten Erfordernissen indes noch nicht in ausreichendem Umfange stattgegeben worden" sei.[581] Aufgrund dessen und zur Gewährleistung der Praktikabilität hielt der Bundesinnenminister eine interpretatorische "Gegenvorstellung", die im wesentlichen die Beanstandung des lückenhaften Weisungsrechts, die Frage der staatlichen Polizei und die Frage des Fortfalls der Polizeiausschüsse betraf, für notwendig.[582] Lehr vertrat die Auffassung, daß der Terminus "Notstand" nicht nur i.e.S. einen solchen bezeichne, sondern darüber hinaus i.w.S. auch dessen Vorstadium mit einschließe. Überdies lasse die alliierte Direktive die Frage offen, ob die Befehlsgewalt der Landesregierung über die Polizeikräfte ausschließlich im Falle eines in Artikel 91 des Grundgesetzes definierten staatspolitischen Notstands wirksam werde oder gleicherweise in anders gelagerten Notfällen praktiziert werden könne.[583] Auch die offenkundig entschiedene Frage nach kommunaler oder staatlicher Polizei könnte dann erneut brisant werden, wenn aus den Vereinheitlichungsbestrebungen der Petersbergrichtlinien möglicherweise Beeinträchtigungen der in der amerikanischen und französichen Zone etablierten Polizeiorganisationen resultieren würden. Angesichts der Diskrepanz zwischen der Auffassung der Länder und der der Alliierten Hohen Kommission hinsichtlich der "kommunale(n) Bewertung der Polizeiausschüsse"

---

[581] Rundschreiben Bundesinnenminister Lehr an die Länderinnenminister, 30. November 1950, NRW HStA D, NW 152/5-6
[582] Rundschreiben Bundesinnenminister Lehr, 30. November 1950, NRW HStA D, NW 152/5-6
[583] Aufgrund ihrer Besorgnis vor möglicherweise zu übermäßig zentralisierten Polizeikräften legte die AHK am 12. Mai 1949 gegen den Abs. 2 des Art. 91 GG, demzufolge der Bundesregierung im Falle "einer drohenden Gefahr für den Bestand oder die freiheitliche demokratische Grundordnung des Bundes oder eines Landes" (Abs. 1), sofern ein Bundesland aus eigener Kraft zur Gefahrenabwehr nicht in der Lage ist, das Recht übertragen wird, "die Polizei in diesem Lande und die Polizeikräfte anderer Länder ihren Weisungen (zu) unterstellen sowie Einheiten des Bundesgrenzschutzes ein(zu)setzen", ihr Veto ein, das sie erst im Februar 1951 - beinahe zwei Jahre nach Genehmigung des GG - zurückzog und damit dann das Inkrafttreten dieser Bestimmung ermöglichte. Vgl. Eugen Raible, Geschichte der Polizei, Stuttgart 1963, S. 118, 122

sah Bundesinnenminister Lehr weiteren Klärungsbedarf. Obwohl bereits die Anweisung vom September 1949 den "örtlichen Charakter" der Polizei hervorhob, sei in der britischen Zone der Fortfall der Polizeiausschüsse daraus nicht gefolgert worden, weshalb endgültig geklärt werden müsse, "dass die neue Polizeinote auch die Ermächtigung enthält, die Polizeiausschüsse durch Polizeibehörden neuer Träger zu ersetzen"[584]. Lehr signalisierte den Ländern seine Bereitschaft, einen Fortschritt in der Auflockerung der besatzungspolitischen Beschränkungen durch weitere Verhandlung mit der Alliierten Hohen Kommission zu forcieren. In diesem Sinne hatte sich Bundeskanzler Adenauer auf Wunsch des Bundesinnenministers mit Erfolg darum bemüht, die Alliierte Hohe Kommission dazu zu bewegen, dem Inkrafttreten der in den Richtlinien vom 14. November 1950 definierten Notstandsvollmachten der Landesregierung bereits vor Ausarbeitung entsprechender Landespolizeigesetze zuzustimmen.[585] Vor dem Hintergrund nationaler und internationaler Spannungen im Zusammenhang des Kalten Krieges stimmte die Alliierte Hohe Kommission schließlich dem deutschen Begehren zu.[586] In einem geheimen Schreiben der Alliierten Hohen Kommission vom 16. Februar 1951 heißt es hierzu:"Die Alliierte Hohe Kommission hat alle Landeskommissare davon in Kenntnis gesetzt, daß ihr Instruktionsschreiben vom 13. November 1950, auf welches sich das Schreiben des Bundeskanzlers bezieht, nicht so auszulegen sei, als verhindere es vor Annahme der Ermächtigungsgesetze die zuständigen Länderbehörden an der Übernahme der in diesem Instruktionsschreiben genehmigten Kontrollen über die Länderpolizei, die erforderlich sind, um im Notfalle eine Bedrohung der inneren Sicherheit eines Landes oder der Bundesrepublik verhindern zu können."[587] Unterdessen hegte der nordrheinwestfälische Innenminister Flecken weiterhin Zweifel, ob "nunmehr der Landesinnenminister ein echtes Weisungsrecht oder eine Befehlsgewalt auch nur für den Fall des Notstandes hat". Nichtsdestotrotz bekannte er realistisch:"Ich bin mir aber klar darüber, dass selbst, wenn wir nicht hoffentlich bald zu einem klareren Ergebnis auch über den Landtag kommen, das ausreichen müßte, einen etwa

---

[584] Rundschreiben Bundesinnenminister Lehr an die Länderinnenminister, 30. November 1950, NRW HStA D, NW 152/5-6
[585] Vgl. geheimes Schreiben Bundesinnenminister Lehr an die Länderinnenminister, 09. März 1951, NRW HStA D, NW 152/5-6
[586] Zu denken ist hier vor allem an den ab 1950 forcierten Aufbau der kasernierten Volkspolizei in der DDR und den Ausbruch des Korea-Krieges Ende Juni 1950. Vgl. auch Rudzio, Die Neuordnung des Kommunalwesens in der Britischen Zone, S. 108. Aufschlußreich ist in diesem Zusammenhang auch eine Aussage von Ebsworth (Restoring Democracy in Germany, S. 183):"Although we had previously pressed for maximum decentralisation, by 1951 we were in so much hurry to bring about German rearmament that we found ourselves pressing the federal authorities to create some kind of force at their own national level, until the future German Army should come into existence." Vgl. zu diesem Aspekt Falco Werkentin, Die Restauration der deutschen Polizei. Innere Rüstung von 1945 bis zur Notstandsgesetzgebung, Frankfurt/New York 1984
[587] Geheimes Schreiben Generalsekretär der AHK an Bundeskanzleramt, NRW HStA D, NW 152/5-6; vgl. auch Schreiben LC Lingham an Ministerpräsident Arnold, 05. März 1951, ebd.

plötzlich notwendigen Befehl zu erteilen."[588] In Nordrhein-Westfalen ging man sodann gezielt den Weg über eine Novellierung des bestehenden Polizeigesetzes, den Ministerialdirigent Middelhaufe Innenminister Flecken vorgeschlagen hatte. Bereits am 19. Juni 1951 verabschiedete der Landtag ein Gesetz zur Änderung des vorläufigen Polizeigesetzes vom 09. Mai 1949, das dann am selben Tag als "Gesetz über den vorläufigen Aufbau der Polizei im Lande Nordrhein-Westfalen vom 9. Mai 1949 in der Fassung des Änderungsgesetzes vom 19. Juni 1951" in Kraft trat und jetzt das realisieren konnte, was die Alliierte Hohe Kommission durch ihre zweite Direktive explizit oder implizit ermöglicht hatte. So wurde nunmehr unmißverständlich u.a. definiert[589]:

1. "Die Polizei untersteht den Weisungen des Innenministers." (§ 1, Absatz 2)[590]
2. "Ernennungen, Beförderungen und Entlassungen der Beamten von der Besoldungsgruppe A 4 c 2[591] an aufwärts bedürfen der Zustimmung des Innenministers." (§ 6, Absatz 1)
3. "Dem Innenminister steht ein Versetzungsrecht gegenüber allen Polizeibeamten einschließlich des Chefs der Polizei und seines ständigen Vertreters zu." (§ 6, Absatz 2)
4. "Der Innenminister ist Polizeiaufsichtsbehörde und oberste Dienstbehörde." (§10, Absatz 1)

Im Ergebnis war für Nordrhein-Westfalen im wesentlichen das erreicht, worum man deutscherseits seit 1946 mit den Briten so sehr gerungen hatte. Zumindest die Beibehaltung des von den Briten eingeführten Polizeisystems bis zu diesem Zeitpunkt mag die Besatzungsmacht darüber hinweggetröstet haben, daß man unter dem Druck der Verhältnisse den Weg für eine Zentralisierung der deutschen Landespolizei hatte freimachen müssen. Ähnlich bestätigt dies auch Ebsworth, der mit einem leicht bedauernden Unterton - "it was unfortunate" - bemerkt: "As a result of the pressure of international events, we were beginning to abandon some of our basic principles."[592] Während der entscheidende Zweck der Anweisung der Alliierten Hohen Kommission vom 21. September 1949, die deutlich die britische Handschrift trug, die Konservierung des Status quo, d.h. der bestehenden u.a. britisch geprägten deutschen Nachkriegspolizeiorganisation, war, wirkte die Direktive vom 14. November 1950 als Katalysator eben dieser Entwicklung, die man vor allem auf britischer Seite bis dato unter allen Umständen hatte verhindern wollen. Für Rudzio markierte die Instruktion der Alliierten Hohen Kommission zusammen mit der offiziellen Aufhebung der Verordnung Nr. 135 durch die Alliierte Hohe Kommission am 04. Dezember 1950[593] im übrigen nur mehr den Beginn des Rückzugs der Besatzungsmächte, und auch Werkentin sieht in der alliierten Note lediglich ein letztes, vordergründiges Abwehr-

---

[588] Schreiben Innenminister Flecken an Ministerpräsident Arnold, 15. März 1951, NRW HStA D, NW 152/5-6
[589] GVOBl. NRW Nr. 27, 26. Juni 1951, S. 73
[590] Vgl. § 11 preuß. PVG, Preuß. GS Nr. 21, 06. Juni 1931, S. 77
[591] Polizeikommissar
[592] Restoring Democracy in Germany, S. 183
[593] Siehe Anm. 358, S. 101

gefecht.[594] Daß man schließlich in Nordrhein-Westfalen 1951 im wesentlichen dennoch an der Struktur der britisch initiierten Polizeiorganisation festhielt, beruht nicht zuletzt auf der begründeten Befürchtung, die Alliierte Hohe Kommission könnte die Landespolizeigesetzgebung per Veto blockieren, hatte man doch noch deutlich die Ablehnung des schleswig-holsteinischen Polizeigesetzes von 1950 vor Augen.[595] Ein ähnliches Risiko konnte und wollte man dort angesichts des Erreichten und der günstigen Prognosen für das noch Intendierte gegenwärtig nicht eingehen. Dies sollte sich jedoch sukzessive ändern, denn mit fortschreitender Souveränitätsgewährung wuchs bei den deutschen Landespolitikern auch zunehmend das Bewußtsein, die Organisation der Polizei den eigenen Vorstellungen gemäß gestalten zu können. Das "Gesetz über Organisation und Zuständigkeit der Polizei im Lande Nordrhein-Westfalen"[596] vom 11. August 1953 besiegelte dann letztendlich das Schicksal der von den Briten eingeführten Polizeiorganisation. Die Polizei wurde nunmehr nach preußischem Vorbild als Angelegenheit des Landes definiert (§ 1), die Regierungspräsidenten und die Oberkreisdirektoren in den Landkreisen als Landes- bzw. Kreispolizeibehörden in den Verwaltungsaufbau der Polizei re-integriert (§§ 6, 7) und im Sinne des preußischen Polizeiverwaltungsgesetzes, jedoch im Widerspruch zur Direktive der Alliierten Hohen Kommission vom 14. November 1950[597], den Polizeibehörden das Recht zum Erlaß von Polizeiverordnungen übertragen (§ 29). Bereits am 09. Oktober 1952 hatte der nordrhein-westfälische Innenminister Meyers per Verordnung aufgrund des § 10, Absatz 2[598] des Polizeigesetzes von 1951 den Regierungspräsidenten seine ihm als Polizeiaufsichtsbehörde zustehenden Rechte gegenüber den Polizeibehörden (Chefs der Polizei, Polizeiausschüssen) delegiert.[599] Letztlich hatte sich Bishops Wunsch, das vorläufige Polizeigesetz von 1949 möge von Dauer sein, nicht erfüllt, denn an dessen Stelle war schon 1953 ein Polizeiorganisationsgesetz getreten, das die Verstaatlichung der Polizei realisierte und zugleich die Demontage der von der Besatzungsmacht eingeführten Polizeiorganisation zum Abschluß brachte. Das britische Polizeiausschuß-System, von dem im neuen nordrhein-westfälischen Polizeiorganisationsgesetz in seiner ursprünglichen Form keine Rede mehr war, hatte einer Polizeiorganisation weichen müs-

---

[594] Vgl. Rudzio, Die Neuordnung des Kommunalwesens in der Britischen Zone, S. 108; vgl. Werkentin, Der Wiederaufbau der Polizei in Nordrhein-Westfalen, S. 157
[595] Den Einspruch hatte die AHK seinerzeit mit dem Hinweis auf die Unvereinbarkeit dieses Gesetzes, das zu einer zentralisierten Kontrolle des Innenministers über die Polizei führen könne, mit dem § 2b (Dezentralisierung der Polizei) der ersten Anweisugen an die Land Commissioners gerechtfertigt. Vgl. Presseverlautbarung der AHK, NRW HStA D, NW 152/3-4; vgl. auch Schreiben LC Bishop an Ministerpräsident Arnold, 12. April 1950, NRW HStA D, NW 152/5-6. Bishop "drohte" hier indirekt mit Sanktionen der AHK aufgrund der den Besatzungsmächten vorbehaltenen Machtbefugnisse, falls der Innenminister seine im Rahmen des genehmigten Dienstordnungsgesetzes definierten Befugnisse - im Widerspruch zur Direktive der AHK vom 21. September 1949 - überschreiten würde.
[596] Siehe GVOBl. NRW Nr. 50, 21. August 1953, S. 330-333
[597] Vgl. Ziff. 4 der Anweisungen, NRW HStA D, NW 152/5-6
[598] "Er kann seine Rechte aus diesem Gesetz ganz oder teilweise auf die ihm nachgeordneten Behörden übertragen."
[599] Vgl. Übertragungsverordnung §1, Abs. 1, GVOBl. NRW Nr. 52, 15. Februar 1952, S. 255

sen, mit der die Deutschen bewußt an die Weimarer Polizeitradition anknüpften. Zwar suggerierten die im Polizeiorganisationsgesetz nunmehr an die Stelle der bisherigen Polizeiausschüsse getretenen Polizeibeiräte "als Bindeglied zwischen Bevölkerung, Selbstverwaltung und Polizei" (§ 25, Abs. 1) Kontinuität, doch ihr im Vergleich zu den Polizeiausschüssen stark reduzierter Aufgabenbereich zeigte, daß es sich hier eigentlich mehr um ein machtloses Surrogat - dessen Aufgaben im Polizeiänderungsgesetz vom 08. Juli 1969 noch weiter beschnitten wurden[600] - handelte. Wie Reusch[601] davon zu sprechen, die Grundzüge der britischen Reform seien erhalten geblieben, erscheint angesichts der wirklich zentralen Abweichungen 1953 nicht mehr adäquat.[602] Ein Einschreiten der Alliierten Hohen Kommission war trotz Sanktionsandrohungen[603] nicht zuletzt auch im Hinblick auf die Ereignisse in Ostdeutschland im Juni 1953 und das Herannahen des Endes der Besatzungszeit unrealistisch, imponderabel und zudem wohl kaum mehr gewollt.[604]

Kapitel III:
Nordrhein-Westfälische Feuerwehrgesetzgebung nach 1945

1. Die Situation des deutschen Feuerlöschwesens nach dem Zweiten Weltkrieg

Wie hätte es nach der Inangriffnahme der Reform der polizeilichen Organisation auch anders sein können: Situationsbedingt und gemäß ihrer Planung übernahmen die Briten analog unmittelbar nach Kriegsende ebenfalls die Regie des deutschen Feuerwehrwesens ihrer Zone. In der Praxis sah dies so aus, daß die Besatzungsadministration ihren Vorstellungen entsprechend in die Strukturen der vorgefundenen Feuerwehrorganisation regelnd eingriff.[605] So wurden die deutschen Leiter der Berufsfeuerwehren in den Großstädten - diese waren durch die Loslösung

---

[600] GVOBl. NRW Nr. 43, 24. Juli 1969, Punkt 25.
[601] Briten und Deutsche in der Besatzungszeit, S. 155
[602] Vgl. hierzu auch Wego, Die Geschichte des Landeskriminalamtes Nordrhein-Westfalen, S. 43
[603] Unter Ziff. 6 der Direktive vom 14. November 1950 bestimmte die AHK:"Der Landeskommissar wird die Hohe Kommission über jegliche, die Polizei, deren Aufstellung oder Umorganisierung betreffende Gesetzgebung oder polizeiliche Tätigkeit, die nicht mit diesen Grundsätzen im Einklang steht, unterrichten, damit die Hohe Kommission die geeigneten Maßnahmen ergreifen kann." NRW HStA D, NW 152/5-6
[604] Siehe hierzu auch Först (Kleine Geschichte Nordrhein-Westfalens, S. 101), der im Hinblick auf das Polizeiorganisationsgesetz von 1953 von einer Verschleppungstaktik des Innenministeriums ausgeht, bis eine Intervention seitens der Alliierten unwahrscheinlich wurde.
[605] Vgl. Schreiben Innenminister an Landtagspräsident in Düsseldorf, undatierte Abschrift, vermutlich 31. Oktober 1947 (siehe hierzu: LD II-147, S. 6), PRO, FO 1050/392

von der städtischen Verwaltung quasi zu Sonderbehörden geworden - in der Hauptsache zunächst britischer Weisung unterstellt, während sich ansonsten die Entwicklung in diesem Bereich nicht von der vor 1945 unterschied. Problematischer gestaltete sich indes die Reorganisation des Feuerwehrwesens in den ländlichen Regionen. Der Konzeption der Militärregierung zufolge sollte die Feuerwehr, organisatorisch-administrativ betrachtet, aus den Gemeinden ausgegliedert und allein auf Kreisebene übertragen werden, wo dann in Anlehnung an die Polizeiausschüsse in den Stadtkreisen und Regierungsbezirken die Errichtung einer neuen Feuerwehrbehörde geplant war, was konkret eine zusätzliche Sonderverwaltung bedeutet hätte. Hiermit konnte und wollte man sich auf deutscher Seite keinesfalls abfinden, wie Innenminister Menzel vor dem nordrhein-westfälischen Landtag Ende November 1947 verlauten ließ, sei man doch stets darum bemüht, eben solche Sonderverwaltungen abzuschaffen.[606] Zudem hatte die Militärregierung die Bildung von speziellen Feuerwehrstäben bei den Regierungspräsidenten angeordnet sowie die Ernennung von stellvertretenden hauptamtlichen Kreisbrandmeistern als "kleinen Körper berufsfeuerwehrlicher Art" in ihre Planung einbezogen. Damit war fürs erste eine Enwicklung projektiert worden, die sich die deutschen Landespolitiker alles andere als wünschen konnten, stand doch genau betrachtet nunmehr sogar "der Grundcharakter des 'freiwilligen' Feuerwehrwesens" zur Disposition, was "erhebliche Besorgnisse" bei den Freiwilligen Feuerwehren hervorrief und die Deutschen zur Intervention bei der Militärregierung veranlaßte.[607] Nicht ohne Erfolg, denn wie sich zeigte, verzichtete die Besatzungsmacht Ende Dezember 1946 auf ihre Absicht, Feuerwehrstäbe bei den Regierungspräsidenten, die nicht nur strukturelle Fremdkörper in der Organisation des deutschen Feuerwehrwesens gewesen, sondern aller Voraussicht nach auch geblieben wären, einzuführen. Daneben schien - entgegen anfänglicher Gefährdungstendenzen - das organisch gewachsene Gefüge des ländlichen freiwilligen Feuerwehrwesens durch britische Bestätigung jetzt doch gesichert.[608] Welcher Art waren aber nun die Pläne der Briten hinsichtlich der Formierung der deutschen Nachkriegsfeuerwehrorganisation, aus denen sich vorgenannte Maßnahmen verstehen und weitere Handlungsweisen ableiten ließen?

---

[606] Vgl. Stenographischer Bericht der 21. Sitzung des Landtags NRW, 28. November 1947, S. 128
[607] Schreiben Innenminister an Landtagspräsident in Düsseldorf, undatierte Abschrift, PRO, FO 1050/392 (siehe Anm. 605)
[608] Vgl. ebd.

2. Konkrete Direktiven: Memorandum der Militärregierung "Wiederaufbau des deutschen Feuerlöschwesens"

"Es ist auch beabsichtigt, die Verantwortung für die Kontrolle der Feuerwehr der Landesregierung mit Wirkung vom 1.1.1947 zu übertragen", so lautete ein einzelner Passus am Rande des bereits bekannten Polizei- und Feuerwehrmemorandums der Militärregierung vom 30. November 1946[609] lapidar, denn das Feuerwehrwesen zählte ebenso wie schon die Polizei zu den im Zuge der devolution of power von der Verordnung Nr. 57 der Gesetzgebungskompetenz der Militärregierung nicht vorbehaltenen Sachbereichen. Mit der Übergabe der Feuerwehr in deutsche Hände überreichte die Militärregierung im Frühjahr 1947 dem nordrhein-westfälischen Innenministerium ein Memorandum - analog zur Polizeidenkschrift - mit konkreten, teilweise ins Detail gehenden, Richtlinien als Basis für den Entwurf eines Landesfeuerwehrgesetzes. Da ja bekanntlich aufgrund des Artikels 3 der Verordnung Nr. 57 Landesgesetze nur nach ausdrücklicher Zustimmung des Regional Commissioners in Kraft treten konnten, war es "daher notwendig, auch für die gesetzliche Regelung des Feuerschutzes die Richtlinien der Militärregierung zu beachten", wie Innenminister Menzel gegenüber dem Landtagspräsidenten unumwunden - quasi rechtfertigend - konstatierte.[610] Trotz der anfänglichen - aus deutscher Sicht - unübersehbaren planerischen Fehlentscheidungen bei der Neuorganisation des deutschen Feuerwehrwesens war die britische Besatzungsmacht offenbar entschlossen, keine Zweifel darüber aufkommen zu lassen, daß zwar den deutschen Landesparlamenten die Legislative auf dem Gebiet des Feuerschutzes oblag, die letzte übergeordnete konzeptionelle Kompetenz aber auch in diesem Falle immer noch bei der Militärregierung lag; das Memorandum[611], das den Wiederaufbau des deutschen Feuerlöschwesens reglementierte, belegt diese Grundtendenz, die ähnlich ja bereits hinsichtlich der Reorganisation des Polizeiwesens erkennbar zutage trat. In sechs Abschnitten behandelte die Denkschrift, die zugleich Ausdruck britischer Prinzipien auf diesem Gebiete war, I. die Errichtung des Feuerwehrwesens, II. die Organisation der Feuerwehr im Gebiet Nordrhein-Westfalen, III. die Aufgaben der örtlichen Feuerwehrbehörde, IV. die Aufgaben der Landesregierung, insbesondere des Innenministers, V. die Finanzierung der Feuerwehr und VI. den Bombenbeseitigungsdienst. Von grundsätzlicher Relevanz ist der Teil I. des Memorandums, wurden doch hier von der Besatzungsmacht die aus ihren Planungen abgeleiteten Voraussetzungen für einen demokratischen Neuaufbau des Feuerlöschwesens dekretiert. Eine "nichtmilitärische Körperschaft" müsse die Feuerwehr sein, deren Personal keinesfalls bewaffnet sein dürfe. Deshalb forderte die Militärregierung primär eine Trennung der Institutionen Feuerwehr und Polizei. Angesichts ihrer ausgewiesen rigide demokratischen Haltung in der Polizeifrage mußten die Briten not-

---
[609] NRW HStA D, NW 179/12, Bl. 10
[610] Vgl. Schreiben Innenminister Menzel an Landtagspräsident in Düsseldorf, 31. Oktober 1947, LD II-147, S. 6
[611] Vgl. LD II-147, S. 11f.

wendigerweise die im Deutschen Reich seit 1938 etablierte Feuerschutzpolizei entschieden ablehnen. Denn die im Gesetz über das Feuerlöschwesen vom 23. November 1938 verkündete Errichtung einer Feuerschutzpolizei, deren Mitglieder Polizeivollzugsbeamte waren, mündete planmäßig in die langfristige NS-Strategie, in Friedenszeiten den Krieg vorzubereiten. Begründend war in der Präambel zum Reichsfeuerwehrgesetz denn auch unverhüllt zu lesen:"... Die wachsende Bedeutung des Feuerlöschwesens vor allem für den Luftschutz erfordert, daß schon seine friedensmäßige Organisation hierauf abgestellt wird. Hierzu ist nötig die Schaffung einer straff organisierten, vom Führerprinzip geleiteten, reichseinheitlich gestalteten, von geschulten Kräften geführten Polizeitruppe (Hilfspolizeitruppe) unter staatlicher Aufsicht. Zur Erreichung dieses Zieles hat die Reichsregierung das folgende Gesetz (über das Feuerlöschwesen, d. Verf.) beschlossen ..."[612]

Als wesentlich betrachtete die Militärregierung darüber hinaus den Umstand, daß der Feuerwehrdienst dem Feuerwehrmann die Möglichkeit einer Dauerlaufbahn mit geregelten Beförderungschancen biete. Zwar wurde zudem die gesetzliche Verankerung der Gründung eines Feuerwehrverbandes gefordert, gleichzeitig aber ein entschiedenes Verbot der gewerkschaftlichen Mitgliedschaft von Personen der Berufsfeuerwehr ausgesprochen. Somit war eine Sachlage geschaffen, die de facto prinzipiell dem demokratischen Recht auf Vereinigungsfreiheit widersprach, de iure dies freilich noch nicht tat, da zu diesem Zeitpunkt weder eine nordrhein-westfälische Landesverfassung noch das spätere Grundgesetz für die Bundesrepublik Deutschland als Grundrechtsgaranten existierten. Daß dieser Tatbestand jedoch reichlich Konfliktpotential in sich barg - man halte sich nur die anfänglich parallele Situation bei der Polizei vor Augen[613] - lag überdeutlich auf der Hand.

Organisatorisch betrachtet mußte nach dem Willen der Militärregierung innerhalb Nordrhein-Westfalens in jedem Land- oder Stadtkreis eine Feuerwehr, die einem dem Kreistag oder der Stadtvertretung direkt verantwortlichen Befehlshaber unterstehen sollte, eingerichtet werden. Als örtliche Feuerwehrbehörden galten diejenigen Feuerwehrbehörden, die von den jeweiligen Kreistagen und Stadtvertretungen ernannt wurden. Ihr Aufgabenfeld[614] umfaßte folgende Bereiche: Bereitstellung von kompetentem Personal, Ausrüstung, Uniformen und Gebäuden für den reibungslosen Ablauf des Feuerlöschdienstes; Koordination gegenseitiger Hilfe zwischen benachbarten Feuerwehren bei gebietsübergreifenden Feuerlöscheinsätzen; Sicherung einer ausreichenden Belieferung mit Feuerlöschwasser sowie die Gewährleistung der Bereitstellung von notwendigen Alarmsirenen; im Benehmen mit dem Innenminister die Ernennung der leitenden, vor allem für Kontrolle, technische Wirksamkeit und Disziplin der Feuerwehren verantwortlichen Feuerwehrbeamten; Ausführung gesetzlicher Regelungen zur Vermeidung von Bränden mit Hilfe erprobter Feuerwehrleute, insbesondere Befolgung aller das Feuerlöschwesen betreffenden innenministeriellen Instruktionen und

---

[612] RGBl. Teil 1, Nr. 199, 26. November 1938, S. 1662
[613] Siehe S. 117 dieser Arbeit
[614] Vgl. Feuerwehrmemorandum, LD II-147, S. 11

schließlich Dokumentation von Ist-Stärke und Ausrüstungsstand der Werksfeuerwehren innerhalb des Zuständigkeitsgebiets.
Den Aufgaben der örtlichen Feuerwehrbehörden analog definierte das Memorandum die Befugnisse und Aufgaben des Innenministers konkret[615]: Bestätigung der Ernennung von leitenden Feuerwehrbeamten; Entscheidung über die Größenordnung der örtlichen Feuerwehren; Genehmigung von geplanten Baumaßnahmen bzw. baulichen Veränderungen; Regelung der Spezifizierung der Verteilung von Uniformen und Gerätschaften; Initiierung von gesetzlichen Rahmenrichtlinien betreffend Lohn- und Gehaltsgruppen, Beihilfen, Pensionen und Dienstbedingungen leitender und örtlicher Feuerwehrbeamter; Einleitung der Gesetzgebung zur Errichtung eines Feuerwehrverbandes; Einrichtung und Unterhaltung einer zivilen, aus kompetenten Verwaltungsbeamten und Feuerwehrbeamten gebildeten Abteilung für das Feuerwehrwesen (einschließlich technischer Forschungsabteilung) ohne Befehlsgewalt zur beratenden Assistenz der örtlichen Feuerwehrbehörden; Verantwortung für die optimale Leistungsfähigkeit (Disziplin, ausreichende Personalstärke, angemessene Ausrüstung und Unterkünfte) der örtlichen Feuerwehren - Jährliche Kontrolle durch einen "Feuerwehrinspekteur", der Bericht erstattete, sowie Abordnung von Beamten der Abteilung für Feuerwehrwesen zwecks Untersuchung aller, den Leistungsstand des Feuerlöschdienstes betreffenden Sachverhalte. -; Kooperation mit den örtlichen Feuerwehrbehörden bei der Einrichtung und Unterhaltung von Landesfeuerwehrschulen, zugleich Reglementierung der Ausbildung; Befugnisinstanz zur Anhörung disziplinarrechtlicher Beschwerden.
Schließlich ordnete die Militärregierung an, auch die Finanzierung der Feuerwehr müsse gesetzlich geregelt werden und zwar in der Form, daß alle Aufwendungen - auch die ministeriell genehmigten - durch den Kreisetat gedeckt werden müßten. Da der Kreis für die Kosten der Gemeinde aufkomme, seien zudem Umlagen bzw. sog. interbehördliche Verrechnungen zwischen Gemeinde- und Kreishaushalt zu unterlassen. U.a. zur Leistung ihrer finanziellen Verpflichtungen (Beihilfe) gegenüber den örtlichen Feuerwehrbehörden könne die Landesregierung von dem ihr zugewiesenen Anteil an der Feuerversicherungssteuer schöpfen.
Endlich übertrug die Militärbehörde der Landesregierung resp. dem Innenminister im Rahmen des Feuerlöschwesens die Verantwortung für die Durchführung eines effektiven Bombenbeseitigungsdienstes.
Fest stand jedenfalls, daß der Public Safety Branch letztendlich sehr an einer raschen Verabschiedung von Landesfeuerwehrgesetzen in der britischen Zone gelegen war - "no time should be lost by the Laender Governments in enacting their Fire Service legislation"[616]. Ebenso unmißverständlich vertrat man dort - namentlich Inspector General O'Rorke - die Auffassung, daß die zuständigen deutschen, mit der Gesetzgebung betrauten Organe unbedingt eine Kongruenz zwischen den Bestimmungen eines künftigen Feuerwehrgesetzes und den britischen Prinzipien herstellen müßten:"'While German Officers and Authorities will be

---
[615] Vgl. ebd., S. 11f.
[616] Scheiben IG O'Rorke, PS, an die DIG's, PS, der Länder der britischen Zone sowie den Asst. IG, PS, British Troops Berlin, 17. Februar 1948, PRO, FO 1013/211

given fully to realise that they are in complete control of their organisation, they should be left in no doubt that that control will not be operated in a manner which is opposed to the principles which are fundamental to our occupation, and that strict compliance with those principles will be observed.'"[617]

3. *Perspektiven der C.C.G.(BE) hinsichtlich der Neuorganisation des deutschen Feuerschutzes: Fundamental principles*

Erneut Gestalt gewannen die britischen Pläne für die Zukunft des deutschen Feuerwehrwesens unter dem Titel "Fundamental principles to govern the organisation, maintenance and operation of the German Fire Service in the British Zone", generelle Richtlinien, die als Policy Instruction Nr. 21 am 02. Januar 1948 vom Headquarter der C.C.G.(BE) herausgegeben wurden.[618] Hierbei handelte es sich um eine Basisdirektive, die nicht etwa an die deutschen politischen Instanzen der Zonenländer - wie im Falle des Feuerwehrmemorandums -, sondern an die zuständigen Organe der Besatzungsadministration adressiert - also besatzungsadministrativ intern - war, denen sie Leitlinie und Argumentationshilfe in den Verhandlungen mit den deutschen Gesetzgebern, aber auch Bezugsgrundlage für weitere Anweisungen sein sollte. Schon der Eindruck, den diese Instruktion erweckt, offenbart, welches primäre Ziel die C.C.G.(BE) verfolgte: Befreiung der deutschen Feuerwehr von allen, wie auch immer gearteten, nazistischen Charakteristika. So dürfte es denn auch den Betrachter, der die Parallelen zum Polizeidienst erkennt, kaum verwundern, daß zu Beginn des Abschnitts I ("Construction and Conditions of Service") der Anweisung die bedingungslose Forderung erhoben wurde, der German Fire Service müsse als Teil der German Public Services ein "civilian Body" sein, dessen Mitglieder den Status von "Public Servants" einnehmen müßten. Nur konsequent war in diesem Konnex nunmehr das Verlangen nach vollständiger - gleichwohl gesetzlich seit 1938 bis dato nicht vorherrschender - Trennung von Polizei- und Feuerlöschdienst auf allen Ebenen; kein Mitglied der Feuerwehr sollte zu irgendwelchen genuin polizeilichen Aufgaben herangezogen werden.[619]
In Professional Brigades[620] (Berufsfeuerwehr), Voluntary Brigades (Freiwillige Feuerwehr) und Works Brigades (Werksfeuerwehr) klassifiziert unterschied sich das im Nachkriegsdeutschland einzuführende Feuerwehrwesen teilweise erheblich von dem Feuerlöschwesen der Jahre 1938-1945. Die bis 1938 existente und auch nach 1945 wieder etablierte Berufsfeuerwehr war durch das Reichsfeuer-

---

[617] Ebd.
[618] Siehe PRO, FO 1013/211. Signiert ist diese Policy Insruction Nr. 21 von Major General Brownjohn.
[619] Vgl. S. 163f. dieser Arbeit
[620] Die berufliche Laufbahn des pensionsberechtigten Beamten der Berufsfeuerwehr sollte durch Beförderungen entsprechend Leistung (Verdienst) geregelt werden.

wehrgesetz von 1938 weitgehend in die neu errichtete, hierarchisch strukturierte Feuerschutzpolizei übergeleitet worden. Die neben den Freiwilligen Feuerwehren noch bestehenden Pflichtfeuerwehren waren im Dritten Reich in der Regel eng an die Seite der Feuerschutzpolizei getreten. Daß die Briten nach dem Kriege bewußt die Errichtung einer Pflichtfeuerwehr untersagten, überrrascht nicht, spiegelte doch gerade sie neben der Feuerschutzpolizei nach Ansicht der Besatzungsmacht in besonderem Maße eine übersteigerte staatliche Eingriffsmöglichkeit und demokratiewidrige Reglementierung wider. Mit der Auflösung der Feuerschutzpolizei einher erging der Ruf nach Dezentralisierung und Denazifizierung des deutschen Fire Service.:"No person shall be employed in the German Fire Service unless he is approved for such employment in accordance with existing instructions concerning Denazification and, in the case of Militarists, unless likewise, in accordance with existing instructions, he is approved for employment."[621] Das strikte Verbot von "military drills and exercises", "physical training" sowie Bewaffnung und des Waffengebrauchs sollten ebenso definitiv die "non-military" Struktur der Deutschen Feuerwehr festigen. Sogar die Benutzung von Feldtelefonen und "2-Way Radio communication" war ohne ausdrückliche Genehmigung von seiten zuständiger Militärbehörden untersagt. In diesem Zusammenhang muß denn wohl auch die Anweisung der britischen Militärbehörde, die Stärke der deutschen Feuerwehr auf ein hinsichtlich ausreichender Effizienz und bestehender Personalstruktur abgestimmtes, verträgliches Minimum zu begrenzen, gesehen werden. Abweichungen von dieser Regelung bedurften der Genehmigung durch die Militärregierung.[622] Der zivile Charakter sollte darüber hinaus auch durch das äußere Erscheinungsbild der Feuerwehr geprägt werden bzw. zum Ausdruck kommen. Jede Ähnlichkeit der Uniformierung in Farbe, Design, Rang- oder anderen Abzeichen mit damals gegenwärtigen oder nicht mehr existierenden polizeilichen, militärischen oder paramilitärischen Organisationen mußte vermieden werden. Das Uniformtragen war zudem nur "operational members" einer Feuerlöscheinheit und den Mitgliedern einer Landesfeuerwehrschule ausschließlich während des Dienstes und nicht etwa während Umzügen oder Demonstrationen gestattet, es sei denn, diese standen im Dienst des Feuerlöschwesens.

Ferner ist in der Instruction Nr. 21 der C.C.G.(BE) die Rede von Fire Authorities, die hier Fire Service Committees genannt werden.[623] Einem solchen Feuerwehrausschuß, der von keiner höheren Instanz als der gesetzmäßig gewählten Vertre-

---

[621] Policy Instruction Nr. 21, 02. Januar 1948, PRO, FO 1013/211
[622] Von der C.C.G.(BE) festgelegte maximale Personalstärke der Feuerwehren in den Ländern der Britischen Zone: Berufsfeuerwehr + Freiwillige Feuerwehr = Gesamtzahl Feuerwehrbeamte
Nordrhein-Westfalen: 2772 + 50158 = 52930
Schleswig-Holstein: 388 + 23688 = 24076
Niedersachsen: 697 + 73066 = 73763
Hansestadt Hamburg: 899 + 1305 = 2204
Britische Zone: 4756 + 148217 = 152973
[623] Vgl. Policy Instruction Nr. 21, 02. Januar 1948, PRO, FO 1013/211

tungskörperschaft eines Land- oder Stadtkreises zu ernennen war[624], wurde die Verantwortung für die Unterhaltung eines leistungsfähigen Feuerlösch-, Rettungs- und Krankentransportdienstes innerhalb eines Gebietes, für das er als Feurwehrbehörde Kompetenz besaß, überantwortet. Des weiteren wurde die Möglichkeit eröffnet, in einem Feuerwehrbezirk auch mehrere Feuerwehreinheiten aufzustellen, nicht jedoch nur eine solche Einheit für zwei oder mehrere Bezirke zu errichten.[625] Mit Ausnahme von Notfällen durften freilich gleichermaßen nicht mehrere Fire Brigades dem Befehl eines einzelnen leitenden Feuerwehrbeamten unterstellt werden.

Per besagtes Dekret wurden die Länder der britischen Zone im übrigen zum Aufbau und Unterhalt jeweils einer Landesfeuerwehrschule angehalten, welche die Ausbildung sowohl von leitenden Feuerwehrbeamten als auch von Angehörigen aller Feuerwehrgattungen sicherstellen sollte, wobei den Feuerwehrbehörden auch die Möglichkeit zur Errichtung weiterer Feuerwehrschulen zur Schulung der Feuerwehreinheiten in ihrem Zuständigkeitsbereich offengehalten wurde.

In Nordrhein-Westfalen hatte indes das Land Public Safety Department, welches seinerseits bereits Anfang Februar 1948 von der Public Safety Branch in Bünde über den Wortlaut der Policy Instruction Nr. 21 informiert worden war[626], damit begonnen, alle wichtigen Stellen der Militäradministration nicht nur mit Kopien der Anweisung zu versorgen, sondern zudem noch die Bedeutung der Direktive durch Pointierung einiger "fundamental principles" herauszustellen[627], wie das in ähnlicher, in weiten Teilen sogar wörtlich übereinstimmender, Form bereits zuvor Generalinspekteur O'Rorke Mitte Februar 1948 getan hatte.[628] Und weil sowohl Land Public Safety Department als auch Public Safety Branch die Direktive als Richtschnur "which shall govern the organisation, maintenance and operation of the German Fire Service in the British Zone" verstanden wissen wollten, waren die mit der Ausarbeitung eines Landesfeuerwehrgesetzentwurfs befaßten nordrhein-westfälischen Stellen bereits davon in Kenntnis gesetzt worden, "to adopt the broad principles of the Instruction as a basis for their legislation"[629]. Daß es sich hierbei gewissermaßen um Rahmenrichtlinien für eine gesetzliche Regelung handelte, bekräftigt die Tatsache, daß man im Düsseldorfer Land Public Safety Department die Ansicht vertrat, die Spezifizierungen der Grundsätze müßten nicht notwendigerweise alle in einem Feuerwehrgesetz ihren Niederschlag finden, was jedoch unter keinen Umständen als stillschweigende Genehmigung ei-

---

[624] In der Hansestadt Hamburg sollte die Ernennung des Fire Service Committee durch die Bürgerschaft erfolgen.
[625] Ausgenommen von dieser Regelung war die Hansestadt Hamburg. Hier wurde der Bürgerschaft das Recht zur Instituierung und Unterhaltung einer einzigen Feuerwehreinheit für das Gebiet der Hansestadt nach eigenem Ermessen zugestanden.
[626] Die PS Branch hatte dem PS Department für NRW 60 und dem R.G.O. 70 Kopien der Anweisung zum Zwecke der Verteilung zukommen lassen. Vgl. Schreiben PSO II F. Devetta, PS, an R.G.O., 12. Februar 1948, PRO, FO 1013/211
[627] Vgl. Schreiben AIG J.R. Pollock, PS, 10. März 1948, PRO, FO 1013/211
[628] Vgl. Schreiben IG O'Rorke, PS, an die DIG's der Länder der britischen Zone, 17. Februar 1948, PRO, FO 1013/211
[629] Schreiben AIG J.R. Pollock, PS, 10. März 1948, PRO, FO 1013/211

ner möglicherweise im Widerspruch zu den von der Policy Instruction Nr. 21 umrissenen politischen Maximen für die Gestaltung des Feuerwehrwesens in der britischen Zone verstanden werden dürfe. Denn dies würde man nicht billigen. Um potentiellen Mißverständnissen vorzubeugen, verwies man im Sinne des Prinzips demokratischer Kontrolle besonders auf die notwendige Verantwortlichkeit des Feuerwehrausschusses als lokaler Feuerwehrbehörde gegenüber der ihn ernennenden Vertretungskörperschaft des Land- bzw. Stadtkreises. Mit Nachdruck wurde im Land Public Safety Department überdies der unter allen "occupying powers" unumstrittene Leitsatz britischer Feuerwehrpolitik herausgestellt, demzufolge eine Feuerwehrbehörde auf keiner höheren als der Kreisebene ernannt werden solle. Die Abweichung von diesem Grundsatz, so war man sich dort sicher, würde notwendigerweise zur Errichtung einer höherinstanzlichen Feuerwehrbehörde führen. Gleichwohl schließe diese Forderung eine Feuerwehrbehörde unterhalb der Kreisinstanz, also auf Gemeindeebene, nicht aus. Auch stehe einer interfeuerwehrbehördlichen Zusammenarbeit bei der Feuerbekämpfung im Notfalle nichts entgegen. Ganz entschieden müsse aber deutlich werden, daß die Errichtung von Joint Committees - analog den mit relativ weitreichenden Befugnissen ausgestatteten Polizeiausschüssen - im Bereich des Feuerwehrwesens nicht in Frage komme.

Hier bleibt nunmehr zu bedenken, was Public Safety in bezug auf die Policy Instruction Nr. 21 überhaupt zu der Ansicht bewegte, "that one or two points may require amplification or clarification", wie es Inspector General O'Rorke formulierte.[630] Dem Anschein nach waren nordrhein-westfälisches Land Public Safety Department und Public Safety Branch in ihrer Interpretation der C.C.G.(BE)-Direktive einer Meinung, was letztlich ja auch durch die entsprechenden Verlautbarungen so zum Ausdruck kam.[631] Dennoch entsteht bei genauerer Betrachtung des Sachverhalts der Eindruck, daß sich das Land Public Safety Department wohl eher der Perspektive der Public Safety Branch angeschlossen hatte. Was war dem vorausgegangen? Eingangs der Klarstellung durch die Public Safety Branch hatte die Frage von Deputy Inspector General E.C. Nottingham, Land Public Safety Department, gestanden, ob denn nun der Feuerwehrausschuß (Fire Service Committee) oder doch die diesen ernennende Vertretungskörperschaft des Land- oder Stadtkreises die Funktion der örtlichen Feuerwehrbehörde (Fire Service Authority) ausübe[632], eine Frage, die angesichts der doch eindeutigen Aussage der Policy Instruction Nr. 21[633] zumindest erstaunt, deren Berechtigung aber durchaus ersichtlich wird, weil sie geradezu im Widerspruch zu einem den deutschen Behörden vom Headquarter der Militärregierung erteilten Rat stand, "that the council itself should be the Fire Authority and they shall constitute a Fire Service Brigade Committee from the members"[634]. Hierauf hatte man im Land

---

[630] Schreiben IG O'Rorke, PS, an die DIG's der Länder in der britischen Zone, 17. Februar 1948, PRO, FO 1013/211
[631] Vgl. ebd. und Schreiben AIG J.R. Pollock, PS, 10. März 1948, PRO, FO 1013/211
[632] Vgl. Schreiben IG O'Rorke, PS, 17. Februar 1948, PRO, FO 1013/211
[633] Part III./8., PRO, FO 1013/211
[634] Schreiben PSO II F. Devetta, PS, an R.G.O., 12. Februar 1948, PRO, FO 1013/211

Public Safety Department aufmerksam gemacht und zudem mit den Bestimmungen der Deutschen Gemeindeordnung[635] argumentiert, denenzufolge die Vertretungskörperschaft die Möglichkeit ("may") zur Einsetzung eines "Executive Committee with power to take action in behalf of the Council" besaß. Dies wurde vom Land Public Safety Department korrekterweise dahingehend interpretiert, daß "local councils" das Recht hätten, "to delegate executive power to a Fire Committee", was wiederum bedeute, daß die Vertretungskörperschaft selbst "the ultimately responsible body", also die Feuerwehrbehörde, sei, die ihrerseits einen Feuerwehrausschuß als "sub-committee" einsetze. Gegen ein Landesfeuerwehrgesetz, das etwa diesem Sachverhalt beispielsweise in einer Klausel Rechnung trage, sei folglich nichts einzuwenden.[636]

Eine weitere Inkompatibilität zwischen theoretischer Vorschrift der Policy Instruction Nr. 21 und der tatsächlichen Praxis - wiederum zu Ungunsten der Direktive - glaubte man auf seiten des Land Public Safety Departments in der Tatsache zu erkennen, daß das Verbot, zwei oder mehr Fire Brigades dem Kommando eines einzelnen Befehlshabers zu unterstellen[637], eindeutig im Widerspruch zu der offiziell genehmigten Dienstpersonalstruktur, in der der Kreisbrandmeister als "operational command" aller Feuerwehreinheiten innerhalb seines Landkreises ausgewiesen werde, stehe.

Während aus der Sicht der Public Safety Branch die aufgrund der Policy Instruction Nr. 21 durchgeführte Einkleidung der Feuerwehr mit blauen Uniformen als "entirely acceptable" angesehen wurde, hegte man im Land Public Saftey Department demgegenüber Vorbehalte und bewertete diese Regelung dort wegen der nunmehr bestehenden Farbgleichheit von Feuerwehr- und Polizeiuniformen - und somit im Widerspruch zur C.C.G.(BE)-Direktive stehend[638] - als impraktikabel. Auch die von der C.C.G.(BE) festgelegte Personalstärke der Feuerwehrkräfte in den Zonenländern wurde angesichts der Erfahrungen des Jahres 1947 mit ausgedehnten Waldbränden und Überschwemmungen vom Land Public Safety Department für Nordrhein-Westfalen als keineswegs adäquat bezeichnet, um eine ausreichende Effektivität des Feuerwehrdienstes zu gewährleisten, weshalb man diesen Sachverhalt auch einer eingehenden Prüfung und Neubewertung unterzogen habe.

Die im Land Public Safety Department artikulierte Skepsis schien offensichtlich bei der zonalen Public Safety Führung auf wenig Gehör gestoßen zu sein, wenn man berücksichtigt, daß Generalinspekteur O'Rorke in seinem Kommentar die Aussagen der Policy Instruction Nr. 21 bestätigte. Interne diesbezügliche Meinungsdivergenzen, die zweifelsohne vorhanden waren, wurden, betrachtet man den übereinstimmenden Tenor der offiziellen Verlautbarungen von Public Safety Branch und Land Public Safety Department, zumindest nach außen hin, zugunsten besatzungspolitischer Räson beigelegt. Welche Konsequenzen dies für die endgültige deutsche Landesfeuerwehrgesetzgebung haben würde, schien auch

---

[635] RGBl. 1, 1935, S. 49
[636] Schreiben PSO II F. Devetta, PS, an R.G.O., 12. Februar 1948, PRO, FO 1013/211
[637] Part III./9., PRO, FO 1013/211
[638] Part IV./11., ebd.

hier einigermaßen absehbar:"So long as Fire Service Bills ... (are) enacted in accordance with those ... principles laid down in Policy Instruction No. 21, and do not conflict with other H.M.G.'s policy, they should be acceptable generally to the Regional Commissioners ..."[639] Und möglicherweise signalisierte die schon eingangs erwähnte Äußerung aus dem Land Public Safety Department den deutschen Landesgesetzgebern einen doch größeren als - nicht zuletzt auch in Anbetracht der detaillierten Reglementierung durch das Feuerwehrmemorandum - zu vermutenden gestalterischen Handlungsspielraum:"It does not necessarily follow, that clear provision for each principle will be contained in the Fire Service Bill ..."[640] Daß sich die britischen Richtlinien auf die Grundstruktur des nordrhein-westfälischen Landesfeuerwehrgesetzes auswirken würden, stand von vornherein freilich außer Zweifel, fraglich war nur, wie prägend und konkret dies im einzelnen letztendlich sein würde.

4. Deutsche Feuerwehrgesetzgebung und britische Bewertung

Bekanntermaßen hatten die Briten ihre prinzipiellen Erwartungen im Hinblick auf eine legislatorische Neuregelung des Feuerwehrwesens in ihrer Zone den deutschen Landesbehörden ja bereits per Memorandum vorgelegt und sich selbst in der Policy Instruction Nr. 21 die eigene Intention noch einmal bestätigend thesenartig bewußt gemacht:"Each Laender Government shall enact such legislation as is necessary for the control and good management of the Fire Service of that Land."[641] Es bedarf keiner eingehenden Analyse, um zu der Erkenntnis zu gelangen, daß dem Headquarter C.C.G.(BE) fraglos eine an den britischen fundamental principles ausgerichtete Gesetzgebung vorschwebte:"Such legislation" also, wie die Policy Instruction Nr. 21 sie vorsah. Abgesehen davon verfolgte man jedoch britischerseits offenbar entschieden die Absicht, in den Verhandlungen mit den Deutschen einen zufriedenstellenden und für alle Beteiligten - sowohl für die deutschen Behörden als auch für die Militärregierung - akzeptablen Gesetzentwurf zu erreichen. Diesen erklärten Willen jedenfalls brachte Deputy Inspector General Nottingham gegenüber dem nordrhein-westfälischen Innenministerium zum Ausdruck.[642] Daß man sich vor allem im Land Public Safety Department darüber im klaren war, zusammen mit den deutschen Behörden in der Feuerwehrfrage gesetzlich gangbaren Weg suchen und finden zu müssen bzw. nur gemeinsam beschreiten zu können, wenn man letztlich das primäre Ziel eines effektiven und noch dazu nach Möglichkeit wenig personalintensiven Feuerschutz-

---

[639] Schreiben IG O'Rorke, PS, an die DIG's der Länder in der britischen Zone, 17. Februar 1948, PRO, FO 1013/211
[640] Schreiben AIG J.R. Pollock, PS, 10. März 1948, PRO, FO 1013/211
[641] PRO, FO 1013/211
[642] Vgl. Schreiben DIG E.C. Nottingham, PS, an Innenministerium NRW, 12. Juni 1947, NRW HStA D, NW 53/405, Bl. 761ff.

dienstes unter Berücksichtigung der eigenen Vorstellungen durchsetzen wollte, erscheint deshalb auch unbestreitbar. Von daher versteht sich gleichermaßen das bis dato moderate Bemühen von seiten des Public Safety Stabes, eigene Erfahrung und fachliches Know-how den deutschen Behörden dienstbar zu machen, "um Rat zu erteilen über die in das Gesetz aufzunehmenden demokratischen Grundsätze und zu helfen in der Behandlung von Punkten, die bei Vorlage des Gesetzes im Landtag zur Besprechung kommen könnten"[643], um sicherzustellen, daß die britischen Prinzipien Berücksichtigung fänden. Da nunmehr Mitte 1947 ein durch Ministerialdirektor Dr. Schmidt, Innenministerium Nordrhein-Westfalen, gänzlich überarbeiteter, von bisherigen Entwürfen gravierend abweichender, neuer Entwurf zum Gesetz über den Feuerschutz der Militärregierung vorliege, sei mithin also eine nochmalige Prüfung des Gesetzes in seiner Gesamtheit vonnöten.

Einer detaillierten besatzungsbehördlichen Stellungnahme zum Gesetzentwurf waren vorab diesbezüglich generelle Erwägungen[644] als Desiderate vorangestellt, und somit wurden einige grundsätzliche Merkmale des vorgelegten Gesetzentwurfs indirekt mehr oder weniger deutlich kritisiert. So wurde zunächst mitgeteilt, daß eine erläuternde Präambel in Verbindung mit einem ausführlichen strukturierten Inhaltsverzeichnis im Hinblick auf ggf. notwendige spätere Erörterungen als sehr hilfreich und "ratsam" erachtet werde. Weil der Gesetzentwurf in seiner vorliegenden Form den Anschein erwecke, "als ob die Feuerwehren ein staatliches Organ seien und die Feuerwehrbehörden einer sehr strengen Kontrolle unterworfen werden"[645], hob die Militärregierung betont deutlich hervor, daß die Verantwortung für die Brandverhütung und den Feuerschutz Angelegenheit der örtlichen Behörden sei. Dies solle aus dem neuen Gesetz denn auch klar hervorgehen, weshalb es in der Gestalt eines "Ermächtigungsgesetzes" abgefaßt werden müsse, wodurch den örtlichen Behörden in bezug auf die spezifischen Gegebenheiten ihrer örtlichen Feuerwehreinrichtungen Handlungsautorisation übertragen werde, freilich auf der Basis der von der Landesregierung zu skizzierenden Rahmenrichtlinien. So besäßen etwa die städtischen Vertretungskörperschaften als Feuerwehrbehörden in Großbritannien im Rahmen des dortigen Feuerwehrgesetzes von 1938 die Ermächtigung und den Auftrag zum Erlaß von Bestimmungen über das Feuerlöschwesen.[646] Im Hinblick auf die Feuerwehrausschüsse forderte die Militärregierung eine eindeutige Positionsbestimmung. Daß im Gegensatz zu den Polizeiausschüssen diejenigen der Feuerwehr keinerlei Autorisation besäßen, letztere als subordinierte Organe der autorisierten Behörde vielmehr auftrags- und weisungsgebunden seien und eine Mittlerfunktion bei der Interaktion zwischen leitenden Beamten und Feuerwehrbehörde erfüllten, sei auf deutscher Seite anscheinend "nicht klar begriffen" worden. Fernerhin befand man den im Landesfeuerwehrgesetzentwurf installierten Feuerwehrverband - dessen Errichtung ja bekanntermaßen im Feuerwehrmemorandum der Militärregierung ausdrücklich

---

[643] Ebd., Bl. 761, II.
[644] Vgl. ebd., Bl. 761f., III.-VI.
[645] Ebd., Bl. 761, IV.
[646] Vgl. Schneider, Die Umgestaltung des Polizeirechts in der britischen Zone, S. 253

gefordert wurde[647] - in seiner konkreten Verfaßtheit wegen der gegebenen Möglichkeit weitreichender Kompetenzausübung der unter Observation durch die Landesregierung stehenden leitenden Beamten für "unerwünscht". Offensichtlich schien den Briten ihr apodiktisches Prinzip, daß jede Feuerwehr 'von unten', d.h. von der örtlichen Feuerwehrbehörde, aufgebaut werden müsse, durch die Schaffung eines vermeintlich überproportional mit Befugnissen ausgestatteten Feuerwehrverbandes quasi 'von oben' her gefährdet zu sein. Im übrigen rechnete man aufgrund vormaliger Erfahrungswerte damit, daß eine solche Organisation personell aufgebläht und betrieblich schwerfällig wäre. Bei genauer Betrachtung stößt man auf den Hintergrund für den Vorbehalt der Militärregierung gegenüber der Gründung eines Feuerwehrverbandes, wie er in dem Landesfeuerwehrgesetzentwurf vorgesehen war. Dem vorausgegangen war eine Versammlung der Kreisbrandmeister und Leiter der Feuerwehren der Stadtkreise, die auf Einladung des sog. vorbereitenden Ausschusses zur Gründung eines Landesfeuerwehrverbandes in Nordrhein-Westfalen am 01. Juli 1947 in Ratingen zusammengekommen waren. Aufgrund eines mehrheitlich zustimmenden Ergebnisses einer Umfrage[648] unter den Mitgliedern der Freiwilligen Feuerwehren Nordrhein-Westfalens hatten sich die Teilnehmer der Ratingen-Tagung durch Mehrheitsbeschluß für die sofortige Gründung eines Landesfeuerwehrverbandes der Freiwilligen Feuerwehren ausgesprochen, noch bevor ein Landesfeuerwehrgesetz verabschiedet würde. Ein aus je einem Angehörigen der nordrhein-westfälischen Freiwilligen- und Berufsfeuerwehren und zwei Experten namens Dr. Müller und Mink gebildeter Arbeitsausschuß sollte vorläufig - bis zur ministeriellen Genehmigung der Verbandssatzung und der Wahl der Verbandsorgane - die auschließliche Vertretungskompetenz für die Angelegenheiten der Freiwilligen Feuerwehren gegenüber den Stellen der Militärregierung und der deutschen Landesverwaltung innehaben.[649] Die in Ratingen beschlossene politische Marschrichtung stieß bei der Militärregierung auf eindeutige Ablehnung, weil sie mit den demokratischen Basisprinzipien des zu errichtenden Feuerschutzdienstes nicht konform sei. Und überhaupt, besäße der von den Deutschen intendierte Feuerwehrverband weit mehr Machtbefugnisse als die Militärregierung jemals zugestehen könne. Der entscheidende Punkt, der unbedingt gewährleistet sein müsse, sei jedoch die Freiwilligkeit der Mitgliedschaft in dem Feuerwehrverband und daß die Initiative von den Mitgliedern, also den Feuerwehrleuten, die ihre eigenen Repräsentanten *wählen*, ausgehen müsse. Dies sei gegenwärtig nicht sichergestellt. Deshalb gelte: "The Association of Voluntary Fire Services as at present constituted would have much wider powers than can be agreed by Military Government. There can be no question of a central association forming as such and setting up subsidiary branches at Kreis level. The Association which resulted from the Ratingen meeting cannot there-

---

[647] Teil I, d), LD II-147, S. 11
[648] 41 Kreise stimmten für die Bildung des Verbandes, 11 stimmten mit 'Ja unter Vorbehalt', 11 stimmten mit 'Nein' und 4 hatten nicht geantwortet. Vgl. Schreiben Arbeitsausschuß der Feuerwehren des Landes NRW an HQ Mil.Reg., PS/Fire, 08. Juli 1947, PRO, FO 1013/211
[649] Vgl. ebd.

fore, be allowed to continue."⁶⁵⁰ Fraglos lag die eigentlich entscheidende Ursache, der tiefere Beweggrund, für diese ablehnende Haltung noch weiter zurück: Die von "certain German elements" ergriffene Initiative zur Gründung eines Landesfeuerwehrverbandes (Association of the Voluntary Fire Brigades) erinnerte die Briten allem Anschein nach zu sehr an eine ähnliche in der Weimarer Ära bestehende Organisation. Sich heute noch an den Grundsätzen dieser Vereinigung zu orientieren, sei "undesirable", meinte man im Land Public Safety Department.⁶⁵¹ Obwohl ein sehr hoher Prozentsatz von Personen dieses mitgliederstarken früheren Feuerwehrverbandes niemals Aufgaben des Feuerschutzes wahrgenommen habe, hätten alle Uniformen getragen. Association und Fire Service seien eins gewesen, den örtlichen Behörden habe man nur wenig Beachtung gezollt. Bestechung und Intrigen hätten dieses System, in dem jede Feuerwehreinheit ihre leitenden Beamten unabhängig von fachlicher Eignung gewählt habe, charakterisiert. Ehemalige Angehörige eben dieses alten Landesfeuerwehrverbandes seien es gewesen, die schon unmittelbar, nachdem der Regional Commissioner die Gründung einer Gewerkschaft genehmigt habe, mit der Wiederbelebung ("re-form") der hinfälligen Organisation begonnen hätten. Sie seien dabei nach folgender Methode vorgegangen: Fire Service Officers hätten sich auf Tagungen zu Repräsentanten der 60000 Freiwilligen Feuerwehrleute in Nordrhein-Westfalen erklärt, obwohl diese niemals gefragt worden seien. Obendrein tat der Umstand, daß gegen den Sekretär des in Ratingen ins Leben gerufenen Landesfeuerwehrverbandes, Herrn Mink, ein Entnazifizierungsverfahren anhängig war, ihm demzufolge jedwede Tätigkeit beim Aufbau des Feuerwehrwesens und insbesondere im Ausschuß des Landesfeuerwehrverbandes von der Besatzungsmacht untersagt wurde⁶⁵², ein übriges, um die Militärregierung in ihrer Ablehnung des Landesfeuerwehrverbandes in seiner jetzigen, im Gesetzentwurf beschriebenen Form, zu bestärken. Abgesehen hiervon wurde im Land Public Safety Department angenommen, die Begrüßung einer gewerkschaftlichen Vertretung werde dann auf seiten der Freiwilligen Feuerwehrmänner keinen Wunsch nach Neuauflage des alten Landesfeuerwehrverbandes mehr aufkommen lassen⁶⁵³, zumal die Organisatoren des Landesfeuerwehrverbandes nach britischer Einschätzung dieser Institution Funktionen hätten übertragen wollen, die üblicherweise von einer Gewerkschaft ausgeübt würden.⁶⁵⁴ Trotz alledem hatte die Militärregierung wissen lassen, sie erlaube, ja begrüße sogar, "dass irgend ein Verband oder eine Gewerkschaft besteht zur Wahrung der Interessen des freiwilligen Personals ..."⁶⁵⁵. Damit war nunmehr eindeutig festgestellt, daß *eine* Interessenvertretung der Freiwilligen Feuerwehrleute gebildet werden sollte und zwar

---

⁶⁵⁰ Schreiben RGO G.D. Renny an Innenministerium NRW, 14. August 1947, PRO, FO 1013/211
⁶⁵¹ Vgl. Schreiben PS an A&LG Section, 08. Juli 1947, PRO, FO 1013/211
⁶⁵² Vgl. Schreiben Ministerialdirektor Dr. Schmidt, Innenministerium NRW, an RGO, 11. Februar 1947, PRO, FO 1013/211
⁶⁵³ Vgl. Schreiben PS an A&LG Section, 08. Juli 1947, PRO, FO 1013/211
⁶⁵⁴ Vgl. Schreiben W.V. Pullin, Mp, an SCO A&LG Section, 19. Juli 1947, PRO, FO 1013/211
⁶⁵⁵ Schreiben DIG Nottingham an Innenministerium NRW, 12. Juni 1947, NRW HStA D, NW 53/405, Bl. 762

entweder ein Landesfeuerwehrverband *oder* eine Gewerkschaft, eine Organisation somit, deren primäre Funktion die personelle Interessenwahrung vor allem betreffend Dienstkonditionen, Bereitstellung von Uniformen sowie fürsorgerische Zwecke sei[656], vorausgesetzt allerdings, die Feuerwehrmänner hätten alle auf dem Grundsatz der Gleichheit die freie Entscheidungsmöglichkeit der Wahl von Repräsentanten. Ein Feuerwehrgesetz müsse außerdem darlegen, daß ein Mitglied einer solchen Interessenvertretung zuallererst Angehöriger der Feuerwehr sein müsse, der sich dann nach freiem Entschluß einem Feuerwehrverband bzw. einer Gewerkschaft anschließen könne. Zwar bevorzugte man britischerseits die Formierung einer Interessenvertretung der Feuerwehrleute erst nach Verabschiedung des Landesfeuerwehrgesetzes, doch wurde mitunter die Ansicht vertreten, gegen vorbereitende Treffen von gewerkschaftlich Interessierten noch bevor das entsprechende Gesetz in Kraft trete, sei nichts einzuwenden.[657]

Vor diesem Background erfolgte nunmehr die Stellungnahme des Land Public Safety Departments der Militärregierung zu den eigentlichen Bestimmungen des eingangs erwähnten Landesfeuerwehrgesetzentwurfs[658]. Als nicht präzise genug wertete die Public Safety-Behörde die Aussagen des Gesetzentwurfs über die vorrangigen Obliegenheiten der Gemeinden, Ämter und insbesondere der Landkreise, was zu der Forderung nach einem konkretisierenden Nachtrag führte. Angemahnt wurde des weiteren ein klarer Hinweis darauf, daß die Stadt bzw. Kreisvertretungskörperschaften die Träger des Feuerschutzes (Feuerwehrbehörde) seien und einen Feuerwehrausschuß aus den Reihen ihrer Abgeordneten "bilden müssen". An anderer Stelle war bereits früher seitens Public Safety auf die Zusammensetzung der Feuerwehrausschüsse bezug genommen worden, nachdem sich bei einer Überprüfung offensichtlich herausgestellt hatte, daß nicht durchweg alle Feuerwehrausschüsse auch mit demokratisch gewählten Mitgliedern der Vertretungskörperschaften von Stadt- bzw. Landkreis besetzt waren. So habe beispielsweise in einem Fall ein Bürgermeister eigenmächtig den Feuerwehrausschuß mit sieben Mitgliedern erweitert und das, obwohl nur fünf von ihnen gewählt waren.[659] Im Innenministerium habe man offenbar das notwendige Ausmaß demokratischer Kontrolle der Feuerwehr nicht "erfasst", hieß es. Eine Kontrolle des Feuerwehrdienstes dürfe demnach ausschließlich von gewählten Volksvertretern ausgeübt werden, was prinzipiell ein Stimmrecht für Ergänzungmitglieder von Feuerwehrausschüssen ausschließe. Sogar in Führungskreisen der Landesfeuerwehrverwaltung kursiere jedoch die gegenteilige Meinung, der zufolge fachkundige Ergänzungsmitglieder sehr wohl uneingeschränkt stimmberechtigt seien.[660] Definitiv hatte Deputy Inspector General Nottingham demgegenüber die richtungsweisende Auffassung des Land Public Safety Departments nochmals be-

---

[656] Vgl. auch Schreiben Innenminister Menzel an Landtagspräsident in Düsseldorf, 31. Oktober 1947, LD II-147, S. 7
[657] Vgl. Schreiben W.V. Pullin, Mp, an A&LG Section, 19. Juli 1947, PRO, FO 1013/211
[658] Vgl. auch zum folgenden NRW HStA D, NW 53/405, Bl. 762ff.
[659] Vgl. DIG Nottingham, PS, an Innenminister NRW, 14. Februar 1947, NRW HStA D, NW 152/11
[660] Diese Ansicht hatte der leitende Beamte der Landesfeuerwehrverwaltung, Herr Blecke, in einem Gespräch gegenüber dem zuständigen PSO vertreten. Vgl. ebd.

tont:"... was die Feuerwehr-Ausschüsse anbetrifft, nur solche Personen, die die gewählten Vertreter des deutschen Volkes sind, abstimmen können, und dass die Gesamtzahl der Ergänzungsmitglieder, die dem Ausschuss helfen sollen, stets geringer sein soll als die Gesamtzahl der gewählten Mitglieder"[661].

Kategorisch abgelehnt wurde unterdessen auch der deutsche Plan, dort eine Pflichtfeuerwehr einzuführen, wo die Errichtung einer Freiwilligen Feuerwehr nicht möglich sei. Ausschlaggebend für die britische Entscheidung war hier das Argument, die Instituierung einer Pflichtfeuerwehr stehe im Widerspruch zu demokratischen Prinzipien. Statt dessen unterbreitete Public Safety den Alternativvorschlag, doch in den Fällen, in denen eine Gemeinde die Sorge für Brandverhütung und Feuerschutz durch Aufstellung einer eigenen Freiwilligen Feuerwehr nicht zu tragen imstande sei, eine von der Gemeinde finanzierte "bezahlte Feuerwehr" zu bilden.

Im Hinblick auf die im Gesetzentwurf beschriebenen Aufgaben des Leiters der Berufsfeuerwehr, Einstellungen, Beförderungen, Ruhestandsversetzungen und Entlassungen durchzuführen, erhob die Militärregierung Einspruch, weil diese Befugnisse nicht dem Feuerwehrleiter, sondern vielmehr dem Feuerwehrausschuß zuständen, der seinerseits im Auftrag der Feuerwehrbehörde handle. Der Leiter der Feuerwehr sei derjenige, der die Entscheidungen der Feuerwehrbehörde ausführe, er selbst besäße jedoch ein Vorschlagsrecht. Ergänzt werden müsse ferner eine Klausel, die im Falle einer Entlassung oder auch Verhängung einer Geldstrafe dem betroffenen Feuerwehrmann die Möglichkeit der Berufung an die Landesinstanz einräume. Statt der vorgeschlagenen Ernennung und Entlassung des Leiters der Berufsfeuerwehr durch die Landesregierung wurde aus britischer Sicht eine Zuständigkeitsübertragung auf die örtliche Behörde als angemessen erachtet, freilich unter Zugrundelegung der von der Landesregierung aufgestellten Leistungsstandards. Ein Bestätigungsrecht der Landesregierung bei Ernennungen und Entlassungen leitender Feuerwehrbeamter des Landesfeuerwehrverbandes bezeichnete Deputy Inspector General Nottingham als "unnötige Kontrolle".

Der Gesetzentwurf sah weiterhin die Errichtung von Freiwilligen Feuerwehren in allen Gemeinden und Ämtern vor und in den größeren Stadtkreisen die zusätzliche Möglichkeit der Bildung von Berufsfeuerwehren. Hiermit war die Militärregierung zwar einverstanden, bemängelte jedoch, daß für diejenigen Stadtkreise, welche keine Berufsfeuerwehr anstrebten, eine Alternative nicht eingeplant sei.

Als inopportun wurde darüber hinaus der Vorschlag, der Landesregierung das Genehmigungsrecht zur Errichtung von Werksfeuerwehren zu übertragen, abgelehnt. Hier seien vielmehr die Kommunalbehörden zuständig, und dies müsse gesetzlich auch klar geregelt werden. Was die Hilfeleistung der Werksfeuerwehren außerhalb der Betriebe angehe, so sei hier ein entsprechendes Abkommen zwischen Unternehmen und Feuerwehrbehörde zu schließen. Dabei liege es im eigenen Ermessen der Unternehmensleitung, in welchem Umfang sie einer Gemeinde Hilfe ihrer Betriebsfeuerwehr zur Verfügung stelle, falls die Firma für die Kosten des eigenen Feuerschutzes voll aufkomme.

---

[661] Ebd., NRW HStA D, NW 152/11

Die Landesgesetzgeber waren gehalten, die Verpflichtung der Gemeinden und Ämter als Träger des Feuerschutzes zur Übernahme der Kosten im Rahmen ihrer Verantwortung im Gesetzentwurf ergänzend zu präzisieren. Auch die von der Landesregierung an die Kommunalbehörden zu entrichtenden Finanzbeihilfen zum Feuerschutz seien gesetzlich eindeutig zu regeln.
In Kenntnis der besonderen deutschen Verwaltungsstrukturen und im Hinblick auf das Feuerwehrverwaltungspersonal wohl wissend, daß auf Regierungsbezirksebene keine Finanzbehörde existierte, erblickte der stellvertretende Generalinspekteur in der daraus resultierenden Notwendigkeit für die vielen Feuerwehrverwaltungen im Lande Nordrhein-Westfalen, sich in üblichen Feuerwehrangelegenheiten direkt an die Landesverwaltung wenden zu müssen, eine möglicherweise beträchtliche Schwierigkeit. Deshalb gab er zu bedenken, ob nicht die Ernennung von ehrenamtlich tätigen "Stabs-Beamten" hier dienlich sein könne.
Hinter allen diesen konkreten Anmerkungen, die hier z.T. in der Form von Sollbestimmungen (Abänderungs- bzw. Ergänzungsersuchen) formuliert waren, stand letztlich die handfeste Erwartung der Militärregierung, ihre Prinzipien in ein neues Feuerwehrgesetz integriert zu sehen oder, um es mit den diplomatischen Worten Nottinghams zu umschreiben:"Bei der Vorbereitung eines neuen Gesetzes dürften die ... Bemerkungen zu den verschiedenen Paragraphen des ... Entwurfes von Nutzen sein."[662]

5. Das Landesfeuerwehrgesetz von 1948

Zum 01. Oktober 1948 trat das am 02. Juni 1948 vom Landtag beschlossene "Gesetz über den Feuerschutz im Lande Nordrhein-Westfalen"[663] nach Zustimmung des Regional Commissioners in Kraft. Daß damit die Neuorganisation des Feuerwehrwesens im Kernland der britischen Zone nach nur knapp zwei Jahren seit seiner Konstituierung nunmehr legislatorisch geregelt war, erstaunt zumindest in gewisser Weise angesichts der einschlägigen Erfahrungen im Zuge der Reorganisation des Polizeiwesens. Ausgehend von einer entschiedenen Abkehr von dem ab 1933 im Feuerwehrwesen beschrittenen Wege[664] - soweit in Übereinstimmung mit der britischen Besatzungsmacht - ließen sich die deutschen Landespolitiker von dem Bestreben leiten, an die positiven Charakteristika des öffentlichen Feuerschutzwesens vor 1933 anzuknüpfen, das aus der grundsätzlichen "Erkenntnis heraus, dass bei Not- und Schadensfällen nur eine Gemein-

---

[662] Schreiben DIG E.C. Nottingham, PS, an Innenministerium NRW, 12. Juni 1947, NRW HStA D, NW 53/405, Bl. 762
[663] GVOBl. NRW, Nr. 28, 18. September 1948, S. 205-209
[664] Vgl. etwa Kommentar betreffend das Gesetz über den Feuerschutz im Lande NRW, PRO, FO 1013/187; vgl auch Innenminister Menzel vor dem Landtag, Stenographischer Bericht der 21. Sitzung des Landtags NRW, 28. November 1947, S. 127

schaftshilfe einen ausreichenden Schutz zu gewähren vermag"[665], entstanden war und aus der uneigennützigen freiwilligen Bereitschaft zahlreicher Bürger heraus, sich in Notfällen im Rettungs- und Schutzdienst ihrer heimatlichen Feuerwehr zu engagieren, getragen wurde. Nunmehr konnte es aber nicht damit getan sein, diesen früheren Zustand auf dem Gebiet des Feuerwehrdienstes, wenn auch aus guter Absicht heraus, lediglich per Gesetz in die Nachkriegszeit hinüberzuführen, quasi zu reaktivieren, sondern es mußte vielmehr ein gegenwartsbezogenes Feuerwehrgesetz ausgearbeitet werden, das Althergebrachtes in einen neuen Rahmen eingliederte, um "der Weiterentwicklung des Feuerschutzwesens auf technischem und organisatorischem Gebiete zum Wohle des ganzen Landes"[666] dienlich sein zu können. Deshalb war eine gesetzliche Neuregelung notwendigerweise "auf breitester Basis zu schaffen", was konkret bedeutete, daß nicht nur den Anforderungen der Militärregierung Rechnung getragen, sondern daneben auch auf die kommunalen Spitzenverbände, die Feuerversicherungsanstalten sowie vor allem die Erwartungen der Feuerwehren selbst Rücksicht genommen werden mußte, und man sich veranlaßt sah, deren legitime Hinweise in den Gesetzgebungsprozeß einfließen zu lassen. Seitens der Freiwilligen Feuerwehren wurden im wesentlichen drei zentrale Forderungen an ein Landesfeuerwehrgesetz gestellt: Erstens sollten die Aufgaben des Feuerschutzdienstes als Selbstverwaltungsangelegenheit den Gemeinden, Gemeindeverbänden und Kreiskommunalverbänden obliegen; zweitens sollten die Feuerwehren selbst eine Komponente dieser Selbstverwaltung sein; drittens sollten es freiwillige und ehrenamtlich berufene Feuerwehrleute sein, denen die Leitung der Feuerwehren und deren Beaufsichtigung übertragen würden.[667] Diese Forderungen der Freiwilligen Feuerwehren, die sich im Kern mit der Position der Landesgesetzgeber deckten, fanden denn auch schließlich als integrierender Bestandteil ihren Niederschlag im Gesetzeswerk. Auf dem Weg dorthin mußten jedoch zunächst Hindernisse ausgeräumt werden, die ihren Ausdruck in konträren britisch-deutschen Sachstandpunkten bezüglich Struktur und Organisation des Feuerschutzes im Land Nordrhein-Westfalen hatten. Eine entscheidende Hürde, die den Gang der Gesetzgebung mit Sicherheit nachhaltig behindert hätte, konnte jedoch auf dem Verhandlungswege vorab beseitigt werden. Entgegen ihrer ursprünglichen Absicht, das deutsche Feuerwehrwesen schwerpunktmäßig auf Landkreisebene zu installieren[668], hatte die britische Besatzungsmacht dann doch von ihrem Plan Abstand genommen, nachdem es den deutschen Politikern, wie Innenminister Menzel vor dem Landtag zum Ausdruck brachte, "geglückt" war, "die Militärregierung davon zu überzeugen, ...daß es vielmehr notwendig ist, die Gemeinden wieder mit dieser Aufgabe (des Feuerschutzdienstes, d.Verf.) eng in Verbindung zu bringen"[669]. Von daher erklärt sich in diesem Punkt auch die Disparität von Feuerwehrgesetz bzw. zu-

---

[665] Begründung zum Gesetz über den Feuerschutz im Lande NRW, 19. Juni 1948, PRO, FO 1013/187
[666] Ebd.
[667] Vgl. Stenographischer Bericht der 46. Sitzung des Landtags NRW, 02. Juni 1948, S. 529
[668] Siehe S. 162 dieser Arbeit
[669] Stenographischer Bericht der 21. Sitzung des Landtags NRW, 28. November 1947, S. 128

nächst -entwurf und Memorandum der Militärregierung, da nunmehr, abgesehen von überörtlich relevanten Aufgaben des Feuerschutzes, die der Zuständigkeit der Landkreise obliegen sollten, "der Schwerpunkt des Feuerschutzes wieder in die Gemeinden und Ämter gelegt" und damit ein Zustand, wie er "Jahrzehnte früher der Fall gewesen ist", geschaffen wurde.[670] Augenscheinlich hatten sich die Vertreter der britischen Militärregierung von der Angemessenheit der deutschen Forderung und damit der Richtigkeit dieser Position überzeugen lassen und somit abweichend von ihren vermeintlich ehernen Prinzipien den deutschen Grundsatzerfolg erst ermöglicht.[671] Für die Deutschen bedeutete dies jedenfalls in gewissem Maße eine Positionsstärkung, aus der heraus sie gewillt waren, potentielle Verhandlungsspielräume argumentativ zu nutzen, um möglichst weitere Zugeständnisse zu erreichen. Dieses Vorgehen wurde sodann ein weiteres Mal mit Erfolg bestätigt, als es gelang, die Militärregierung in einer Kontroverse zum Verzicht ihres im Memorandum explizit ausgesprochenen Verbots gewerkschaftlicher Betätigung für Angehörige der Berufsfeuerwehr zu bewegen. Denn Innenminister Menzel hatte eigenen Angaben zufolge ab ovo diesbezüglich prinzipielle Vorbehalte geltend gemacht: Es sei keinesfalls legitim, das allen Arbeitnehmern gewährte Grundrecht auf Koalitionsfreiheit ausgerechnet den Feuerwehrleuten vorzuenthalten.[672] Einer solchen "Beschneidung der Betätigung der politischen Rechte"[673] würde sicherlich keine politische Partei im nordrhein-westfälischen Parlament zustimmen können. Und so verkündete Menzel schließlich in der Debatte um das Feuerwehrgesetz am 28. November 1947 vor dem Landtag offensichtlich nicht ohne Genugtuung, "daß die Militärregierung dieser Forderung entsprochen hat, so daß Sie in dem deutschen Entwurf nicht mehr das Verbot der gewerkschaftlichen Betätigung finden"[674]. Wie sich allerdings noch zeigen sollte, bedeutete die Konzessionsbereitschaft der Militärregierung im Einzelfall nicht generell ein Aufweichen der im Memorandum formulierten britischen Anforderungen an ein künftiges Landesfeuerwehrgesetz. Deutlich zum Ausdruck kam dies im Falle der geplanten Einführung einer Pflichtfeuerwehr als Ergänzung zur Freiwilligen und Berufsfeuerwehr. Auch hier war man deutscherseits zunächst wohl zu optimistisch davon ausgegangen, überall dort, wo die Errichtung einer Freiwilligen Feuerwehr nicht möglich war, statt dessen eine Pflichtfeuerwehr zu etablieren, um wiederum an die vor 1933 gegebene Möglichkeit anzuknüpfen. Allzubald mußte die Landesregierung indes erkennen, daß die Militärregierung in dieser Angelegenheit zu keinem Zugeständnis bereit war, denn weder im Memorandum noch in der Policy Instruction Nr. 21 war von einer Pflichtfeuerwehr die Rede; und schließlich mußte man eingestehen:"Es war uns nicht möglich, die Bestimmung(...) ... durchzusetzen. ... diese Bestimmung ist an dem Widerspruch der englischen Militärregierung gescheitert."[675] Gleichwohl wurde den Gemein-

---

[670] Ebd.
[671] Vgl. auch Policy Instruction Nr. 21, 02. Januar 1948, PRO, FO 1013/211
[672] Vgl. hierzu parallel die ursprüngliche Situation der Polizeibeamten
[673] Stenographischer Bericht der 21. Sitzung des Landtags NRW, 28. November 1947, S. 128
[674] Ebd., S. 129
[675] Berichterstatter Abgeordneter Hülser (CDU) vor dem Landtag, Stenographischer Bericht der 46. Sitzung des Landtags NRW, 02. Juni 1948, S. 529f.

de- und Kreisvertretungen aber die Befugnis gewährt, bei Nichtvorhandensein einer Freiwilligen Feuerwehr im Notfall Gemeinde- und Amtsangehörige zur Hilfeleistung zu verpflichten.[676] Nachdem der erste Entwurf zum Gesetz über den Feuerschutz[677], der bewußt noch als Gesetzesverordnung mit vorläufigem Charakter deklariert worden war, um "der Regierung und dem Landtag die Möglichkeit" zu geben, "mit Sorgfalt und Ruhe ein endgültiges Feuerwehrverwaltungsgesetz auszuarbeiten"[678], im Parlamentsplenum debattiert worden war, wurde er an den Kommunalpolitischen Ausschuß[679] zur weiteren Prüfung überwiesen. Obwohl man diese Vorlage in den Reihen der Regierungsparteien als "ungeheuren Fortschritt" begrüßte, hoffte man doch, "im Ausschuß noch einige Änderungen durchsetzen zu können"[680]. Sorge bereitete dem Kommunalpolitischen Ausschuß, der in einer mehrstündigen Sitzung am 24. April 1948 das Feuerwehrgesetz erörtert hatte, besonders das der Landesregierung darin im Rahmen ihrer Aufsichtspflicht übertragene Recht auf "Zustimmung bei der Ernennung und Entlassung der Leiter der Berufsfeuerwehr und der Kreisbrandmeister"[681]. Hierin sah der Ausschuß "einen erheblichen Eingriff in das kommunale Selbstverwaltungsrecht der Gemeinden und Gemeindeverbände", wie er in einer entsprechenden, bei nur einer Stimmenthaltung gefaßten Resolution zum Ausdruck brachte.[682] Dennoch kam es zu keiner formellen Ablehnung des zur Debatte stehenden Gesetzespassus. Diese dem Anschein nach inkonsequente Haltung des Kommunalpolitischen Ausschusses wird erklärlich, bedenkt man die diesem Gremium vom Innenministerium zuvor übermittelte Information, der zufolge die Militärregierung unbedingt auf dem Wortlaut der besagten Gesetzesbestimmung beharren werde.[683] In Kenntnis dieses Umstandes sah sich der Kommunalpolitische Ausschuß entgegen seiner Überzeugung und letztlich ohne wirkliche Alternative de facto vor die Entscheidung gestellt, über das Schicksal des Feuerwehrgesetzes in seiner Gesamtheit befinden zu müssen. Die gemeinsame Entschließung des Kommunalpolitischen Ausschusses war Ausdruck dieses Dilemmas, ließ aber zugleich auch den Wunsch nach künftiger Revision offen anklingen:"Nur im Hinblick auf die Tatsache, daß durch die Ablehnung der Bestimmung das gesamte Feuerschutzgesetz gefährdet sein dürfte, dessen baldige Verabschiedung zur Sicherstellung eines ausreichenden Feuerschut-

---

[676] Vgl. ebd., S. 530; vgl. § 7, Abs. 3 Landesfeuerwehrgesetz vom 02. Juni 1948
[677] LD II-147
[678] Schreiben Innenminister Menzel an Landtagspräsident in Düsseldorf, undatiert (vermutlich 31. Oktober 1947), PRO, FO 1050/392
[679] Der Kommunalpolitische Ausschuß und der Verfassungsausschuß waren zu diesem Zeitpunkt noch identisch.
[680] Abgeordneter Steinhoff (SPD) vor dem Landtag, Stenographischer Bericht der 21. Sitzung des Landtags NRW, 28. November 1947, S. 131; vgl. auch Abgeordneter Hülser (CDU) vor dem Landtag, ebd., S. 129
[681] § 6, Abs. 3(a), LD II-147, S. 8
[682] 2. Kurzprotokoll über die Sitzung des Kommunalpolitischen Ausschusses am 24. April 1948 in Düsseldorf, LTA D 0303/1/20; auch abgedruckt in: LD II-413, S. 191f.
[683] Vgl. Stenographischer Bericht der 46. Sitzung des Landtags NRW, 02. Juni 1948, S. 529; siehe auch Memorandum "Wiederaufbau des Feuerlöschwesens" der Mil.Reg., Teil IV b) I., LD II-147

zes im Lande dringend notwendig ist, wird die im Entwurf vorgesehene Bestimmung hingenommen und die endgültige, den deutschen Verhältnissen entsprechnede Regelung einer grundsätzlichen Entscheidung überlassen."[684] Eine endgültige Billigung behielt sich die Militärregierung hier ausdrücklich vor.[685] Um so mehr erstaunt die Reaktion aus dem Land Public Safety Department. Deputy Inspector General Miller ließ am Tage nach der Verabschiedung des Landesfeuerwehrgesetzes durch den Landtag verlauten[686], die Erklärung des Kommunalpolitischen Ausschusses, welche sich kritisch mit der Bestimmung des § 6, Absatz 3a des Landesfeurwehrgesetzes (Zustimmungsrecht der Landesregierung bei Ernennungen und Entlassungen leitender Feuerwehrbeamter) auseinandersetzte, sei falsch. Die Militärregierung vertrete vielmehr den Standpunkt, daß die Landesregierung in diesem Falle selbst entscheidungsbefugt sei. Richtig sei demnach: Ob nun das Bestätigungsrecht den Behörden auf Landesebene oder aber den Kommunen übertragen werde, seitens der Militärregierung würden weder gegen die eine noch gegen die andere Regelung Einwände geltend gemacht. Von Bedauern über die diesbezüglich unrichtig wiedergegebene Ansicht der Militärregierung war im Schreiben des Land Public Safety Departments an das Innenministerium die Rede und von der Erwartung, daß Kommunalpolitischer Ausschuß und Landtag über diese Richtigstellung nunmehr bei nächster Gelegenheit in Kenntnis gesetzt würden, zumal diese Angelegenheit ja bereits am 14. Mai 1948 zwischen Public Safety Officer Wood und Dr. Schmidt, dem Vertreter des Innenministeriums, sowie Herrn Blecke von der Landesfeuerwehr eingehend besprochen worden sei. Am 19. Mai 1948 habe man zudem das Ergebnis dieser Unterredung schriftlich bestätigt, "dass die Landesregierung zuständig ist, in dieser Sache Rechtsvorschriften zu erlassen", und die Militärregierung beiden zur Debatte stehenden Altenativvorschlägen zustimmen könne.[687] Freilich ist aber die kritische Anmerkung zur Verlautbarung des Kommunalpolitischen Ausschusses seitens Public Safety nicht automatisch hierdurch gerechtfertigt, da die Erklärung des Ausschusses schon drei Wochen vor der erwähnten Unterredung gefaßt worden war. Andererseits war man der im Schreiben vom 19. Mai 1948 artikulierten Bitte, den Geschäftsausschuß der Landesregierung vor der anstehenden Debatte über das Landesfeuerwehrgesetz im Landtagsplenum zu informieren, im Innenministerium offenbar nicht nachgekommen.
Bemerkenswert ist schließlich auch der "Verbleib" der Feuerwehrausschüsse innerhalb des Gesetzes. Zwar wurden sie an dieser Stelle explizit erwähnt[688] und

---

[684] 2. Kurzprotokoll über die Sitzung des Kommunalpolitischen Ausschusses am 24. April 1948 in Düsseldorf, LTA D 0303/1/20
[685] Vgl. Stenographischer Bericht der 46. Sitzung des Landtags NRW, 02. Juni 1948, S. 529. Der Abgeordnete Hülser (CDU) nahm Bezug auf ein entsprechendes Schreiben der Mil.Reg. vom 19. Mai 1948.
[686] Vgl. Schreiben DIG Miller, PS, an Innenministerium NRW z.Hd. Dr. Schmidt, 03. Juni 1948, NRW HStA D, NW 53/406, Bl. 640
[687] Schreiben AIG J.R. Pollock an Innenministerium z.Hd. Dr. Schmidt, 19. Mai 1948, NRW HStA D, NW 53/406, Bl. 675; vgl. noch PRO, FO 1013/211
[688] § 3, Abs. 2

ihre Stellung gemäß der Forderung der Militärregierung genau definiert[689], jedoch verpflichtete das Gesetz die kommunalen Vertretungskörperschaften nicht zur Bildung solcher Ausschüsse, vielmehr handelte es sich hier um eine Kann-Bestimmung, womit die Entscheidung über die Errichtung eines Feuerwehrausschusses also im Ermessen der kommunalen Vertretungskörperschaft lag[690], während die bisherigen Verlautbarungen seitens der britischen Besatzungsmacht im Grunde genommen nur als Soll-Bestimmungen aufgefaßt werden konnten.[691]
Etwas anders war der Fall des Landesfeuerwehrverbandes gelagert. Entgegen der Forderung der Militärregierung in ihrem Memorandum, daß durch Gesetz ein Feuerwehrverband zu gründen sei[692], fand dieser im Landesfeuerwehrgesetz vom 02. Juni 1948 schließlich keine Erwähnung, was wohl damit zu erklären ist, daß ohnedies nunmehr den Angehörigen der (Berufs-)Feuerwehr eine gewerkschaftliche Mitgliedschaft offenstand. Im übrigen sprach auch jetzt nichts gegen die Möglichkeit der Bildung eines Landesfeuerwehrverbandes.
Noch eine weitere Angelegenheit von Bedeutung galt es in Verträglichkeit mit dem britischen Standpunkt gesetzlich zu regeln: die Beauftragung eines Bezirksbrandmeisters. Ursprünglich hatte die Landesregierung geplant, einen Teil ihrer Feuerschutzaufgaben durch gesetzliche Bestimmung auf die Bezirksregierung übertragen zu lassen.[693] Dagegen hatte die Militärregierung in Anlehnung an die Politik des Alliierten Kontrollrats ihr Veto eingelegt und jetzt ausdrücklich herausgestellt, daß sich im Bereich des Feuerwehrwesens "der gesamte Dienstverkehr zwischen den Kreisen und der Landesregierung ohne Einschaltung einer Zwischeninstanz"[694] (Bezirksregierung) vollziehen solle. Indes sollten ehrenamtlich tätige feuerwehrtechnische Beauftragte, sog. Bezirksbrandmeister, aus dem Personenkreis der Freiwilligen Feuerwehren von der Landesregierung für jeden Regierungsbezirk als "Hilfsorgane" beauftragt werden. Konsequenterweise wurde das Amt des Bezirksbrandmeisters dann institutionell im Landesfeuerwehrgesetz verankert.[695] Anordnungsgemäß hatten die Gesetzgeber auf eine Verbindung der Bezirksregierungen mit dem Feuerschutz zumindest explizit verzichtet, obwohl, bei genauerer Betrachtung, da doch noch die Rede von der Landesregierung oder ihren - nicht näher definierten - "nachgeordneten Behörden" war, die die Aufga-

---

[689] Vgl. S. 175 dieser Arbeit
[690] Vgl. hierzu Stenographischer Bericht der 21. Sitzung des Landtags NRW, 28. November 1947, S. 128; vgl. ferner Begründung zum Gesetz über den Feuerschutz im Lande Nordrhein-Westfalen, PRO, FO 1013/187
[691] Vgl. Policy Instruction Nr. 21, 02. Januar 1948, PRO, FO 1013/211; siehe besonders auch Schreiben DIG E.C. Nottingham, PS, an Innenministerium NRW, 12. Juni 1947, NRW HStA D, NW 53/403, Bl. 762; vgl. ferner Memorandum der Mil.Reg. "Wiederaufbau des deutschen Feuerlöschwesens", Teil III a), LD II-147
[692] Vgl. Teil I d), LD II-147
[693] Vgl. hier etwa Abgeordneter Steinhoff (SPD) vor dem Landtag, Stenographischer Bericht der 21. Sitzung des Landtags NRW, 28. November 1947, S. 130
[694] Schreiben Innenminister Menzel an Landtagspräsident in Düsseldorf, 31. Oktober 1947, LD II-147, S. 7
[695] Vgl. § 6, Abs. 5

ben des Feuerschutzes durchführen, also eine durchaus interpretatorisch dehnbare Formulierung gewählt worden war.[696] So blieb nunmehr die abschließende Reaktion der Militärregierung auf die endgültige Fassung des Landesfeuerwehrgesetzes[697] abzuwarten. Da die Besatzungsbehörde bereits hinsichtlich des ersten vom Landtag beratenen Verordnungsgesetzentwurfs[698] hatte verlauten lassen, sie wäre gewillt, "dieses Gesetz in dieser Form ohne weiteres zu genehmigen"[699], erschien die Zustimmung zum Gesetz über den Feuerschutz, das der Landtag zuvor in dritter Lesung *einstimmig* angenommen und verabschiedet hatte, so gut wie sicher und im Grunde genommen nur noch eine Formsache zu sein. Innenminister Menzel jedenfalls zeigte sich einerseits zufrieden mit der neuen gesetzlichen Regelung des Feuerschutzes weg vom polizeilichen Einfluß hin zur kommunalen Zuständigkeit und andererseits zuversichtlich, dies im Einvernehmen mit allen Beteiligten erreicht zu haben, weshalb auch zu erwarten sein dürfte, "daß mit dem vorliegenden Gesetzentwurf der Feuerschutz im Lande Nordrhein-Westfalen bestens gefördert"[700] werde. Ob auch hinter dem formalen Akt der britischen Einverständniserklärung eine ähnliche optimistische Haltung der Besatzungsadministration stand, blieb für die Deutschen freilich nicht ersichtlich und konnte allenfalls vermutet werden. Daß das nordrhein-westfälische Landesfeuerwehrgesetz auch nach Verabschiedung seitens der Militärregierung noch ein Thema war, zeigt dessen Abschlußbewertung durch den Legislation Review Board. In seiner Sitzung am 27. August 1948 erörterte der Legislation Review Board u.a. das Gesetz über den Feuerschutz.[701] Der Anlaß hierfür war ein Brief des Deputy Inspector General vom 25. August 1948, adressiert an das Governmental Structure Department, das ihn an Mr. Wood vom Land Public Safety Department weitergeleitet hatte. Deputy Inspector General Nottingham sprach in seinem Brief davon, daß das Landesfeuerwehrgesetz im allgemeinen zwar zufriedenstellend sei, erhob aber trotzdem zwei Einwände: Erstens betreffend die Ernennung des Bezirksbrandmeisters und zweitens bezüglich der mangelnden Eindeutigkeit der Termini "Subordinate Authorities" und "Supervisory Authority"[702]. Der Deputy Inspector General hatte behauptet, diese von ihm bemängelten Bestimmungen ständen im Widerspruch zur Policy Instruction Nr. 21, die eindeutig fordere, "that a Kreis shall be the highest level for a Fire Service Authority and that no more than one Fire Brigade shall be

---

[696] Vgl. § 6, Abs. 1
[697] Vgl. LD II-413
[698] Vgl. LD II-147
[699] Innenminister Menzel vor dem Landtag, Stenographischer Bericht der 21. Sitzung des Landtags NRW, 28. November 1947, S. 129
[700] Schreiben Innenminister Menzel an Landtagspräsident in Düsseldorf, 31. Oktober 1947, LD II-147, S. 7
[701] Vgl. Minutes of the eighth meeting of the LRB held at the RGO's office, 27. August 1948, PRO, FO 1013/268. Anwesende: Vorsitzender A.A. MacDonald (RGO), J.H.A. Emck (DRGO/CGSO), J.W. Lasky (LEGAL), D.A.C. Drane (FINANCE), S.R. Wood (PS/Fire), R.H. Whittaker (LCO)
[702] Mit dem Begriff "Supervisory Authority" (§ 4a) war eindeutig die Landesregierung als oberste Aufsichtsbehörde gemeint.

placed under the command of a single officer except in cases of operational emergency. Each Fire Authority is responsible only to the Land."[703] Nottinghams Einwände gegen das Feuerwehrgesetz blieben im Legislation Review Board indes nicht unbeantwortet. Entschieden monierte Deputy Regional Governmental Officer Emck die These des Deputy Inspector General, die jedweder realistischen Grundlage entbehre und folglich nicht länger haltbar sei. Ganz im Gegenteil, das Feuerwehrgesetz integriere ja gerade das Gedankengut der Instruktion, indem es ausdrücklich konstatiere, "that no 'Fire Service Authority' is appointed at higher than Kreis level and that the Authority is supreme in its area, except for operational emergencies"[704], und was den Bezirksbrandmeister betreffe, sei der lediglich ein "agent" der mit Aufsichtskompetenz ausgestatteten Landesregierung. Im übrigen sei es keinesfalls ungewöhnlich, daß in NRW "supervison" als struktureller Bestandteil des hiesigen Regierungssystems auch auf Regierungsbezirksebene stattfinde, wie auf den unteren Ebenen auch. Die Policy Instruction Nr. 21 der C.C.G.(BE) spreche gleichwohl kein Verbot gegen die Ernennung von Bezirksbrandmeistern ("supervisors") aus. Das waren deutliche Worte des Deputy Regional Governmental Officers gegenüber einer offenbar isolierten Ansicht. Die Tatsache, daß seiner Klarstellung von seiten der Mitglieder des Legislation Review Board nicht widersprochen wurde, beweist letztlich auch deren positive Wertung des Landesfeuerwehrgesetzes. Vom nordrhein-westfälischen Landtag jedenfalls war das Gesetz mit Bravorufen begrüßt worden[705], eine Akzeptanz mithin, die ihre Berechtigung im wesentlichen aus vier Faktoren herleitete:
1. Anlaß zu vorsichtigem Optimismus mag zunächst einmal der zeitliche Faktor gegeben haben. Während das sich äußerst diffizil gestaltende Landespolizeigesetzgebungsverfahren bekanntlich erst Anfang Mai 1949 zum vorläufigen Abschluß gebracht werden konnte, lag bereits rund ein Jahr vorher das Landesfeuerwehrgesetz für Nordrhein-Westfalen definitiv vor, was indirekt Rückschlüsse auf den offenbar reibungsloseren Verhandlungsverlauf und letztlich dessen Erfolg zuläßt.
2. Im übrigen war ein deutsch-britisches Übereinkommen hinsichtlich das Feuerwehrwesen betreffender Sachfragen aber nur möglich, weil man sich von vornherein über die Notwendigkeit einer vollständigen Trennung der Feuerwehr von der Polizei einig war und sich späterhin auch auf die Kommunalisierung der Feuerwehr entsprechend deutschem Herkommen verständigte.

---

[703] Minutes of the eighth meeting of the LRB held at the RGO's office, 27. August 1948, PRO, FO 1013/268. Es handelte sich hier um die Abschnitte III./8. und 9. der Policy Instruction Nr. 21. Vgl. PRO, FO 1013/211
[704] Ebd., PRO, FO 1013/268
[705] Vgl. Stenographischer Bericht der 46. Sitzung des Landtags NRW, 02. Juni 1948, S. 531. RC Bishop hatte das Gesetz über den Feuerschutz am 04. September 1948 offziell genehmigt. Eine mit seiner Unterschrift versehene Abschrift des Gesetzes in englischer und deutscher Sprache wurde dem Ministerpräsidenten zum Verbleib in den Akten am 06. September 1948 übersandt. Siehe entsprechendes Begleitschreiben RGO A.A. MacDonald an Ministerpräsident NRW, 06. September 1948, NRW HStA D, NW 53/400II, Bl. 551

3. Somit konnte in nuce an die gewachsene Struktur des deutschen Feuerwehrwesens - v.a. mit seinem Aspekt der Freiwilligkeit -, also an die konzeptionell positiven Strukturmerkmale des Status quo ante 1933 angeknüpft werden.

4. Das Landesfeuerwehrgesetz von 1948 war schließlich das Ergebnis deutschen Bemühens, zwischen den eigenen Auffassungen von einem zweckmäßigen und notwendigen Aufbau des Feuerlöschwesens und den entsprechenden obligatorischen britischen Richtlinien Kompatibilität herstellen zu müssen, weshalb hier mit Einschränkung auch von einer Synthese gesprochen werden kann.

Kapitel IV: Schlußbetrachtung

1. Zur Qualität britisch-deutscher Interaktion im Zuge der Landesgesetzgebung

Intendiert man, die deutsch-britischen Beziehungen auf zonaler Ebene während der Besatzungszeit zu charakterisieren, und hat dabei den wechselvollen Prozeß der Landesgesetzgebung im Visier, scheint es nicht nur ratsam, sondern geradezu obligat, zunächst einmal den Background, quasi die Vorgeschichte dieses Verhältnisses, genauer gesagt, die jeweilige Perspektive gegenseitiger Wertschätzung oder Animosität und deren Ursache(n) zu sondieren, somit Erkenntnisse für das Warum des qualitativen Ist-Zustandes der Interaktion von Briten und Deutschen zu eruieren. In Anbetracht des durch die historischen Gegebenheiten verursachten Beziehungsgefälles zwischen Siegern und Besiegten ist notwendigerweise von der britischen Einschätzung der Deutschen auszugehen.

Für viele Briten quer durch alle Gesellschaftsschichten schien eigentlich - oftmals jenseits jedweder Rationalität und emotionsloser Objektivität[706] - alles klar: In der für das Inferno des Zweiten Weltkriegs verantwortlichen deutschen Diktatur erblickte man im Grunde genommen nur einen Gipfelpunkt in einer Kette historischer, mit dem deutschen Nationalcharakter unlösbar verbundener und a priori für das Scheitern jeglicher demokratischer Bestrebungen ausschlaggebender Kausalitäten: einen phänomenalen Servilismus gegenüber der Obrigkeit einhergehend mit einer unkritischen Standpunktenge und vor allem einer apolitischen und noch dazu extrem chauvinistisch-opportunistischen Attitüde preußisch-militaristischer Provenienz.[707] Wieder einmal hatte sich britischem Verständnis zufolge offen-

---

[706] Vgl. etwa Vera und Ansgar Nünning, Autoritätshörig, unpolitisch und opportunistisch. Englische Vorstellungen vom deutschen Nationalcharakter am Ende des Zweiten Weltkriegs, in: GWU 4/1994, S. 224-239, bes. S. 224f; vgl. auch Klaus Hildebrand, Das Dritte Reich, 4. Aufl., München 1991, S. 222

[707] Vgl. auch Nünning, ebd., S. 227f.; siehe noch Marshall, British Democratisation Policy in Germany, S. 193

sichtlich bestätigt, "that history has a way of repeating itself too often with the Germans", und weil die Deutschen "had never been able to make a success of democracy, as ... understood in the West ... occupation and control were necessary"[708]. Für manchen Briten in verantwortlicher Stellung der Militärregierung schienen so etliche Erfahrungen sein bereits vorgefaßtes Wissen über die Deutschen auch nach dem Kriege offenbar zu bestätigen, wie beispielsweise folgende Aussage des britischen Kommandeurs im Regierungsbezirk Düsseldorf, Colonel G.C. Stockwell, suggeriert:"The whole German outlook on almost all aspekts of life is coloured by an inherent desire to avoid responsibility at all costs, and set up some visible and tangible authority on to whose shoulders all power can be put, and who can be made responsible for the exercise of that power. This is, I suggest, something against which we must figth."[709] "In this unpromising soil", so formuliert es Ingrams, "we had to try to establish democracy firmly"[710]. Oder noch deutlicher gesagt: Eine Analyse der deutschen Geschichte "sollte ... zugleich die Diagnose für eine spätere politisch-moralische Therapie liefern"[711]. Aufgrund der vermeintlich defizitären kollektiven deutschen Wesensart mutmaßten die Briten - wie sich zeigen sollte fälschlicherweise -, die Deutschen würden den für sie typischen bedingungslosen Obrigkeitsgehorsam nunmehr auch ihnen als neuen Machthabern entgegenbringen, ein Umstand, mit dessen möglicher bewußter oder unbewußter Auswirkung auf den Modus des Umgangs mit den Deutschen im Rahmen der Landesgesetzgebung zumindest gerechnet werden muß.[712] Dabei ging man konsequenterweise davon aus, daß es schwierig sein würde, "to get the Germans to accept democratic ideas where they do not understand them", zumal "there are no means to compel their adoption"[713]. Was britischem Empfinden nach als gut erkannt und somit bejaht werde, sei für die Deutschen fremdartig und bei weitem inakzeptabel. Nichtsdestotrotz müsse man die Probleme der Deutschen erkennen und deshalb jede sich bietende Gelegenheit zur Erläuterung demokratischen Handelns nutzen, denn unstrittig sei:"We cannot hope to get them to accept our ideas unless the principles at issue are clearly explained." Für die Exponenten der britischen Militärregierung bedeutete dies nun, vorausschauender als die Deutschen zu denken, um deren Geisteshaltung positiv zu beeinfussen, also konkret "arrange matters that they ask for advice rather than we should thrust it on them", wozu ein ordentliches Maß "statemanship" erforderlich sei. Auch darüber, wie dies in der Praxis umgesetzt werden sollte, hatte man genaue Vorstellungen: Probleme verschiedener Art sollten zunächst erkannt und benannt werden, um dann das Für und Wider diverser Lösungsstrategien objektiv und un-

---

[708] Ingrams, Building Democracy in Germany, S. 208
[709] Schreiben Col. Stockwell an HQ Land NRW, 18. Juli 1947, PRO, FO 1013/213
[710] Ebd., S. 208f.
[711] Adolf M. Birke, Warum Deutschlands Demokratie versagte. Geschichtsanalyse im britischen Außenministerium, in: Historisches Jahrbuch, Zweiter Halbband, Freiburg/München 1983, S. 399
[712] Vgl. auch Nünning, Autoritätshörig, unpolitisch und opportunistisch. Englische Vorstellungen vom deutschen Nationalcharakter am Ende des Zweiten Weltkriegs, S. 231f.
[713] Duties of Military Government in region North Rhine-Westphalia under Ordinance 57, PRO, FO 1013/218. Auch im folgenden wird hierauf wiederholt Bezug genommen.

voreingenommen abzuwägen. Dies sei um so wichtiger, als die Minister der deutschen Länder auf Kritik seitens der Militärregierung überaus empfindlich reagieren würden. Da man aber keinesfalls einen übersteigert kritischen Eindruck erwecken wolle, gelte es zu beachten, daß "any advice given to them must be given in confidence and in such a way as to preserve their sense of self respect". Schon Ende 1947 hatte die Führung der Governmental Sub-Commission in Berlin gegenüber Regional Commissioner Asbury durchaus Verständnis dafür geäußert, wenn senior officials Stellungnahmen zu Sachverhalten, die allein der Verantwortung der Deutschen unterständen, oft nicht vermeiden könnten, nichtsdestotrotz aber deutlich betont, daß man sich grundsätzlich auf die reine Beobachterrolle besinnen müsse.[714] Zwar müsse man als Ratgeber den Deutschen gegenüber mit genügend Entschlossenheit auftreten, der Anschein, befehlsmäßige Anweisungen erteilen zu wollen, müsse jedoch vermieden werden. Selbst dann, wenn die britischen essentials mißachtet würden[715], blieben Drohungen absolut tabu, denn mit Vorschriften[716] und gutem Beispiel, nicht aber mit Zwang, könne man einen Sinneswandel der Deutschen herbeiführen und sie zu dauerhafter Akzeptanz demokratischer Grundsätze bewegen.[717] Funktionieren könne dies freilich alles nur, wenn es gelänge, gute "personal relations" zu den Deutschen sowohl auf offizieller als auch auf gesellschaftlicher Ebene aufzubauen. In der Tat nutzte denn auch die Militärregierung jede sich bietende Gelegenheit zu Konsultationen, um den Deutschen die eigene Vorstellung von Demokratie zu erläutern. Oftmals ging die Initiative vom nordrhein-westfälischen Innenminister Menzel aus, der den Regional Commissioner darum bat, zusammen mit dem Ministerpräsidenten und ihm strittige Sachfragen zu erörtern, aber auch die Militärregierung offerierte entsprechend ihren Verhaltensprinzipien jederzeitige Gesprächsbereitschaft.[718]
Daß derartige Verhandlungssequenzen in der Regel langwierig, diffizil und manchmal ineffektiv waren, liegt im wesentlichen daran, daß immer deutlicher der "Gestaltungswille" der Briten und "die lautlose Entschlossenheit"[719] deutscher Politiker, maßgeblich eigene Ideen in den staatlichen Wiederaufbauprozeß einzubringen, im Grunde genommen unterschiedliche Perspektiven ein und desselben demokratischen Anliegens, mehr oder weniger inkompatibel aufeinanderprallten.
Hier erscheint nun ein Blick auf das Verhältnis zwischen den führenden Vertretern der Militärregierung und den nordrhein-westfälischen Landespolitikern, d.h. konkret den Regional Commissioners Asbury und insbesondere Bishop einerseits und den Ministerpräsidenten Amelunxen und Arnold sowie vor allem Innenmini-

---

[714] Vgl. Schreiben Pres. GOVSC C.E. Steel an RC Asbury, 08. Dezember 1947, PRO, FO 1013/213
[715] In diesem Fall wurde innerhalb der Besatzungsadministration an die jeweils vorgesetzte Stelle - ggf. RC - Bericht erstattet.
[716] Im englischen Original (PRO, FO 1013/218) steht hier das Wort "precept", worunter wohl die britischen Ordinances, Memoranden und erläuternden Korrespondenzen zu verstehen waren.
[717] Vgl. auch Balfour, Vier-Mächte-Kontrolle in Deutschland 1945-1946, S. 381
[718] Vgl. etwa NRW HStA D, NW 152/19-20; NRW HStA D, NW 179/643, Bl. 14
[719] Vogelsang, Westdeutschland zwischen 1945 und 1949 - Faktoren, Entwicklungen, Entscheidungen, S. 169

ster Menzel andererseits, notwendig. Die Frühphase der britischen Besatzung in Nordrhein-Westfalen, in der es primär darum ging, unter Beachtung britischer Vorschriften erst einmal die legislatorischen Grundsteine für einen künftigen demokratischen Polizeiaufbau zu legen, war noch - angesichts der zeitlichen Nähe zum Ende des Kriegsgeschehens - gekennzeichnet durch eine eher distanzierte Vernunftinteraktion zwischen Regional Commissioner Asbury und Ministerpräsident Amelunxen, die aber trotz der direkten autoritär-reglemetierenden und nicht ausgeprägt freundlichen Art Asburys - seine Schreiben an den Ministerpräsidenten enthalten fast ausnahmslos weder Anrede noch Gruß - und seines anfänglichen Mißtrauens gegenüber dem Deutschen Amelunxen, nie wechselseitigen Respekt vermissen ließ.[720]

In der Ära Bishop begann unterdessen das Autoritäts- und Machtgefälle zwischen Siegern und Besiegten sukzessive ein wenig von seiner ursprünglichen Schärfe und vermeintlichen Unüberbrückbarkeit zu verlieren. Neue Sachaufgaben, wie die Überführung der Polizeiübergangsverordnung in ein Polizeigesetz, galt es nun in Nordrhein-Westfalen in Angriff zu nehmen und nicht zuletzt auch angesichts der sich stetig ändernden globalen politischen Bedingungen einer für beide Seiten, britische Besatzungsmacht und deutsche Landespolitiker, akzeptablen Lösung zuzuführen. So verwundert es denn auch nicht, daß gerade diese zeitliche Phase ab 1948 deutlich mehr noch als bis dato im Zeichen deutsch-britischer Konsultationen stand, die unlösbar mit den Namen Bishop und Menzel verbunden sind. Der nunmehr überwiegend direkte Schriftwechsel zwischen Regional Commissioner Bishop und Innenminister Menzel - ohne den Umweg über die Adresse des Ministerpräsidenten - seit Bishops Amtsantritt kann durchaus als Signal angesehen werden. Gerade diese beiden waren in Nordrhein-Westfalen die entscheidenden Träger der Kooperation auf höchster Ebene, und sie waren es auch, die mit ihrer Konferenzdiplomatie dem deutsch-britischen Arbeitsverhältnis ihren unverwechselbaren persönlichen Stempel aufdrückten und den Gang der Sacherörterungen maßgeblich dominierten und in Schwung hielten. Was das Verhältnis der Briten zu Innenminister Menzel anbetrifft, so war es von einer merkwürdigen Ambivalenz geprägt, ja man könnte sagen, sie brachten ihm eine Art Haßliebe entgegen. Einerseits war ihnen sehr daran gelegen, strittige Fragen im Rahmen einer auf gegenseitigem Wohlwollen basierenden Kooperation möglichst partnerschaftlich zu regeln, wie besonders deutlich Militärgouverneur Robertson in seiner Rede vor dem nordrhein-westfälischen Landtag am 07. April 1948 hervorhob:"By genuine and whole-hearted co-operation between you and ourselves, big things can be achieved. If we pull in opposite directives failure for both of us is inevitable."[721] In dieses Bild hinein paßt denn auch das Bemühen von Regional Commissioner Bishop, Menzel konziliant und freundschaftlich-vernünftig gegenüberzutreten, auch in Situationen, in denen ihm das zugegebe-

---

[720] Vgl. hierzu Clemens Amelunxen, Vierzig Jahre Dienst am sozialen Rechtsstaat. Rudolf Amelunxen zum 100. Geburtstag; Porträt eines Demokraten, Berlin/New York 1988, S. 36f.
[721] PRO, FO 1013/379. Die englische Sprache ist hier ausdrucksstärker als die deutsche Übersetzung der Rede. Siehe auch Schreiben RC Bishop an Pres. GOVSC C.E. Steel, 28. Juli 1948, PRO, FO 1049/1358

nermaßen nicht leicht fiel. Man kann davon ausgehen, daß das durch Mißverständnisse bisweilen arg strapazierte reziproke Verhältnis Bishop-Menzel - jenseits aller Standpunktdivergenzen - dennoch im Grunde von Wertschätzung geprägt, das Verhältnis Bishop-Arnold sogar von einer gewissen Sympathie getragen wurde, worauf der in der Sache meist moderate und in der persönlichen Anrede gegenüber Menzel höfliche, gegenüber Arnold fast freundschaftliche Ton zumindest implizit schließen läßt.[722] Daß die deutsch-britischen Beziehungen in Nordrhein-Westfalen generell weniger freundlich gewesen seien als in den anderen Ländern der britischen Zone, wie Ribhegge behauptet, ist jedenfalls für die Kontakte auf höchster Ebene nicht zutreffend.[723] Nach außen hin besonders "freundschaftlich" zeigten sich die deutschen und britischen Verhandlungsführer gleichermaßen offenbar immer dann, wenn es gelang, in der Sache einen Schritt aufeinander zuzugehen oder wenn man den Gegenpart zu einer konzilianteren Haltung bewegen wollte.[724] Bekanntlich war die Beziehung zwischen Bishop und Menzel geprägt durch ein beharrliches und subtiles Ringen[725] um Sachfragen, bei denen es nicht selten darum ging, wettkampfähnlich Punktgewinne zu erzielen, Menzel von der Überlegenheit der britischen Position zu überzeugen, Bishop Zugeständnisse in puncto Annäherung an den deutschen Standpunkt abzuringen. Daß den Briten in Innenminister Menzel ein ehemals Weimarer Demokrat und jetziger Verfassungsexperte der nordrhein-westfälischen Landes-SPD im Parlamentarischen Rat gegenüberstand, der mit Hartnäckigkeit - "Mild, doch bezwingend an Kraft."[726] - und Sachverstand für eine deutsch geprägte Polizeiorganisation eintrat, bereitete der britischen Besatzungsadministration zunehmend Unbeha-

---

[722] Im Gegensatz zu Menzel scheint Arnolds Grundeinstellung eher anglophil gewesen zu sein. Vgl. auch Reusch, Deutsches Berufsbeamtentum und britische Besatzung 1943-1947, S. 337; siehe ferner S. 107f. dieser Arbeit
[723] Vgl. Wilhelm Ribhegge, "Preußen im Westen", in: Aus Politik und Zeitgeschichte 28/1995, S. 44
[724] Ein Ausschnitt aus einem Schreiben von Innenminister Menzel an Gouverneur Bishop etwa mag hier exemplarisch stehen:
"Mein lieber General,
Ich danke Ihnen sehr für Ihren freundlichen Brief ... vom 21. Juni 1948 und begrüsse Ihren Vorschlag, dass es vielleicht zweckmäßig wäre, die grundlegenden Prinzipien des Polizeigesetzes und andere sich ergebende Fragen in einer Zusammenkunft zu besprechen. ...
Ich möchte Ihnen bei dieser Gelegenheit versichern, dass die gemeinsamen Besprechungen, die ich mit Ihnen und ihren Mitarbeitern gehabt habe, mir immer wertvolle Informationen und Anregungen vermittelt haben, sodass ich auch für die Zukunft immer grossen Wert auf unsere gemeinsamen Besprechungen legen werde.
Mit dem Ausdruck meiner vorzüglichen Hochachtung
bin ich
Ihr sehr ergebener"
Schreiben vom 28. Juni 1948, NRW HStA D, NW 179/643-644
[725] Middelhaufe (Der derzeitige Stand der Gesetzgebung auf dem Gebiete des Polizeirechts, S. 30) sprach aufgrund persönlicher Erfahrung von einem "Nervenkampf".
[726] So hat ihn sein SPD-Parteigenosse Carlo Schmid einmal charakterisiert. Wolf Bierbach, Walter Menzel, in: Beiträge zur neueren Landesgeschichte des Rheinlandes und Westfalens, Bd. 6/1977, hier S. 188; vgl. Teppe, Zwischen Besatzungsregiment und politischer Neuordnung (1945-1949), S. 285

gen. Dennoch vermied man dort wohlweislich, ihn unmittelbar zu maßregeln und per direkten Befehl auf britischen Kurs zu zwingen, sondern setzte vielmehr unter Anwendung der eigenen Verhaltensstrategie weiterhin auf Überzeugungsarbeit, um seinem Gegenkurs nicht Vorschub zu leisten.[727] Bishop lobte ihn sogar als "a strong advocate of democracy"[728], obwohl die deutschen Demokraten von vor 1933 bei den Briten nicht sonderlich hoch im Kurs standen:"Even cooperation with pre-Hitler German democrats was no option. The British held these German democratic politicians in extraordinary low esteem. ... In the eyes of the British these old-style democrats remained incorrigible nationalists at heart."[729] Es wäre unlauter, die Ehrlichkeit der Aussage Bishops, den Reusch als kooperativen und auf Vermeidung von nutzlosen Konflikten bedachten Berater charakterisiert[730], in Abrede stellen zu wollen, auffällig ist jedoch der Zusammenhang, in den das Diktum gestellt ist, nämlich der anscheinend suggestive Versuch, den Innenminister in einem konkreten Fall indirekt auf die britische Position einzuschwören:"I feel that you ... will agree with our view ... ."[731] Deutlich wird zudem die Tendenz der Military Government Departments, sich strikt an die Richtlinien des Prüfungs- und Beratungsverfahrens zu halten, um den Deutschen keinerlei Grund zur Kritik an der Militärregierung zu liefern.[732] Auch Innenminister Menzel war gleichfalls darum bemüht, die Militärregierung nicht unnötig zu provozieren und potentiellen Unstimmigkeiten vorzubeugen. So machte er beispielsweise Gouverneur Bishop gegenüber glaubhaft, er hoffe, daß sein in einer Polizeizeitschrift erschienener Aufsatz angesichts der noch laufenden Verhandlungen über ein Polizeigesetz von der Militärregierung nicht als unfreundlich oder gar sie kritisierend empfunden werde.[733]

Andererseits darf das offensichtliche Bemühen der Briten um eine gute Arbeitsatmosphäre den Beobachter indes nicht darüber hinwegtäuschen, daß intern ganz anders über "die graue Maus"[734], wie man den nordrhein-westfälischen Innenminister nannte, gedacht wurde, seine Würdigung eher verhalten war und er im allgemeinen keinesfalls den Respekt genoß, der ihm dem Anschein nach gezollt wurde. So beklagte Public Safety-Generalinspekteur O'Rorke am 13. August 1948 auf der 18. Regional Conference in Lübbecke den wörtlich "ungesunden" Einfluß, den der Innenminister von Nordrhein-Westfalen innerhalb seines Landes habe, der sich noch dazu auf Schleswig-Holstein[735] ausweite und vor der Ernen-

---

[727] Siehe auch S. 143 dieser Arbeit
[728] Schreiben RC Bishop an Innenminister Menzel, 25. August 1948, PRO, FO 1013/379
[729] Marshall, British Democratisation Policy in Germany, S. 190; siehe auch S. 197
[730] Vgl. Briten und Deutsche in der Besatzungszeit, S. 151
[731] Schreiben RC Bishop an Innenminister Menzel, 25. August 1948, PRO, FO 1013/379
[732] Vgl. Procedure to be adopted by Land Headquarters in the consideration and approval of Landtag legislation, PRO, FO 1013/187
[733] Siehe Schreiben RC Bishop an RGO, 25. August 1948, PRO, FO 1050/528
[734] So Thomas, Deutschland, England über alles, S. 229
[735] Sorge bereitete hier IG O'Rorke das Fehlen von Polizeiausschüssen als Barriere gegen eine zentrale Kontrolle der Polizei. Anders als in NRW und Niedersachsen war die Errichtung der Polizeiausschüsse in Schleswig-Holstein fakultativ, weshalb der RC dort noch Überzeugungsarbeit leisten müsse. Vgl. Extract from RECO Minutes, 24. August 1948, PRO, FO 1049/1359

nung eines neuen Innenministers auch Niedersachsen erfaßt habe, und im Land Governmental Structure Department wurde im übrigen generell die Ansicht vertreten, Menzel sei nicht abgeneigt, aus der Erweiterung seiner Kontrollbefugnisse über die Polizei politisches Kapital zu schlagen.[736] Daß sich der Polizeigesetzgebungsprozeß außerhalb Nordrhein-Westfalens in den anderen Ländern der britischen Zone nach Auffassung der Besatzungsadministration - und hier vor allem der Public Safety Branch - im ganzen reibungsloser vollzog, dürfte somit nicht zuletzt dort durch das Fehlen eines Menzel ebenbürtigen politischen Verhandlungsführers - der den Briten, falls nötig, ebenso Paroli bot - zu erklären sein. Gouverneur Bishop wertete mithin Menzels Standpunktverteidigung als Ausdruck von Vorurteilen, mit denen umzugehen Public Safety sich zweifellos intensiv bemühte.[737] Die Aussage Kanthers, für den Bereich der Düsseldorfer Militäradministration treffe "das Bild des sein deutsches Gegenüber verachtenden britischen Offiziers bzw. Beamten keineswegs zu"[738], ist insofern zu einseitig und folglich modifizierungsbedürftig, als diese Feststellung lediglich von der vordergründig freundlichen, Zuversicht verbreitenden Haltung führender Besatzungsoffiziere ausgeht, das interne z.T. negative Urteil der Briten über den deutschen Verhandlungspartner aber außer Acht läßt. Dementsprechend wurde innerhalb des Land Headquarter der Militärregierung offen über die zunehmend nervenaufreibende Schwierigkeit, deutsche Landespolitiker zu beraten und zu überzeugen, gesprochen.[739] Gleichwohl war Bishop, nicht zuletzt aufgrund von Menzels prinzipiellem Interesse an einem beiderseitigen Einvernehmen, optimistisch, eine positive legislatorische Regelung der Polizeifrage in Nordrhein-Westfalen werde auch eine Problemlösung in den anderen Ländern der britischen Zone unmittelbar günstig beeinflussen, blieb jedoch weiterhin von der Verzögerungstaktik des Innenministers überzeugt.[740] Das bewog ihn schließlich dazu, enger mit Ministerpräsident Arnold zusammenzuarbeiten, hatte es doch den Anschein, als wäre dieser den britischen Maximen eher zugetan. Äußerst bemerkenswert ist in diesem Konnex denn auch folgende Aussage des Regional Commissioners:"Arnold has, on more than one occasion, told me that he personally is in general agreement with the principle set out in Ordinance 135. He has not, however, been able to bring Menzel round to this point of view up to the present. He has, in fact, asked me on occasions for 'ammunition' to counter Menzel's arguments. This, I need

---

[736] Vgl. Extract from RECO Minutes, 24. August 1948, PRO, FO 1049/1359; vgl. ebenso vertrauliches Schreiben R.G.O. an PS, 30. August 1948 PRO, FO 1013/379; vgl. ferner Schreiben CGSO Emck an RGO, 22. März 1948, PRO, FO 1013/203
[737] Vgl. Schreiben RC Bishop an RGO, 20. Mai 1948, PRO, FO 1013/203
[738] Die Kabinettsprotokolle der Landesregierung von Nordrhein-Westfalen 1946-1950, Bd.1/Teil 1, S. 29
[739] Vgl. Notes on the discussion on Ordinance No. 57 and Regulation No. 1 held in RGO's office, 22. September 1947, PRO, FO 1013/218
[740] Vgl. Schreiben RC Bishop an RGO, 25. August 1948, PRO, FO 1050/528; siehe auch Extract from RECO Minutes, 24. August 1948, PRO, FO 1049/1359; vgl. ferner Marshall, British Democratisation Policy in Germany, S. 189

hardly say, I have been very ready to give."[741] Obwohl Menzel durch seine kritisch-insistierende Haltung dem Regional Commissioner Konzessionen abzuringen versuchte - was ihm auch ab und an gelang -, damit im Grunde unwissentlich das unterbewußte Mißtrauen der Briten[742] gegenüber der deutschen Landespolitik schürte, vermied Bishop fernerhin, Anordnungen direkt zu erteilen, sondern kaschierte diese als Bitten in der konjunktivischen Höflichkeitsform euphemistischer Formulierungen:"Ich muß Sie deshalb bitten, zu veranlassen, ..." - "Ich wäre Ihnen sehr verbunden, wenn Sie so gut sein würden ... "[743]. In Deutschland wurde freilich oftmals primär nur vordergründig die zielbewußte Tendenz der Besatzungsmacht bezüglich des Polizeiaufbaus und demgegenüber die vermeintliche Ohnmacht Menzels zur Kenntnis genommen, so daß dann gemutmaßt wurde:"Der Minister kann sich gegen die Engländer nicht durchsetzen."[744] Aber auch auf britischer Seite spielte letzten Endes das subjektive Element gegenüber den Deutschen eine, wenn auch nicht immer direkte, so doch oft unterschwellige Rolle in den beiderseitigen Beziehungen, so daß man sich dort, in dem Bewußtsein, es mit undemokratischen Menschen zu tun zu haben, sicher war:"Many Germans were thus either reserved or hostile to our reforms."[745]

An dieser Stelle soll nunmehr überlegt werden, welches Fazit aus den vorangegangenen Aussagen gezogen werden kann:

1. Daß Politik von Menschen gestaltet wird, ist bekanntlich eine Binsenweisheit. Trotzdem erscheint es nicht unwichtig, sich diesen Sachverhalt im vorliegenden Zusammenhang zu vergegenwärtigen, denn dem *personalen Element*, das ja als subjektiver Faktor immer auch perspektivisch geprägt und daher stets begrenzt, also standortgebunden, ist, kommt für die britisch-deutsche Kommunikation, die in Nordrhein-Westfalen u.a. maßgebend und richtungweisend von den Regional Commissioners und Innenministern, primär Bishop und Menzel, dominiert wurde, eine zentrale Bedeutung zu. In Anbetracht gerade dieses personalen Elements erscheint die Charakterisierung der britisch-deutschen Beziehungen in Sachen demokratischer Legislation aus britischer Perspektive mit Einschränkung einem Lehrer-Schüler-Verhältnis[746] nicht unähnlich, wobei ein Autoritäts- und Machtgefälle in der Natur der Relation begründet liegt, während man sich deutscherseits keineswegs in die zugedachte Rolle des Rezipienten drängen lassen wollte, sondern sich durch einen konsequent-entschlossenen Verhandlungsstil der

---

[741] Schreiben RC Bishop an Pres. GOVSC C.E. Steel, 28. Juli 1948, PRO, FO 1049/1358; siehe auch Schreiben RC Bishop an RGO, 20. Mai 1948, PRO, FO 1013/203
[742] Vgl. etwa Schreiben DIG F.H. Miller an RGO, 30. August 1948, PRO, FO 1013/379
[743] Z.B. Schreiben RC Bishop an Innenminister Menzel, 13. November 1948, Übersetzung aus dem RCO, NRW HStA D, NW 152/12-13
[744] Besprechung mit den Regierungspräsidenten über die VO über die Polizeiausschüsse am 05. Dezember 1946, Niederschrift 06. Dezember 1946, NRW HStA D, NW 152/10
[745] Ebsworth, Restoring Democracy in Germany, S. 182; vgl. auch Marshall, British Democratisation Policy in Germany, S. 190; vgl. Teppe, Zwischen Besatzungsregiment und politischer Neuordnung (1945-1949), S. 274
[746] Vgl. auch Kanther, Die Kabinettsprotokolle der Landesregierung von Nordrhein-Westfalen 1946-1950 Bd. 1/Teil 1, S. 26. Reusch (Sir Brian Robertson, S. 76) spricht gar von einem Opposition-Regierung-Verhältnis.

britischen Fremdbestimmung zu entziehen versuchte und damit implizit den Anspruch erhob, als gleichwertiger Gesprächspartner die eigenen Geschicke weitestgehend autonom gestalten zu wollen.
2. Briten und Deutsche traten miteinander über die quasi zwischen ihnen stehenden *Sachfragen,* also u.a. durch die gemeinsam unter demokratischen Gesichtspunkten zu vollziehende Legislation - Ausarbeitung, Beratung, Genehmigung -, die unter latenten Interessenkonflikten litt, in Kontakt, wodurch die Qualität ihres Verhältnisses, die letztendlich auch über den Grad des Erfolges oder Mißerfolges der beiderseitigen Bemühungen mit entschied, nachhaltig beeinflußt wurde.
3. Darüber hinaus ist neben den Einflußgrößen Person und Sache noch ein weiterer Faktor zu nennen, der die Intensität der deutsch-britischen Beziehungen und den Progreß von der Interaktion (1946/47) zur verstärkten Kooperation (ab 1948) beschleunigte: die historischen *Zeitumstände.*
Eingespannt in eine Entwicklung zwischen beginnendem Kalten Krieg und bevorstehendem Besatzungsstatut betonten sowohl Briten als auch Deutsche zuversichtlich, sich in absehbarer Zeit auf gemeinsame legislatorische Regelungen verständigen zu können. Hält man sich jedoch den nicht öffentlich von Vertretern der britischen Besatzungsmacht geäußerten Pessimismus vor Augen, wird deutlich, daß hier zwischen zwei Ebenen differenziert werden muß: einerseits der offiziellen Ebene, auf der man Optimismus signalisierte und alles unterließ, was den Prozeß des kritischen Dialogs und damit den eigenen Intentionen hinderlich sein konnte, und andererseits der internen Ebene, auf der man die Bereitschaft des nordrhein-westfälischen Innenministers Menzel zu wirklicher Kooperation realistisch-skeptisch einschätzte und dessen "Alles oder Nichts-Politik" als Renitenz gegenüber den bewährten britischen Demokratievorstellungen und nicht etwa als konstruktives Engagement verstand.
4. Trotz oder gerade wegen einer gewissen Unsicherheit im Umgang mit der Person Menzel und dessen mutmaßlichen Vorurteilen nahm man ihn seitens der britischen Militärregierung als bestimmenden politischen Faktor ernst. Versöhnlich im Umgangston, hart in der Sache, so läßt sich im Prinzip die britische Haltung gegenüber den Deutschen charakterisieren. Die meist moderate Kommunikation überspielte zwar die prinzipiellen Divergenzen, schaffte sie aber nicht aus der Welt. Zu mehr oder weniger relevanten Positionsannäherungen oder gar Kompromissen kam es meist nur dann, wenn die deutschen Proteste von offizieller Seite - nicht selten von Innenminster Menzel artikuliert - gegenüber der britischen Haltung unüberhörbar wurden, die Briten quasi in die Enge zu treiben und den Fortgang der Sachentscheidungen nachhaltig zu blockieren drohten, ein positives Signal der Konzilianz geradezu abverlangten. Letztendlich verhinderte in beiden Lagern auch der Sinn für Realität und ein konstruktiver Pragmatismus, daß man in Konfrontationen verharrte.[747] Schließlich beeinflußte zudem "die Erkenntnis, die drängenden Gegenwartsprobleme nur gemeinsam bewältigen zu können, ... maßgeblich das Klima und den Umgangston zwischen Siegern und Besiegten"[748].

---

[747] Vgl. Schneider, Nach dem Sieg, S. 49
[748] Teppe, Zwischen Besatzungsregiment und politischer Neuordnung (1945-1949), S. 276

2. Ergebnisse

Für die kritisch-objektive Bewertung eines konkreten Sachverhalts, wie im vorliegenden Falle der nordrhein-westfälsichen Landespolizei- und Landesfeuerwehrgesetzgebung unter britischer Besatzung, sind folgende Beurteilungskriterien signifikant:
a) Was wird als eigentliches *Ziel* angestrebt?
b) Auf welchem *Wege* und mit welchen *Mitteln* wird dieses Ziel in Angriff genommen?
c) Welches sind die potentiellen und absehbaren *Folgen*?
Unter Zuhilfenahme dieser Aspekte *Intention-Methoden-Konsequenzen* sollen die Ergebnisse der vorstehenden Untersuchung nunmehr thesenartig dargestellt werden[749]:
1. Unbestritten besaß aus britischer Sicht die Wiedergeburt der Demokratie oder präziser gesagt, die Etablierung einer *funktionierenden* rechtsstaatlichen Demokratie im Nachkriegsdeutschland auf lange Sicht hin oberste Priorität. Dabei war Demokratie für die Briten nicht bloß ein politisches Leitwort, keine leere Worthülse, geschweige denn eine abstrakte Theorie, vielmehr verstand man sie ganz in aristotelischer Tradition als einen aus jahrhundertelanger Erfahrung heraus gewachsenen, sich in konkreten politischen Strukturen und Organen manifestierenden Wert, mit dem man sich identifizieren konnte und den man infolgedessen als überaus erstrebenswert, da staatsstabilisierend, auch für andere ansah. Dieses Bewußtsein von der positiven Funktion gewachsener Demokratie bildete schließlich den Nährboden, auf dem eine Attitüde gedeihen konnte, die sich dann als beinahe missionarisches Sendungsbewußtsein manifestierte und die britische Besatzungsmacht die Demokratisierung ihrer Zonenländer mit bemerkenswerter Akribie forcieren ließ, mitunter kolonialismusartig. Ganz in diesem Sinne schrieb Anfang 1948 eine britische Untersuchungskommission kurzum nach London:"We have set our hand to the plough and it should not be withdrawn."[750] Im Grunde genommen bedeutete für die Briten Demokratie mehr eine Wesensart als eine Herrschaftsform, so daß sie mit dem demokratischen Aufbau in Deutschland langfristig konsequenterweise auch einen Sinneswandel der Deutschen intendierten. Die Besatzungsmacht sah sich selbst in etwas idealisierender Betrachtung gleichsam in der Rolle desjenigen, der die Saat Demokratie in Deutschland aussät und bei der Hege und Pflege des keimenden Pflänzchens den Deutschen während der ersten Wachstumsphase noch hilfreich zur Seite steht. Im Rahmen der self-government-Konzeption sollte die Eigenverantwortlichkeit der Deutschen gestärkt, und sie sollten ermuntert werden, den Schritt von der theoretischen zur praktischen Demokratie selbst zu tun, damit diese sich "von unten" entwickeln könne. Realiter legten die Briten dann den Grundstein demokratisch-politischer Strukturen, womit sie den in ihrem Sinne von den Deutschen zu beschreitenden Weg nicht

---
[749] Siehe auch S. 184f. und 192f. dieser Arbeit
[750] Report of the Commissionon on the Police System of the British Zone of Germany an Lord Pakenham, 07. Januar 1948, PRO, FO 1013/137

nur irreversibel vorzeichnen, sondern gleichzeitig deren Rückfall in totalitäres Denken ein für alle mal ausschließen wollten. Letzten Endes muß hierhinter auch der machtpolitische Wille der Briten gesehen werden, aktiv in den Prozeß deutscher Nachkriegsgeschichte einzugreifen und diesen gemäß ihren (Wert-)Vorstellungen und Überzeugungen mitzugestalten, zweifelsohne primär motiviert durch das eigene Sicherheitsbedürfnis. Besonders augenscheinlich zeigte dies der Eingriff in die Reorganisation der deutschen Polizei: Radikaler Bruch mit der in der faschistischen Phase militaristisch umfunktionierten, hierarchisch strukturierten, dem Regime als Unterdrückungs- und stabilisierender Machtfaktor dienstbar gemachten Polizei sowie v.a. auch der Feuerschutzpolizei durch fundamentale demokratische Umgestaltung und Trennung von Polizei- und Feuerwehrdienst. Aufgrund ihrer langen demokratischen Tradition galt den Briten als Axiom: Ohne ein durch und durch demokratisches Polizeisystem kann es keinen stabilen demokratischen Staat geben, da beide einander bedingen. Ambitioniert setzte sich die Besatzungsmacht das Ziel, eine Polizeiorganisation für die Zukunft zu schaffen, die nicht nur für die Zeit der alliierten Besatzung und eine überschaubare Zeit danach Bestand haben, sondern vielmehr *Jahrhunderte* überdauern sollte entsprechend dem angelsächsischen Vorbild, ein Plan, dessen Realisierbarkeit bei genauer Betrachtung angesichts des doch abzusehenden Endes der Besatzung eher utopisch anmuten mußte. Was aber auf Dauer hin angelegt war mußte notwendigerweise auch Vorbildcharakter haben; so jedenfalls sah es die Besatzungsmacht, die in Nordrhein-Westfalen ein *mustergültiges*, für die anderen Länder der britischen Zone nachahmenswertes Polizeigesetz anstrebte. Dieses Gesetz sollte schließlich den rechtlichen Rahmen für den Übergang der Polizei von einer bis dato im paramilitärischen Stile geführten und dominierten zu einer künftig rein zivilen, vom Volk kontrollierten Organisation vorgeben. Eine bürgernahe Polizei des Volkes und für das Volk, gekennzeichnet durch den dienenden Schutzmann als Vertrauensperson, kurzum, eine Polizei, die "Freund und Helfer" ist, wollten die Briten nach ihrem Abzug aus Deutschland legislatorisch verankert hinterlassen.
2. Bereits während des Krieges hatten die Briten die "re-establishment of self-government" zu einem der vorrangigsten Ziele ihrer künftigen Besatzungspolitik erklärt. Im Zuge der allgemeinen devolution of power-Strategie erfolgte bekanntlich Ende 1946 durch den Erlaß der Militärregierungsverordnung Nr. 57 der maßgebliche Schritt zur Verwirklichung dieses Zieles; ausschlaggebend deshalb, weil mit dieser nunmehr konsequenten Maßnahme die Befugnisse der Länder in der britischen Zone u.a. durch Übertragung der ausschließlichen gesetzgeberischen Befugnis in allen, der Besatzungsmacht nicht explizit vorbehaltenen Sachbereichen auf die Länderparlamente geregelt wurden. Zugleich war der Erlaß dieser Verordnung ein eindeutiges Signal dafür, daß der Rückzug der Besatzungsmacht noch bevor die Besatzungspolitik eigentlich begonnen hatte schon eingeläutet wurde und daß es den Briten mit der Begründung der Demokratie in Deutschland und dem Selbstbestimmungsrecht der Deutschen ernst war. Ohne Zweifel überraschend war dennoch die Ausweitung der deutschen Gesetzgebungsbefugnis auch auf die Bereiche Polizei und Feuerwehr, zumal sich die Militärregierung die Ge-

setzgebung bezüglich weitaus weniger wichtiger Angelegenheiten vorbehalten bzw. die gesetzgebenden Körperschaften der Länder zur Befolgung entsprechender Grundsätze verpflichtet hatte. Zwar gab die Besatzungsmacht hiermit de iure den Gesetzgebungsprozeß aus der Hand, nicht aber - und hierauf kam es ihr entscheidend an - ein obligatorisches, in der Verordnung Nr. 57 festgeschriebenes Genehmigungs- und damit letztlich Kontrollrecht jedes Gesetzeswerks. Somit bildete die Verordnung Nr. 57 de facto zugleich die rechtliche Grundlage für alle Maßnahmen der Einflußnahme der Militärregierung auf die deutsche Landesgesetzgebung; man wollte sichergehen, daß die Deutschen die ihnen gewährten Vollmachten im demokratischen Sinne ge- und nicht im antidemokratischen mißbrauchen würden.

3. Der Stolz auf und das Überzeugtsein der Briten von der Funktionsfähigkeit der eigenen, seit geraumer Zeit erprobten demokratisch strukturierten Polizeiorganisation führte dazu, daß man alles von diesem Bewährten Abweichende grundsätzlich einmal in Frage stellte. Zu Recht galt dies für die deutsche Polizei unter NS-Herrschaft, deren unrühmliche Rolle hinlänglich bekannt ist. Daß sie aber auch das Weimarer Polizeisystem generell ihrem Verdikt unterwarfen lag an einer einseitigen System- und unzureichenden Bedingungsanalyse, die sich später als ursächlich für den latenten Interessenkonflikt zwischen Militärregierung und deutschen Landespolitikern herausstellte. Zu pauschal und folglich inadäquat hatte man britischerseits ein Polizeisystem disqualifiziert, dem man eine Mitschuld an der deutschen Diktatur zuschrieb, weil es den Aufstieg des Nationalsozialismus nicht wirksam habe verhindern können, sondern sich am Ende sogar für eine negative Idee habe völlig vereinnahmen lassen. Aufgrund der offensichtlich fehlenden demokratischen Tradition und des vermeintlich obrigkeitshörigen deutschen Nationalcharakters hielten die Briten die Deutschen für unfähig, aus eigenem Antrieb eine demokratische Polizei aufbauen zu können. In dieses durch Kontrastierung von britischem Ideal und deutscher Wirklichkeit sich besonders deutlich zeigende "Vakuum" versuchte die Besatzungsmacht ihr angelsächsisches Polizeisystem zu exportieren, war sie doch fälschlicherweise davon ausgegangen, was in England erfolgreich sei, werde in Deutschland kein Fehlschlag werden. Aus deutscher Sicht mußte dieser fremdbestimmte Institutionenimport angesichts des vertraglich zugesicherten Selbstbestimmungsrechts äußerst fraglich erscheinen, den Briten in ihrem demokratischen Sendungsbewußtsein gleichsam aus der Lehrerperspektive hingegen als die einzig konsequente und situationsadäquate Möglichkeit: Die demokratisch versierten Briten unterstützten die demokratisch unerfahrenen und bis dato erfolglosen Deutschen beim Aufbau der eigenen Demokratie, indem sie ihnen ein probates Polizeisystem gewissermaßen zur Verfügung stellten, gedacht als eine Art Hilfe zur Selbsthilfe. Eine Parallele zur britischen Kolonialpolitik - ein überwiegend erfolgreicher Transfer britischer Verwaltungsstrukturen - läßt sich nicht völlig von der Hand weisen, zumal auch eine Reihe von Beamten der Militärregierung Kolonialerfahrung besaß. Das prinzipielle Problem aber, mit dem sich die Besatzungsmacht im Hinblick auf die Landesgesetzgebung konfrontiert sah, betraf nicht eigentlich die Frage, ob selfgovernment und gezielte Einflußnahme überhaupt miteinander vereinbar waren,

sondern vielmehr die Überlegung, wie sich trotz der den Deutschen zugebilligten Eigenverantwortlichkeit für Polizei und Feuerwehr eine lückenlose Kontrolle des Gesetzgebungsprozesses und eine Sicherstellung der eigenen Maximen verwirklichen ließ. Angesichts des durch die "historisch erwiesene" demokratische Unfähigkeit der Deutschen verursachten globalen Kriegschaos sah man britischerseits hierin keinen ernstzunehmenden Widerspruch, wenngleich die Militärregierung immer wieder darum bemüht war, sich keinesfalls dem Odium "ungebührlich enger Aufsicht" jenseits des durch die Verordnung Nr. 57 Legitimierten auszusetzen. Letzten Endes jedoch ließ sich unter Berufung auf die hehre demokratische Zielsetzung methodisch nahezu alles rechtfertigen; der Zweck schien auch in diesem Falle die Mittel heiligen zu sollen.

4. Unter Berufung auf die einschlägigen Bestimmungen der Verordnung Nr. 57 über die Genehmigung von Landesgesetzen entwickelte die Militärregierung ein ausgeklügeltes, aufgebläht bürokratisches System lückenloser Kontrolle ("Supervision"[751]), das es ihr ermöglichte, alle Vorgänge mikroskopisch unter die Lupe zu nehmen. Durch konkrete Direktiven, die den Landesgesetzgebern in Form von Memoranden vorgelegt wurden, sollte der Aufbau der deutschen Polizei und Feuerwehr nach britischen Grundsätzen sichergestellt werden und das, obwohl bekanntlich weder Polizei noch Feuerwehr zu den in der Verordnung Nr. 57 unter Anhang 'D' aufgelisteten Bereichen zählten. Ein genau festgelegtes Beratungsverfahren zwischen Landes- und Militärregierung, welches strikt eingehalten werden mußte, garantierte zudem britischen Einfluß, indem der Besatzungsmacht jederzeit die Möglichkeit des direkten Eingriffs in den Werdegang eines Gesetzes gegeben wurde, falls ihr die obligatorischen britischen Prinzipien im Gesetzentwurf nicht angemessen berücksichtigt erschienen.[752] Darüber hinaus gab ein intern durchgeführtes minutiöses Gesetzesprüfungsverfahren den verantwortlichen Militärregierungsdepartments die begründete Sicherheit, dem Regional Commissioner die Genehmigung, Ablehnung oder Änderung eines Gesetzes vorschlagen zu können. Betrachtet man die Möglichkeiten des Regional Commissioners, auf die Landesgesetzgebung Einfluß zu nehmen, lediglich pointiert unter dem Veto- bzw. Placet-Aspekt, wie Reusch[753] es tut, so waren sie in der Tat "negativ" bestimmt, besaßen aus deutscher Perspektive quasi "Damoklesschwertcharakter". Indes zeigte gerade die Erfahrung des intensiven kritischen Dialogs zwischen Regional Commissioner Bishop und Innenminister Menzel in der Polizeifrage, daß es möglich war, auch ohne direkte Vetodrohung allein durch Überzeugung zu kompromißfähigen Positionsannäherungen zu gelangen, weshalb die Chance des Regional Commissioners, von Fall zu Fall durchaus positiv einzuwirken, deutlicher gesehen werden muß. Bewußt großen Wert maß die Militärregierung denn auch diesem Beratungsverfahren bei: Durch intensive

---

[751] Diesen Begriff verwendet Kettenacker (Britische Besatzungspolitik im Spannungsverhältnis von Planung und Realität, in: Birke/Mayring, S. 30) als generelles Charakteristikum britischer Besatzungspolitik.
[752] Gegen Reusch (Deutsches Berufsbeamtentum und britische Besatzung 1943-1947, S. 366, Anm. 751), Bestätigung von Lange (Vom Wahlrechtsstreit zur Regierungskrise, S. 59f.)
[753] Vgl. Deutsches Berufsbeamtentum und britische Besatzung 1943-1947, S. 364

Gespräche auf unterschiedlichen politischen Ebenen gelang es tatsächlich, manche Dissonanzen im Vorfeld der Gesetzgebung zu klären, so daß, wie britischerseits beabsichtigt, dem Regional Commissioner erst gar keine Veranlassung gegeben war, von seinem Vetorecht Gebrauch zu machen. Letztlich war an den dauerhaften Erfolg der britischen Initiativen, der im Grunde davon abhing, ob es gelang, alle Maßnahmen transparent und den Deutschen einsichtig zu machen, die besatzungspolitische Überlebensfrage gekoppelt. Vor allem die langwierigen Verhandlungen um das Polizeigesetz dokumentieren einen schwankenden Kurs der Militärregierung zwischen Konzessionsbereitschaft und Grundsatztreue, lassen aber auch die Tendenz erkennen, mitunter mühsam erreichte Einigungen durch Kritik am Verhalten der deutschen Verhandlungspartner nicht leichtfertig aufs Spiel zu setzen. Generell aber war die Politik der Besatzungsmacht, wenn es um die Durchsetzung der eigenen Prinzipien, der demokratischen essentials schlechthin, ging, gekennzeichnet von einem extremen Legismus, der nicht selten einhergehend mit Inflexibilität und Unverständnis gegenüber dem Kernanliegen der deutschen Landespolitiker dazu führte, daß die Militärregierung in einer Standpunktenge verhaftet blieb, welche intern bisweilen zu Unmutsäußerungen über die vermeintlich unbelehrbaren Deutschen, die demokratische (britische) Grundsätze einfach nicht akzeptieren wollten, führte.

5. Das mag auch ein Grund - wenn auch bei weitem nicht der entscheidende - für den unerwarteten Erlaß der Verordnung Nr. 135 vom 01. März 1948 gewesen sein. In bezug auf die Neuordnung des Berufsbeamtentums hat Reusch festgestellt, daß "spätestens mit dem Erlaß der Verordnung Nr. 57 ... die Briten rechtlich und politisch die Möglichkeit, die Neuordnung ... einzig auf dem Erlaßwege vorzunehmen"[754], verloren. Wie sich gezeigt hat, traf dies für die Reorganisation der Polizei so nicht zu. Ganz eindeutig stellte die Verordnung Nr. 135 einen Rechtsbruch der Verordnung Nr. 57 dar trotz gegenteiliger Beteuerungen der Militärregierung, die sichtlich überrascht über die heftigen Proteste der deutschen Landespolitiker um einen Modus vivendi bemüht war. Jedenfalls hatte sich die Besatzungsmacht offenbar unbeabsichtigt und ohne sich der Tragweite ihrer Handlung vollends bewußt zu sein aus eigener Machtvollkommenheit heraus de facto über die Verordnung Nr. 57 hinweggesetzt und mit der Polizeiverordnung vollendete Tasachen geschaffen; an diesem Faktum freilich kamen weder die Deutschen noch die Militärregierung als Urheber selbst vorbei. Die Verordnung Nr. 135 erwies sich nicht nur als retardierendes Element auf dem Weg zum Landespolizeigesetz, da nunmehr die deutschen Landespolitiker auf ihr verbürgtes Recht pochend mit gestärktem Selbstbewußtsein den erneuten britischen Reglementierungsbestrebungen offensiv entgegentraten, sondern genau genommen auch als "Eigentor" der Militärregierung, die ihrem bis dato gepflegten vemeintlich antiimperialen Image Schaden zufügte. Folgeverhandlungen wurden schwieriger, nahmen in der Sache aber auch an Intensität zu. Zweifelsohne war es in entscheidendem Maße dem Verhandlungsgeschick von Innenminister Menzel, der die Polizeifrage mehr und mehr als *sein* persönliches Anliegen betrachtete, und

---

[754] Ebd., S. 380

der konzilianten Haltung des Regional Commissioners Bishop zu verdanken, daß sich die verfahrene Situation schließlich halbwegs wieder normalisierte. Warum es überhaupt zum Erlaß der Verordnung Nr. 135 hat kommen können, läßt sich monokausal erklären: Die intern nicht unumstrittene und sichtlich übereilt erlassene inhomogene Direktive zeugte von einer gewissen Ratlosigkeit. Schien die Besatzungsmacht sich bisher stets als Herr der Lage gefühlt zu haben, befürchtete sie nun - durchaus zu Recht - angesichts des in zeitlicher Nähe zu erwartenden Besatzungsstatuts, die Regie und damit den bestimmenden Einfluß auf das Polizeigesetz einzubüßen und tatenlos mit ansehen zu müssen, wie die Deutschen die Federführung in ihrem Sinne übernehmen würden. So stellte die Verordnung Nr. 135 den letzten Versuch der Militärregierung, eine Art "Rückversicherung", dar, das Unvermeidliche abzuwenden, die britischen essentials für eine demokratische Polizei(-gesetzgebung) in die Zeit nach der Besatzung hinüberzuretten. Obwohl es innerhalb der Besatzungsadministration Kreise gab, die offensichtlich liebend gern die stillschweigende Rücknahme der Verordnung Nr. 135, deren Nutzen sie stark bezweifelten, gesehen hätten, wäre ein solcher Schritt ohne Gesichtsverlust für die Militärregierung und Einbüßung an Glaubwürdigkeit praktisch nicht realisierbar und deshalb indiskutabel gewesen.
6. Wenn auch die Verhandlungen um das Landesfeuerwehrgesetz denen um die gesetzliche Regelung der Polizei an Intensität nicht nachstanden, so vollzog sich die Entwicklung auf diesem Gebiet doch weitaus weniger stürmisch, was in der Natur der Sache begründet lag: Die Feuerwehr war und ist eben nicht ein der Polizei gleichwertiger Machtfaktor, weshalb eine Konvergenz deutscher und britischer Auffassungen nach vollzogener Demilitarisierung auch ohne den Erlaß einer speziellen Feuerwehrverordnung - analog zu der Verordnung Nr. 135 - leichter zu erzielen war: Im wesentlichen die Wahrung der Kontinuität des gewachsenen Struktur, in erster Linie freiwilligen deutschen Feuerwehrwesens statt eines radikalen Traditionsbruchs sicherte den Bestand des Landesfeuerwehrgesetzes auch über das Ende der britischen Besatzung hinaus.
7. Daß die Briten das am 09. Mai 1949 vom Landtag beschlossene und am Tag seiner Verkündung, dem 31. Mai 1949, in Kraft getretene "Gesetz über den vorläufigen Aufbau der Polizei im Lande Nordrhein-Westfalen" - also knapp vier Monate vor Inkrafttreten des Besatzungsstatuts für die Bundesrepublik Deutschland - mit einer gewissen Genugtuung und optimistischen Erleichterung zur Kenntnis nahmen, konnte den aufmerksamen Beobachter indes nicht darüber hinwegtäuschen, daß sein Schicksal schon so gut wie besiegelt war. Die Phase nach Verabschiedung des Besatzungsstatuts nutzten die Landespolitiker gezielt, um nun mit Unterstützung der Bundespolitik sukzessive weitgehend alles Britische aus den Landespolizeigesetzen zu eliminieren; in Nordrhein-Westfalen war dieser Prozeß 1953 de facto abgeschlossen. Daran konnten auch die nur mehr halbherzig ergriffenen reglementierenden Maßnahmen der Alliierten Hohen Kommission letztlich nichts mehr ändern.
Mußte das nordrhein-westfälische Polizeigesetz unter britischer Besatzung also zwangsläufig scheitern? Im Grunde war bereits die britische Polizeipolitik für Deutschland allein deshalb fragwürdig, weil es eine Konzeption genau genom-

men überhaupt nicht gab. Was die Besatzungsmacht mitbrachte, waren lediglich die positiven Erfahrungen mit dem heimischen, sehr spezifischen angelsächsischen Polizeisystem. Dieses dann schematisch mit Hilfe von Direktiven ohne Berücksichtigung der gänzlich anderen Gegebenheiten auf die Länder der britischen Zone zu übertragen, war nicht nur von vornherein ein imponderables Unterfangen, sondern widersprach auch grundsätzlich der proklamierten Zielsetzung und ging zudem noch von dem Denkfehler aus, die Deutschen würden eine ihrer Tradition fremde Polizeiorganisation autoritätshörig ohne Widerspruch akzeptieren. "Auflagen der Besatzungsmacht wurden nur so lange befolgt, wie man nicht die Macht hatte, sie zu ändern", meint denn auch Werkentin und geht grundsätzlich von einer deutschen Obstruktionspolitik aus, sobald die Umstände diese zuließen.[755] Richtig müßte es heißen: Je forcierter die Besatzungsmacht im Widerspruch zur Verordnung Nr. 57 restriktiv reglementierend in die Polizeigesetzgebung eingriff, desto intensiver die partielle Obstruktion der deutschen Landespolitiker gegen die ihrer Meinung nach den deutschen Konditionen inadäquaten britischen Postulate. Als Grundproblem britischer Polizeipolitik erwies sich der Versuch, demokratische Strukturen zu *verordnen*, wobei hier Demokratisierung unglücklicherweise mit Anglisierung gleichgesetzt bzw. als solche verstanden wurde. Das Aufeinandertreffen zweier differenter Standpunkte offenbarte aber erst das eigentliche Dilemma dieser Politik: Die Unvereinbarkeit der diametral entgegengesetzten Interessen einer Innovationsstrategie der britischen Besatzungsregisseure jenseits der Weimarer Tradition und eines Restaurationskonzepts der deutschen politischen Akteure im Sinne des Weimarer Polizeimodells verhinderte am Ende das Zustandekommen einer wirklich tragfähigen gesetzlichen Synthese: Im wesentlichen Traditionsbruch statt Kontinuität. Eine fundierte Auseinandersetzung der Besatzungsmacht mit den deutschen Anliegen über eine bloße Analyse hinaus fand im Grunde nicht statt, und die Schlußfolgerungen schienen wiederum die eigene Position zu bestätigen; latentes Mißtrauen und vielleicht übertriebene Befürchtungen überwogen das Zutrauen in die demokratische Kompetenz der deutschen Landesgesetzgeber Weimarer Herkunft. Im Gegenzug war es auch den deutschen Politikern offensichtlich nicht gelungen, der Militärregierung den eigenen Standpunkt überzeugend nahezubringen.
Trotz der Kurzlebigkeit des britisch geprägten nordrhein-westfälischen Polizeigesetzes und der Fragwürdigkeit seines Zustandekommens darf der bleibende Wert des Bemühens der Briten, die Demokratie in Deutschland durch den Aufbau eines demokratischen Polizeisystems von innen her abzusichern und damit einen Beitrag für die rechtsstaatliche Zukunft des Landes zu leisten, nicht vergessen werden. Daß dabei Methode und Ziel schwerlich vereinbar waren, läßt sich letztlich zwar nicht rechtfertigen, wohl aber vor dem Hintergrund der fatalen Entwicklung 1933-1945 und deren Folgen verstehen, wie schon Middelhaufe vermutete:"Unter diesen Umständen verstehen wir, daß manche ihrer Anordnungen uns nicht verständlich erscheinen. Nur so erkläre ich mir manche ablehnende Einstellung der Besatzungsmächte zu unserer Verwaltungsarbeit."[756]

---

[755] Der Wiederaufbau der Polizei in Nordrhein-Westfalen, in: Schwegmann, S. 150
[756] Der derzeitige Stand der Gesetzgebung auf dem Gebiete des Polizeirechts, S. 28

Abkürzungsverzeichnis

ABl.	Amtsblatt
AGS	Allied General Secretariat
AHK	Alliierte Hohe Kommission
AIG	Acting Inspector General (Public Safety)
A&LG (ALG)	Administration an Local Government
ARC	Acting Regional Commissioner
ATC	Administrative Tribunals Control Branch
B.A.O.R.	British Army of the Rhine
Bl.	Blatt
C.C.G.(BE)	Control Commission for Germany (British Element)
CGSO	Chief Governmental Structure Officer
Col.	Colonel
DGB	Deutscher Gewerkschaftsbund
DIG	Deputy Inspector General (Public Safety)
DMG	Deputy Military Governor
DRC	Deputy Regional Commissioner
DRGO	Deputy Regional Governmental Officer
FINANCE/FIN	Finance Department
FO	Foreign Office
F.O.R.D.	Foreign Office Research Department
GG	Grundgesetz
GOVS	Land Governmental Structure Department
GOVSC	Governmental Sub-Commission
GS	Gesetzessammlung
GVOBl.	Gesetz- und Verordnungsblatt
GWU	Geschichte in Wissenschaft und Unterricht
H.M.G.	His Majesty's Government
HQ	Headquarter
IA&C	Internal Affairs & Communications Division
IG	Inspector General (Public Safety)
LC	Land Commissioner
LCO	Legislation Control Officer
LD	Landtagsdrucksache
LEGAL/LEG	Land Legal Department
LRB	Legislation Review Board
Lt.	Leutnant
LTA D	Archiv des Landtags, Düsseldorf
MdL	Mitglied des Landtags
MG	Militärgouverneur, Military Governor
Mil.Gov.	Military Government
Mil.Reg.	Militärregierung
Mp	Manpower

NRW	Nordrhein-Westfalen, North Rhine-Westfalia
NRW HStA D	Nordrhein-Westfälisches Hauptstaatsarchiv Düsseldorf
NW	Nordrhein-Westfalen
O.M.G.U.S.	Office of Military Government, United States
Pres.	President
PRO	Public Record Office
PS	Public Safety
PSO	Public Safety Officer
PVG	Polizeiverwaltungsgesetz
RB	Regierungsbezirk
RC	Regional Commissioner
RCO	Regional Commissioner's Office
RECO	Regional Conference
REO	Regional Economic Officer
RG	Reichsgesetzblatt
RGO	Regional Governmental Officer
R.G.O.	Regional Governmental Office
RWN	Rheinisch-Westfälischer Nachlaß
SCO	Senior Control Officer
SISO	Senior Information Services Officer
SHAEF	Supreme Headquarters Allied Expeditionary Forces
SK	Stadtkreis
VfZ	Vierteljahrshefte für Zeitgeschichte
VO	Verordnung
WO	War Office
ZEO	Zonal Executive Offices

Quellen- und Literaturverzeichnis

1. Ungedruckte Quellen

a) Public Record Office, Kew, Richmond, Surrey:

Foreign Office
FO 371: General Correspondence, Political
Bde. 39116, 39120, 46817

Control Office for Germany and Austria
FO 945: General Department
Bd. 100

Control Commission for Germany (British Element)
FO 1013: Regional Commissioner NRW
Bde. 130, 137, 183, 186, 187, 198, 203, 211, 213, 218, 263, 264, 265, 266, 268, 307, 379, 380, 407, 626, 689, 713, 1967
FO 1049: Political Division
Bde. 1358, 1359
FO 1050: Internal Affairs and Communications Division
Bde. 261, 392, 528

b) Nordrhein-Westfälisches Hauptstaatsarchiv Düsseldorf:

NW 30: Kabinett
Bd. 201
NW 53: Landes- bzw. Staatskanzlei
Bde. 398II, 398III, 399I, 399II, 400II, 403, 404, 405, 406
NW 152: Generalia Polizei
Bde. 1-2, 3-4, 5-6, 7, 8, 10, 11, 12-13, 19-20, 21-22, 23, 24-25, 26
NW 179: Ministerpräsident
Bde. 1, 12, 643-644
NW 189: Justizministerium (Generalia Öffentliches Recht)
Bde. 197, 250
RWN 15: Nachlaß Siegfried Middelhaufe
Bde. 1-2, 4, 9

2. Gedruckte Quellen

Kanther, Michael Alfred (Bearb.): Die Kabinettsprotokolle der Landesregierung von Nordrhein-Westfalen 1946 bis 1950 - Ernennungsperiode und erste Wahlperiode - (Veröffentlichungen der Staatlichen Archive des Landes Nordrhein-Westfalen, Reihe K: Kabinettsakten, Bd. 1, hrsg. im Auftrage des Kultusministeriums und des Ministeriums für Wissenschaft und Forschung des Landes Nordrhein-Westfalen von Peter Hüttenberger und Wilhelm Janssen), Teil 1 und 2, Siegburg 1992

Fleckenstein, Gisela (Bearb.): Die Kabinettsprotokolle der Landesregierung Nordrhein-Westfalen 1950 bis 1954 - zweite Wahlperiode - (Veröffentlichungen der Staatlichen Archive des Landes Nordrhein-Westfalen, Reihe K: Kabinettsakten, Bd. 2, hrsg. im Auftrage des Kultusministeriums und des Ministeriums für Wissenschaft und Forschung des Landes Nordrhein-Westfalen von Peter Hüttenberger und Wilhelm Janssen), Teil 1 und 2, Siegburg 1995

Amtsblatt der Alliierten Hohen Kommission für Deutschland, 1949-1950

Amtsblatt der Militärregierung Deutschland, Britisches Kontrollgebiet, 1946-1949

Gesetz- und Verordnungsblatt für das Land Nordrhein-Westfalen, Düsseldorf 1946-1953

Preußische Gesetzessammlung Nr. 21, Berlin 1931

Reichsgesetzblatt - Teil I - Nr. 72, Berlin 1937; Nr. 199, Berlin 1938

Verordnungsblatt für die Britische Zone, Amtliches Organ zur Verkündung von Rechtsverordnungen der Zentralverwaltungen, hrsg. vom Zentral-Justizamt für die Britische Zone, Hamburg 1949

Landtag Nordrhein-Westfalen - Erste Wahlperiode -:
Gesetzesdokumentation A 0303/01/047 ("Gesetz über den vorläufigen Aufbau der Polizei im Lande Nordrhein-Westfalen vom 09. Mai 1949"), hrsg. vom Landtag Nordrhein-Westfalen, bearbeitet vom Landtagsarchiv, Düsseldorf 1994
Darin:
- Protokolle des Verfassungsausschusses
- Stenographische Berichte der Sitzungen des Landtags
- Drucksachen des Landtags
Gesetzesdokumentation A 0303/1/20 ("Gesetz über den Feuerschutz im Lande Nordrhein Westfalen vom 02. Juni 1948"), hrsg. vom Landtag Nordrhein-Westfalen, bearbeitet vom Landtagsarchiv, Düsseldorf 1984
Darin:
- Stenographische Berichte der Sitzungen des Landtags
- Drucksachen des Landtags

3. Literatur

Amelunxen, Clemens: Vierzig Jahre Dienst am sozialen Rechtsstaat. Rudolf Amelunxen zum 100. Geburtstag; Porträt eines Demokraten (Schriftenreihe der Juristischen Gesellschaft zu Berlin, Heft 110), Berlin/New York 1988

Balfour, Michael: Vier-Mächte-Kontrolle in Deutschland 1945-1946, Düsseldorf 1959

Bierbach, Wolf: Walter Menzel, in: Raum und Politik (Beiträge zur neueren Landesgeschichte des Rheinlandes und Westfalens, Bd. 6/1977), S. 187-197

Birke, Adolf M./Booms, Hans/Merker, Otto (Hrsg.): Akten der Britischen Militärregierung in Deutschland. Sachinventar 1945-1955, 11 Bde., München 1993

Birke, Adolf M.: Warum Deutschlands Demokratie versagte. Geschichtsanalyse im britischen Außenministerium, in: Historisches Jahrbuch, Zweiter Halbband, Freiburg/München 1983, S. 395-410

Ders./Mayring, Eva. A. (Hrsg.): Britische Besatzung in Deutschland. Aktenerschließung und Forschungsfelder, London 1992

Braunthal, Gerard: The Anglo-Saxon Model of Democracy in the West German Political Consciousness after World War II, in: Archiv für Sozialgeschichte 18/1978, S. 245-277

Brunke, Karl: So sah ich England und seine Polizei, in: Die Polizei, Nr. 7/8 Juli 1948, S. 90-92; Nr. 9/10 August 1948, S. 110f.

Brunn, Gerhard/Reulecke, Jürgen: Kleine Geschichte von Nordrhein-Westfalen 1946-1996 (Schriften zur politischen Landeskunde Nordrhein-Westfalens, Bd. 10), Köln/Stuttgart/Berlin 1996

Brunn, Gerhard (Hrsg.): Neuland Nordrhein-Westfalen und seine Anfänge nach 1945/46, Essen 1986

Denzer, Karl Josef - Präsident des Landtags Nordrhein-Westfalen - *(Hrsg.):* Nordrhein-Westfalen und die Entstehung des Grundgesetzes, (Düsseldorf) 1989

Donnison, F.S.V.: Civil Affairs and Military Government North-West Europe 1944-1946, London 1961

Ebsworth, Raymond: Restoring Democracy in Germany. The British Contribution, London 1960

Flecken, Adolf: Probleme einer modernen Polizei, in: Der Öffentliche Dienst 11/ November 1951, S. 213-222

Först, Walter: Geschichte Nordrhein-Westfalens, Bd. 1: 1945-1949, Köln/Berlin 1970

Ders.: Karl Arnold, in: Aus 30 Jahren, hrsg. von Walter Först, Köln/Berlin 1979, S. 122-137

Ders.. Kleine Geschichte Nordrhein-Westfalens, Düsseldorf 1986

Ders.: Möglichkeiten und Grenzen deutscher Politik in Nordrhein-Westfalen im Zeitalter der Besatzungsherrschaft, in: Rheinische Vierteljahresblätter 45/1981, S. 265-286

Gollancz; Victor: In darkest Germany, London 1947

Graml, Hermann: Die Besatzungspolitik der Alliierten in Deutschland 1945-1949, in: Aus Politik und Zeitgeschichte 28/1995, S. 25-33

Grosser, Alfred: Geschichte Deutschlands seit 1945. Eine Bilanz, 5. Aufl., München 1977
Harnischmacher, Robert: Deutsche Polizeigeschichte. Eine allgemeine Einführung in die Grundlagen, Stuttgart/Berlin/Köln/Mainz 1986
Hillgruber, Andreas: Deutsche Geschichte 1945-1986. Die "deutsche Frage" in der Weltpolitik, 7., überarbeitete Aufl., Stuttgart/Berlin/Köln/Mainz 1989
Höhn, H.: Zur Umgestaltung der Polizei, in: Die Polizei, Nr. 1/2 April 1948, S. 4-6
Hölscher, Wolfgang (Bearb.): Nordrhein-Westfalen. Deutsche Quellen zur Entstehungsgeschichte des Landes 1945/46 (Quellen zur Geschichte des Parlamentarismus und der politischen Parteien, 4. Reihe: Deutschland seit 1945, Bd. 5), Düsseldorf 1988
Hüttenberger, Peter: Nordrhein-Westfalen und die Entstehung seiner parlamentarischen Demokratie (Veröffentlichungen der Staatlichen Archive des Landes Nordrhein-Westfalen, Reihe C: Quellen und Forschungen, Bd. 1), Siegburg 1973
Hüwel, Detlev: Karl Arnold. Eine politische Biographie (Düsseldorfer Schriften zur Neueren Landesgeschichte und zur Geschichte Nordrhein-Westfalens, Bd. 1), Wuppertal 1980
Ingrams, Harold: Building Democracy in Germany, in: The Quarterly Review 285 (1947), No. 572 (April), S. 208-222
Jürgensen, Kurt: Elemente britischer Deutschlandpolitik. Political Re-education, Responsible Government, Federation of Germany, in: Scharf, Claus/Schröder, Hans-Jürgen (Hrsg.): Die Deutschlandpolitik Großbritanniens und die Britische Zone 1945-1949, Wiesbaden 1979, S. 103-127
Keinemann, Friedrich: Aus der Frühgeschichte des Landes Nordrhein-Westfalen, Teil 3: Gespräche und Dokumente, Hamm 1977
Kéler, Theodor von: Zur Neugestaltung der Polizei, in: Die Polizei, Nr. 7/8 Juli 1948, S. 69-71
Kettenacker, Lothar: Krieg zur Friedenssicherung. Die Deutschlandplanung der britischen Regierung während des Zweiten Weltkrieges, Göttingen 1989
Koszyk, Kurt: "Umerziehung" der Deutschen aus britischer Sicht, in: Aus Politik und Zeitgeschichte 29/1978, S. 3-12
Koza, Ingeborg: Deutsch-britische Begegnungen in Unterricht, Wissenschaft und Kunst 1949-1955, Köln/Wien 1988
Landeszentrale für politische Bildung (Hrsg.): Nordrhein-Westfalen. Eine politische Landeskunde (Schriften zur politischen Landeskunde Nordrhein-Westfalens, Bd. 1), Köln/Stuttgart/Berlin/Mainz 1984
Lange, Erhard H. M.: Vom Wahlrechtsstreit zur Regierungskrise. Die Wahlrechtsentwicklung Nordrhein-Westfalens bis 1956 (Beiträge zur neueren Landesgeschichte des Rheinlandes und Westfalens, Bd. 8), Köln/Stuttgart/Berlin/Mainz 1980
Langenhagen-Menden, C. H.: Unsere neue Polizei, in: Die Polizei, Nr. 9/10 August 1948, S. 93-97
Lautenschläger, Karl: Das Wesen der englischen Polizei, in: Die Polizei, Nr. 1/2 April 1948, S. 11f.

Lotz, Erich Walter: Gedanken zum neuen Polizeirecht, in: die Polizei, Nr. 5/6 Juni 1948, S. 49-51
Manthey, Bertold/Heinrichs, L. (Bearb.): Die Polizei im Lande Nordrhein-Westfalen, Handbuch des Polizeiverwaltungsrechts Bd. 1, Duisburg 1954
Marshall, Barbara: British Democratisation Policy in Germany, in: Turner, Ian D. (Hrsg.): Reconstruction in post-war Germany. British occupation policy and the Western Zones 1945-55, Oxford 1989
Martens, Klaus: Militärregierung und Parteien. Der ernannte Landtag 1946/47, in: Geschichte im Westen 2/1986, S. 31-46
Menzel, Walter: Funktioniert die Polizei?, in: "Die Welt" Nr. 20, 17. Februar 1948
Ders.: Zum Neuaufbau der Polizei, in: Die Polizei, Nr. 13 Oktober 1948, S. 153-155
Middelhaufe, Siegfried: Das Polizeigesetz des Landes Nordrhein-Westfalen, in: Sonderdruck aus: Recht, Staat, Wirtschaft, 2. Bd., Stuttgart/Köln 1949
Ders.: Der derzeitige Stand der Gesetzgebung auf dem Gebiete des Polizeirechts mit besonderer Berücksichtigung des Landes Nordrhein-Westfalen, in: Polizeirecht im neuen Deutschland, Münster 1949, S. 28-34
Ders.: Die Polizei im Volksstaate, in: Sonderdruck aus: Recht, Staat, Wirtschaft, Stuttgart/Köln 1947
Ders.: Ein neues Polizeigesetz für das Land Nordrhein-Westfalen, in: Die Polizei, Nr. 14 Juli 1949, S. 233-235
Nordrhein-Westfälisches Haupstaatsarchiv (Hrsg.): Die Bestände des Nordrhein-Westfälischen Hauptstaatsarchivs. Kurzübersicht (Veröffentlichungen der Staatlichen Archive des Landes Nordrhein-Westfalen, Reihe B: Archivführer und Kurzübersichten, Heft 4), 2. Aufl., Düsseldorf 1984
Nünning, Vera und Ansgar: Autoritätshörig, unpolitisch und opportunistisch. Englische Vorstellungen vom deutschen Nationalcharakter am Ende des Zweiten Weltkriegs, in: GWU 4/1994, S. 224-239
Pingel, Falk: "Die Russen am Rhein?" Die Wende der britischen Besatzungspolitik im Frühjahr 1946, in: VfZ 30/1982, S. 98-116
Pioch, Hans-Hugo: Das Polizeirecht einschließlich der Polizeiorganisation, Tübingen 1950
Pollock, James K./Meisel, James H./Bretton, Henry L.: Germany under Occupation. Illustrative Materials and Documents, revised edition, Ann Arbor, Michigan 1949
Raible, Eugen: Geschichte der Polizei, Stuttgart 1963
Reusch, Ulrich: Briten und Deutsche in der Besatzungszeit, in: Geschichte im Westen 2/1987, S. 145-158
Ders.: Das Besatzungsregiment der Briten. Planung, Politik und Praktiken (1943/45-1950), in: Geschichte, Politik und ihre Didaktik 3-4/1985, S. 181-188
Ders.: Deutsches Berufsbeamtentum und britische Besatzung. Planung und Politik 1943-1947 (Forschungen und Quellen zur Zeitgeschichte, Bd. 6), Stuttgart 1985

Ders.: Die Londoner Institutionen der britischen Deutschlandpolitik 1943-1948. Eine behördengeschichtliche Untersuchung, in: Historisches Jahrbuch 100/1980, S. 318-443
Ders.: John Burns Hynd (1902-1971), in: Geschichte im Westen 1/1986, S. 53-80
Ders.: Sir Brian Robertson (1896-1974), in: Geschichte im Westen 5/1990, S. 69-80
Ribhegge, Wilhelm: "Preußen im Westen". Großbritannien, die Gründung des Landes Nordrhein-Westfalen 1946 und die Wiedergeburt der Demokratie in Deutschland, in: Aus Politik und Zeitgeschichte 28/1995, S. 34-46
Robertson, General: Funktioniert die Polizei?, Interview in: "Die Welt", 07. Februar 1948, S. 4
Romeyk, Horst: Kleine Verwaltungsgeschichte Nordrhein-Westfalens (Veröffentlichungen der Staatlichen Archive des Landes Nordrhein-Westfalen, Reihe C: Quellen und Forschungen, Bd. 25), Siegburg 1988
Rudzio, Wolfgang: Die Neuordnung des Kommunalwesens in der Britischen Zone. Zur Demokratisierung und Dezentralisierung der politischen Struktur: eine britische Reform und ihr Ausgang (Quellen und Darstellungen zur Zeitgeschichte, Bd. 17), Stuttgart 1968
Ders.: Export englischer Demokratie? Zur Konzeption der britischen Besatzungspolitik in Deutschland, in: VfZ 17/1969, S. 219-236
Scharf, Claus/Schröder, Hans-Jürgen (Hrsg.): Die Deutschlandpolitik Großbritanniens und die Britische Zone 1945/46, Wiesbaden 1979
Schneider, Hans: Die Umgestaltung des Polizeirechts in der britischen Zone. Betrachtungen zur Einführung englischer Verwaltungsinstitutionen in das deutsche Recht, in: Festschrift für Julius Gierke zu seinem goldenen Doktorjubiläum am 25. Oktober 1948, Berlin 1950, S. 234-265
Schneider, Ullrich: Nach dem Sieg: Besatzungspolitik und Militärregierung 1945, in: Foschepoth, Josef/Steininger, Rolf (Hrsg.): Die britische Deutschland- und Besatzungspolitik 1945-1949, Paderborn 1985, S. 47-64
Steininger, Rolf: Die britische Deutschlandpolitik in den Jahren 1945/46, in: Aus Politik und Zeitgeschichte 1-2/1982, S. 28-47
Ders. (Bearb.): Die Ruhrfrage 1945/46 und die Entstehung des Landes Nordrhein-Westfalen. Britische, französische und amerikanische Akten (Quellen zur Geschichte des Parlamentarismus und der politischen Parteien, 4. Reihe: Deutschland seit 1945, Bd. 4), Düsseldorf 1987
Teppe, Karl: Zwischen Besatzungsregiment und politischer Neuordnung (1945-1949). Verwaltung - Politik - Verfassung, in: Kohl, Wilhelm (Hrsg.): Westfälische Geschichte, Bd. 2, Düsseldorf 1982
Thies, Jochen: What is going on in Germany? Britische Militärverwaltung in Deutschland 1945/46, in: Scharf, Claus/Schröder Hans-Jürgen (Hrsg.): Die Deutschlandpolitik Großbritanniens und die Britische Zone 1945/46, Wiesbaden 1979
Thomas, Michael: Deutschland, England über alles. Rückkehr als Besatzungsoffizier, Berlin 1984

Turner, Ian D. (Hrsg.): Reconstruction in post-war Germany. British occupation policy and the Western Zones 1945-55, Oxford 1989
Uhlig, Ralph: Confidential reports des Britischen Verbindungsstabes zum Zonenbeirat der britischen Besatzungszone in Hamburg (1946-1948): Demokratisierung aus britischer Sicht (Kieler Werkstücke: Reihe A, Beiträge zur schleswig-holsteinischen und skandinavischen Geschichte, Bd. 8), Frankfurt am Main u.a. 1993
Vogelsang, Thilo: Westdeutschland zwischen 1945 und 1949 - Fakten, Entwicklungen, Entscheidungen. Einführung in die Problematik, in: VfZ 21/1973, S. 166-170
Watt, Donald C.: Hauptprobleme der britischen Deutschlandpolitik 1945-1949, in: Scharf, Claus/Schröder, Hans-Jürgen (Hrsg.): Die Deutschlandpolitik Großbritanniens und die Britische Zone 1945/46, Wiesbaden 1979
Wego, Maria: Die Geschichte des Landeskriminalamtes Nordrhein-Westfalen (Schriftenreihe der Deutschen Gesellschaft für Polizeigeschichte e.V., Bd. 1), Hilden/Rhld. 1994
Werkentin, Falco: Der Wiederaufbau der Polizei in Nordrhein-Westfalen, in: Schwegmann, Friedrich Gerhard (Hrsg.): Die Wiederherstellung des Berufsbeamtentums nach 1945, Düsseldorf 1986, S. 139-162
Ders.: Die Restauration der deutschen Polizei. Innere Rüstung von 1945 bis zur Notstandsgesetzgebung, Frankfurt am Main/New York 1984

Personenregister

Adenauer, Konrad 13, 81, 138, 154, 158
Amelunxen, Rudolf 10, 13-15, 19-21, 24, 76, 86, 187f.
Anderson, Miss M. 46, 49
Asbury, William 13-15, 17-21, 23-25, 28, 31f., 42-44, 76, 86, 101, 113, 187f.
Arnold, Karl 10, 17, 20f., 23f., 28, 31f., 42f., 49, 88, 107f., 110f., 119, 139, 142, 148, 150, 152, 158f., 160, 187, 189, 191
Attlee, Clement Richard (1st Earl of Attlee) 6

Baker, S. J. 88
Barnes (Mil.Reg.) 20
Barraclough, Sir John Ashworth 13, 15f.
Bishop, Sir William Henry Alexander 11, 13, 24, 39-41, 45, 88, 90-93, 96-99, 102, 107-111, 113, 116, 119-133, 135, 137-150, 152, 160, 181, 187-192, 197f.
Blecke (Landesfeuerwehrverwaltung) 175, 181
Brady, F. B. T. 14, 145-147, 149
Brownjohn, Sir Nevil Charles Dowell 142f., 146, 166
Büttner, Josef Wilhelm 135-138

Chaput de Saintonge, Rolland Alfred Aimé 146
Clay, Lucius D. 44
Carttling (Mil.Reg.) 18

Devetta, F. 168-170
Drane, D. A. C. 183

Emck, John H. A. 15, 18, 33, 35, 74, 78, 83-85, 93-96, 100, 154, 183f., 191

Flecken, Adolf 10, 154-159
Fries, Fritz 38

Giese, Rechtsprofessor 138
Gill, Oberstleutnant 104
Gleisner, Alfred 136f.
Gockeln, Josef 134
Gordon, C. T. A. 83

Halland, Gordon Herbert Ramsey 52-55, 57, 60-62
Handley-Derry, L. 47
Harder, Hamburger Senatssyndikus 107
Herchenröder (Mil.Reg.) 13
Hitler, Adolf 52f., 92, 190
Höhn, H. 7, 81, 104

Hülser 179-181

Jacobi, Werner 137f.
Jenner, Ministerialdirektor 107
Johnson, W. C. 88
Jöstingmeier, Georg 139, 146

Kirkpatrick, Sir Ivone Augustine 154
Klingelhöller, Emil 137f.
Koenig, Pierre 44
Krampe, Gerhard 38

Langenhagen-Menden, Dr. Dr. 38, 114, 123, 135, 143
Lasky, J. W. 18, 34, 47, 84, 148, 183
Lehr, Robert 138, 154, 156-158
Leon, Dolmetscher Mil.Reg. 85
Leonard, G. C. 20
Lingham, John 13, 141f., 158

MacDonald, A. A. 18, 27, 46, 103, 125, 130, 135f., 143, 148, 183f.
McReady, Sir Gordon 13
Marshall, Thomas Humphrey 56f.
Mathew, Theobald 88
Menzel, Walter 10f., 19f., 26, 30f., 33, 39-41, 48-50, 61, 73-75, 80f., 83, 85f., 88-93, 96f., 99-104, 107-111, 116, 120-140, 142-146, 148f., 163, 175, 177-179, 180-183, 187-193, 197f.
Meyers, Franz 160
Middelhaufe, Siegfried 10, 26, 61, 73, 78, 83, 104-107, 120, 152f., 155-157, 159, 200
Milhausen, Ministerialrat 104
Miller, F. H. 83f., 104, 125f., 143, 145, 149, 181, 192
Mink 173f.
Moore (Mil.Reg.) 20, 26, 33
Müller, Dr. 173

Napoleon I., Kaiser der Franzosen 7
Newsam, Sir Frank A. 88
Nottingham, E. C. 26, 38, 73-75, 169, 171, 174-177, 182f.

O'Rorke (Public Safety) 7, 99f., 104-107, 124, 141-145, 165, 168-171, 190

Pakenham, Lord Francis Aungier (1st Baron Pakenham of Cowley, 7th Earl of Longford) 42, 60, 63, 78, 88, 95, 99, 147, 194
Parker, M. B. 23, 74, 85, 125, 130, 136, 139
Peel, Sir Robert 65

Pollock, J. R. 83, 104, 168f., 171, 181
Pullin, W. V. 174f..

Reger, Schriftleiter des Berliner "Tagesspiegel" 103
Reismann, Bernhard 134, 140
Renny, G. D. 174
Robertson, Sir Brian Hubert (1st Baron Robertson of Oakridge) 13f., 44, 64, 88f., 97f., 108, 113, 188, 192
Rombach, Ministerialdirektor 152

Schmid, Carlo 189
Schmidt, Wolfgang 172, 174, 181
Schuchardt, Chef der Landeskanzlei 46
Seidel, Regierungsrat 83, 104
Severing, Carl 137
Simpson, J. H. 37
Steel, Sir Christopher Eden 15f., 141-143, 145-147, 187f., 192
Steinhoff 180, 182
Stewart (Public Safety) 152
Stockwell, G. E. 14, 186
Swayne, R. C. 97
Sträter, Artur 20
Summers, G. B. 18, 20, 30f.

Timmermann, Colonel 104
Troutbeck, (Sir) John M. 54, 57

Vaughan-Berry, (Sir) Henry 13
Vogels, Ministerialdirigent Dr. 107

Walker, A. G. B. 14
Wiedemann, Heinrich 20, 30, 32
Whittaker, R. H. 33, 183
Wood, S. R. 181, 183